Mathematical Research

Complex Methods on Partial Differential Equations

edited by

C. Withalm

Volume 53

AKADEMIE-VERLAG BERLIN

In this series original contributions of mathematical research in all fields are contained, such as

— research monographs
— collections of papers to a single topic
— reports on congresses of exceptional interest for mathematical research.

This series is aimed at promoting quick information and communication between mathematicians of the various special branches.

In diese Reihe werden Originalbeiträge zu allen Gebieten der mathematischen Forschung aufgenommen wie

— Forschungsmonographien
— Sammlungen von Arbeiten zu einem speziellen Thema
— Berichte von Tagungen, die für die mathematische Forschung besonders aktuell sind.

Die Reihe soll die schnelle Information und gute Kommunikation zwischen den Mathematikern der verschiedenen Fachgebiete fördern.

Manuscripts
in English and German comprising at least 100 pages and not more than 500 pages can be admitted to this series. With respect to a quick publication the manuscripts are reproduced photomechanically. Authors who are interested in this series please turn directly to the 'Akademie-Verlag'. Here you will get more detailed information about the form of the manuscripts and the modalities of publication.

Manuskripte
in englischer und deutscher Sprache, die mindestens 100 Seiten und nicht mehr als 500 Seiten umfassen, können in diese Reihe aufgenommen werden. Im Interesse einer schnellen Publikation werden die Manuskripte auf fotomechanischem Weg reproduziert. Autoren, die an der Veröffentlichung entsprechender Arbeiten in dieser Reihe interessiert sind, wenden sich bitte direkt an den Akademie-Verlag. Sie erhalten dort genauere Informationen über die Gestaltung der Manuskripte und die Modalitäten der Veröffentlichung.

Complex Methods on Partial Differential Equations

Mathematical Research · Mathematische Forschung

Wissenschaftliche Beiträge
herausgegeben von der
Akademie der Wissenschaften der DDR
Karl-Weierstraß-Institut für Mathematik

Band 53

Complex Methods on
Partial Differential Equations

Complex Methods on Partial Differential Equations

Aspects in Complex Analysis

edited by

Claudio I. Withalm

Akademie-Verlag Berlin 1989

Herausgeber:

Prof. Dr. Claudio I. Withalm
Karl-Franzens-Universität Graz
Institut für Mathematik

Die Titel dieser Schriftenreihe werden vom Originalmanuskript der Autoren reproduziert.

ISBN 3-05-500680-1
ISSN 0138-3019

Erschienen im Akademie-Verlag Berlin, Leipziger Str. 3-4, Berlin, DDR-1086

Lizenznummer: 202·100/539/89
Printed in the German Democratic Republic
Gesamtherstellung: VEB Kongreß- und Werbedruck, Oberlungwitz, DDR-9273
Lektor: Dr. Reinhard Höppner
LSV 1065
Bestellnummer: 763 992 8

03600

Vorwort

Erklärtes Ziel des vorliegenden Sammelbandes ist es, Methoden, Perspektiven und Intentionen der modernen komplexen Analysis zu orten und in korrelativen Beiträgen neue und neueste Ergebnisse einschlägiger Forschung darzulegen - einem Anliegen, welches dem Programm des Internationalen Symposiums "Komplexe Analysis", das in der Zeit vom 12. bis zum 17. Juni 1988 im Bildungshaus Maria-Trost in Graz (unter der Leitung des Herausgebers) tagte, ganz entsprach. Demgemäß fungiert diese dank dem außerordentlich kreativen Gestaltungspotential der Vortragenden und dank der mannigfachen konstruktiven Diskussionskolloquien besonders befruchtende Konferenz als Quelle und Träger dieses Buches.

Disposition und Kontext zeigen auf, daß den zahlreichen Tagungsteilnehmern aus Österreich, der Bundesrepublik Deutschland, der Deutschen Demokratischen Republik, aus Polen und aus der Türkei Beiträge, die unter den Auspizien der Chairmen H. Florian (Graz), G. Frank (Berlin), J. G. Krzyż (Lublin), E. Mues (Hannover), J. Nikolaus (Siegen), L. Reich (Graz), F. J. Schnitzer (Leoben) und N. Steinmetz (Karlsruhe) standen, unter besoderer Berücksichtigung komplexer Methoden bei partiellen Differentialgleichungen, insbesondere mit Bezug auf Lösungsdarstellungen vermöge konsistenter Differential- und Integraloperatoren, allgemein tiefgreifender funktionentheoretischer Ergebnisse sowie Analysen von Lösungsstrukturen und wertverteilungstheoretischer Entwicklungen und Erkenntnisse präsentiert wurden.

Den vielen Autoren, die ihre trefflichen Beiräge eigens für die Gestaltung dieses Bandes adaptiert haben, sei an dieser Stelle für ihre wohlfundierte, sorgfältige und saturierte Arbeit aufrichtig gedankt. Die Ermöglichung und Bewerkstellung der Drucklegung in der Deutschen Demokratischen Republik, mit welcher ja das nunmehr schon langjährige Wissenschaftlich-technische Abkommen mit Österreich besteht, aber hat in dankenswerter Weise der AKADEMIE-VERLAG·BERLIN übernommen, wobei es mir ein Anliegen ist, insbesondere die freundliche und konstruktive Kooperation mit Frau R. Helle und Herrn Dr. R. Höppner hochachtungsvoll hervorzuheben.

Graz, im September 1988

Cl. Withalm

CONTENTS – INHALT

*Referendarius

The Structure of the Solutions of Nonlinear Partial Differential Equations from the Theory of Lie Series

Lothar Berg

1. Introduction

The operational calculus of J. Mikusiński [14] is a tool for the explicit solution of linear differential equations. For generalizations of it cf. the survey [2], the new book of D. Przeworska-Rolewicz [15], and in particular J. Püngel [16]. A nonlinear operational calculus was recently developed by R. Bittner [5]. An operational calculus for the nonlinear Korteweg-de Vries equation and similar equations you find in V. A. Marchenko [13]. A different approach to nonlinear problems was introduced by K.-T. Chen [6] and improved by M. Fliess [7], using the so called shuffle product 'U' with the properties $1U1 = 1$, $xU1 = 1Ux = x$ and

$$(xu)U(yv) = x[uU(yv)] + y[(xu)Uv].$$

This operational calculus is closely connected with the theory of Lie series, cf. W. Gröbner [8], which can be considered as an operational calculus for the explicit solution of nonlinear differential equations.

In what follows we determine the general stucture of the solutions of nonlinear systems of partial differential equations appearing in the Lie theory without using the special Lie methods and without assuming the given and searched functions to be holomorphic ones. The considerations are done in the framework of the real theory of e.g. E. Kamke [12], but of course, the results are valid also for holomorphic functions. The main result of this lecture is a generalization of the well known fact that the initial value problem

$$(1) \quad Z'(t) = A(Z), \; Z(0) = z$$

possesses in case of $A(Z) = 1/f'(Z)$ the implicit solution $f(Z) = t + f(z)$, and therefore also the explicit solution

$$(2) \quad Z = F(t + f(z)),$$

where $F(t)$ is the inverse function of $f(z)$, i.e.

$$(3) \quad F(f(z)) = z, \quad f(F(t)) = t.$$

Here and in the following z plays the role both of a fixed initial value and a variable parameter. According to L. Reich [17], D. Gronau [10], [11] and G. Targonski [18] the representation (2) also follows from the translation equation

$$(4) \quad Z(t;z) = Z(t-s;Z(s,z))$$

for the solution $Z(t) = Z(t;z)$ of (1), which arises from the fact that the differential equation in (1) is autonomous. Another solution of (4) is contained in [1].

In case that the ordinary differential equation in (1) is a system with

$$(5) \quad Z(t) = [Z_1(t),\dots,Z_n(t)], \quad A(Z) = [A_1(Z),\dots,A_n(Z)],$$

we introduce the notations

$$(6) \quad z = [z_1,\dots,z_n], \quad w = [w_1,\dots,w_n], \quad \underline{1} = [1,\dots,1]$$

and have according to [3] the

<u>Lemma</u> <u>1:</u> *If $A(z)$ possesses in the neighbourhood of a fixed z continuous derivatives of first order and if one component of $A(z)$ is different from zero, then there exist vector functions*

$$(7) \quad z = F(w) = [F_1(w),\dots,F_n(w)], \quad w = f(z) = [f_1(z),\dots,f_n(z)],$$

being inverses of each other, so that $A(z) = \underline{1}(f'(z))^{-1}$, and in the neighbourhood of $t = 0$ the implicit and explicit form of the solution of (1) read

$$(8) \quad f(Z) = t\underline{1} + f(z), \quad Z = F(t\underline{1} + f(z)),$$

respectively.

Let us mention that here $f'(z) = (\partial/\partial z)f(z)$ with

$$(9) \quad \partial/\partial z = [\partial/\partial z_1,\dots,\partial/\partial z_n]^T$$

is a matrix. As it is well known the solution $Z = Z(t)$ can be continued in both directions, so far as the premisses of the lemma are satisfied.

2. Analysis of the twodimensional case

Let us consider the generalization of (1)

(10) $Z_t = A(Z), \quad Z_s = B(Z), \quad Z(0,0) = z$

with $Z = Z(t,s)$, two scalar variables t, s and two n-dimensional vector functions A, B as in (5). Under analogous premisses as in Lemma 1 with respect to the second equation in (10) we find from the theorem of Schwarz $Z_{ts} = Z_{st}$ the necessary compatibility condition

(11) $B(z)A'(z) = A(z)B'(z)$,

and by application of Lemma 1 to the differential equations (10) for suitable small t, s

$$
(12)\quad \begin{aligned} Z(t,s) &= F(t\underline{1} + f(Z(0,s))), & Z(t,s) &= G(s\underline{1} + g(Z(t,0))), \\ Z(t,0) &= F(t\underline{1} + f(z)), & Z(0,s) &= G(s\underline{1} + g(z)) \end{aligned}
$$

with $G(g(z)) = z$, $g(G(w)) = w$. Using the notations

(13) $H(w) = g(F(w)), \quad h(w) = f(G(w))$,

so that H(w) and h(w) are also inverses of each other, as well as the notation

(14) $p = g(z)$

with the consequences $z = G(p)$ and $f(z) = h(p)$, the equations (12) imply in case of solvability of (10) the functional equation

(15) $H(t\underline{1} + h(s\underline{1} + p)) = s\underline{1} + H(t\underline{1} + h(p))$

with two scalar variables t, s and one vector variable p.

This equation is satisfied, if H and h are linear vector functions, i.e. matrices to be multiplied from the right, and in this case we obtain from (12) the result

(16) $Z(t,s) = F(t\underline{1} + s\underline{1}h + f(z))$.

Now we search for further solutions of (15), where we use the notations

(17) $c = [c_1,\dots,c_n]$, $\underline{0} = [0,\dots,0]$.

By simple calculations we find first

Lemma 2: *If the mutually inverse vector functions $p = H(q)$ and $q = h(p)$ satisfy the equivalent functional equations*

(18) $h(s\underline{1} + p) = sc + h(p)$, $H(sc + q) = s\underline{1} + H(q)$,

then they simultaneously satisfy (15), and (12) yields

(19) $Z(t,s) = F(t\underline{1} + sc + f(z))$.

The equivalence of (18) can be seen from $p = H(q)$, $q = h(p)$. In case of $h(\underline{0}) = \underline{0}$ the first equation of (18) implies $h(\underline{1}) = c$, so that (19) turns over into (16), disregarding the way of writing. Since $c = \underline{0}$ is impossible, there exists a component $c_k \neq 0$. Choosing $s = -p_1$ and $s = -q_k/c_k$, respectively, we obtain the

Corollary 1: *Every solution of (18) possesses the structure*

(20) $h(p) = p_1 c + h(p - p_1\underline{1})$, $H(q) = (q_k/c_k)\underline{1} + H(q - (q_k/c_k)c)$

with arbitrary vector functions h, H on the right-hand sides, so far as we consider the equations (18) to be independent from each other.

Second, considering (14) and $h(g(z)) = f(z)$, we find analogously (with different meanings for the variable s)

Lemma 3: *If the mutually inverse vector functions $p = H(q)$ and $q = h(p)$ satisfy the equivalent functional equations*

$$h(s\underline{1} + p) = sa(p - p_1\underline{1})\underline{1} + h(p),$$
(21)
$$H(s\underline{1} + q) = sb(q - q_1\underline{1})\underline{1} + H(q),$$

where a, b are two scalar functions with

(22) $a(p - p_1\underline{1}) = 1/b(q - q_1\underline{1})$,

then they simultaneously satisfy (15), and (12) yields

$$(23)\quad Z(t,s) = F(t\underline{1} + sb^{-1}(f(z) - f_1(z)\underline{1})\underline{1} + f(z)).$$

Choosing $s = -p_1$ and $s = -q_1$, respectively, we obtain

Corollary 2: *Every solution of (21) possesses the structure*

$$(24)\quad \begin{aligned} h(p) &= p_1 a(p - p_1\underline{1})\underline{1} + h(p - p_1\underline{1}), \\ H(q) &= q_1 b(q - q_1\underline{1})\underline{1} + H(q - q_1\underline{1}) \end{aligned}$$

with arbitrary functions h, H at the right-hand sides, so far as we consider the equations (21) to be independent from each other.

In case of $p = H(q)$, $q = h(p)$ we obtain from (24)

$$(25)\quad \begin{aligned} q &= p_1 a(p - p_1\underline{1})\underline{1} + h(p - p_1\underline{1}), \\ p &= q_1 b(q - q_1\underline{1})\underline{1} + H(q - q_1\underline{1}), \end{aligned}$$

and from this for the first components

$$(26)\quad \begin{aligned} q_1 &= p_1 a(p - p_1\underline{1}) + h_1(p - p_1\underline{1}), \\ p_1 &= q_1 b(q - q_1\underline{1}) + H_1(q - q_1\underline{1}). \end{aligned}$$

Subtracting (26) multiplied by $\underline{1}$ from (25) we obtain

$$(27)\quad \begin{aligned} q - q_1\underline{1} &= h(p - p_1\underline{1}) - h_1(p - p_1\underline{1})\underline{1}, \\ p - p_1\underline{1} &= H(q - q_1\underline{1}) - H_1(q - q_1\underline{1})\underline{1}. \end{aligned}$$

Moreover, the equations (26) imply in view of (22)

$$(28)\quad \begin{aligned} h_1(p - p_1\underline{1}) &= -H_1(q - q_1\underline{1})/b(q - q_1\underline{1}), \\ H_1(q - q_1\underline{1}) &= -h_1(p - p_1\underline{1})/a(p - p_1\underline{1}). \end{aligned}$$

Hence, by given first equation in (24), we can determine $H(q)$ from $h(p)$ by the following

Algorithm:

(i) *Determine $p - p_1\underline{1}$ by inverting the first equation of (27).*

(ii) *Calculate $b(q - q_1\underline{1})$ from (22).*

(iii) Calculate $H_1(q - q_1\underline{1})$ from the first equation of (28).
(iv) Calculate $H(q - q_1\underline{1})$ from the second equation of (27).
(v) Calculate $H(q)$ from the second equation of (24).

Note that disregarding the trivial first components, the first equation of (27) is in fact a system of n-1 equations for the n-1 unknowns $p_2-p_1,\ldots, p_n-p_1$, and that the result of the first step must be used in the next three steps.

Let us consider two examples with n = 2, where we use the notations

(29) $Z = [X,Y], \quad z = [x,y], \quad \underline{1} = [1,1].$

Example 1: The initial value problem

$$X_t = Y_t = 1, \; X_s = Y_s = (Y - X)^2, \quad Z(0,0) = z$$

possesses in view of $(Y - X)_s = 0$ and therefore $Y(0,s) - X(0,s) = y - x$ the intermediate solutions

$$Z(t,s) = t\underline{1} + Z(0,s), \quad Z(0,s) = s(y - x)^2\underline{1} + z,$$

and therefore the final solution

$$Z(t,s) = t\underline{1} + s(y - x)^2\underline{1} + z,$$

which is an example for (23) with $F(z) = f(z) = z$.

Example 2: The initial value problem

$$X_t = Y_t = 1, \quad X_s = 1, \quad Y_s = 1/(Y - X) + 1, \quad Z(0,0) = z$$

possesses in view of $(Y - X)_s = 1/(Y - X)$ the intermediate solutions

$$\begin{aligned} Z(t,s) &= t\underline{1} + Z(0,s), \\ X(0,s) &= s + x, \\ (Y(0,s) - X(0,s))^2 &= 2s + (y - x)^2, \end{aligned}$$

and therefore in view of $Y(t,s) - X(t,s) = Y(0,s) - X(0,s)$ the final solution

$$\begin{aligned} X(t,s) &= t + s + x, \\ X(t,s) + (Y(t,s) - X(t,s))^2 &= t + 3s + x + (y - x)^2, \end{aligned}$$

which is an example for (19) in the form $f(Z) = t\underline{1} + sc + f(z)$ with $c = [1,3]$ and $f(z) = [x, x + (y - x)^2]$. Let us mention that the inverse vector function, $z = F(w)$ of $w = f(z)$ with $w = [u,v]$ reads $F(w) = [u, u \pm\sqrt{v-u}]$, where the sign '+' holds for $y > x$ and the sign '−' for $y < x$. The case $y = x$, of course, must be excluded.

3. Synthesis of a special twodimensional case

In this paragraph we show that the cases of Lemma 2 and 3 enclose all existing possibilities for our application. First we restrict ourselves to the case $A(Z) = \underline{1}$, i.e. to the initial value problem

(30) $Z_t = \underline{1}$, $Z_s = B(Z)$, $Z(0,0) = z$.

If we speak about a solution of this problem, then we mean that z is suitable chosen and that t, s are sufficiently small. The compatibility condition (11) now reads

(31) $\underline{1}B\ (z) = \underline{0}$,

and we shall see that it is also sufficient for the solvability of (30). In what follows we use for Z and z the same splitting as in (29) with $X = Z_1$, $x = z_1$, however with

(32) $Y = [Z_2,\ldots,Z_n]$, $y = [z_2,\ldots,z_n]$.

An analogous splitting we also use for $\underline{1} = [1,e]$, where e is an (n−1)-dimensional vector with all components equal to 1. Then the general solution of the partial differential equation (31) can be written in the form

(33) $B(z) = b(y - xe)$,

where b is an arbitrary vector function with n components, n−1 arguments and continuous derivatives of first order. We make an analogous splitting

(34) $b(y - xe) = [b_1(y - xe),\ b_*(y - xe)]$,

where b_1 is a scalar function and b_* an (n−1)-dimensional vector function.

__Theorem 1:__ *If $B(z)$ possesses the form (33), then the initial value problem (30) possesses in the case $b_* = b_1 e$ the solution*

$$(35)\quad Z(t,s) = t\underline{1} + sb_1(y - xe)\underline{1} + z$$

(even without restrictions with respect to t, s).

In the case that $b_* \neq b_1 e$ and that these functions possess continuous derivatives of first order, there exist n-dimensional vector functions $z = G(w)$, $w = g(z)$, being inverses of each other, so that the solution reads

$$(36)\quad Z(t,s) = G(t\underline{1} + sc + g(z)),$$

where c is an n-dimensional constant vector being linearly independent from $\underline{1}$.

__Proof:__ In the case $b_* = b_1 e$ we find from (34) that $b = b_1\underline{1}$, from (29), (32) and (35) that $Y - Xe = y - xe$, and from (33) that $B(Z) = B(z) = b_1(y-xe)\underline{1}$. Hence it follows immediately that (35) satisfies (30).

In the case that $b_* \neq b_1 e$ we write (36) in the form

$$g(Z) = t\underline{1} + sc + g(z),$$

so that the theorem is proved if

$$(37)\quad \underline{1}g'(z) = \underline{1}, \quad B(z)g'(z) = c.$$

The first equation of (37) possesses the general solution

$$(38)\quad g(z) = x\underline{1} + k(y - xe),$$

where k is an n-dimensional vector function with n-1 arguments. Considering (33), (34) and

$$(39)\quad g'(z) = \begin{pmatrix} \underline{1} - ek'(y - xe) \\ k'(y - xe) \end{pmatrix},$$

the second equation of (37) turns over into

$$(40)\quad (b_* - b_1 e)k' = c - b_1\underline{1},$$

if we drop the variables. Splitting

(41) $k = [k_1, k_*]$, $k_* = [k_2, \ldots, k_n]$,

and choosing $c = [0, e]$, we find from (40)

(42) $(b_* - b_1 e)(k_*' - k_1' e) = e.$

According to E. Kamke [12], this system of differential equations, which is in fact one single equation for all components of $k_* - k_1 e$, possesses for $b_* \neq b_1 e$ a solution with $\det(k_*' - k_1' e) \neq 0$. But then in view of (39) we also have after suitable linear combinations of the rows and columns, respectively,

$$\det g'(z) = \det \begin{pmatrix} \underline{1} \\ k' \end{pmatrix} = \det \begin{pmatrix} 1 & \underline{0} \\ k_1' & k_*' - k_1' e \end{pmatrix} \neq 0,$$

where here $\underline{0}$ is the $(n-1)$-dimensional null vector. This shows that $g(z)$ is invertible, and the theorem is proved.

Let us mention that the case, where $b_1(y - xe)$ is a constant, is included in the theorem.

4. The general twodimensional case

Now we come back to the general twodimensional initial value problem (10). We exclude the trivial case $A(z) = B(z) = \underline{0}$ with the solution $Z(t,s) = z$, and assume therefore that $A(z) \neq \underline{0}$.

<u>Theorem 2:</u> *If $A(z)$ and $B(z)$ possess continuous derivatives of first order, and if the compatibility condition (11) is satisfied, then the solution of (10) possesses either the structure*

(43) $Z(t,s) = F(t\underline{1} + s b_0 (f(z) - f_1(z)\underline{1})\underline{1} + f(z))$

with a scalar function b_0, or it possesses the structure (36).

<u>Proof:</u> In view of $A(z) \neq \underline{0}$ we can apply Lemma 1 to the first equation of (10) and make the substitution

$f(Z) = U, \quad Z = F(U)$

with f and F from (8). From (8) and (10) we find

(44) $A(Z) f'(Z) = \underline{1}$,

so that we have $U_t = Z_t f'(Z) = \underline{1}$. From $F(f(Z)) = Z$ we find $f'(Z)F'(U) = I$, the n-dimensional unit matrix. Hence (44) turns over into

$$(45)\quad A(Z) = \underline{1}F'(U),$$

and we have moreover $U_s = Z_s f'(Z) = B(Z)F'^{-1}(U)$, i.e. a system of the type (30)

$$(46)\quad U_t = \underline{1},\quad U_s = B(Z)F'^{-1}(U),\quad U(0,0) = f(z)$$

with $Z = F(U)$. To check the condition (31) we introduce the scalar operator

$$D = \underline{1}(\partial/\partial U) = \partial/\partial U_1 + \dots + \partial/\partial U_n,$$

cf. (9), and calculate

$$(47)\quad D(B(Z)F'^{-1}(U)) = $$
$$(DZ)B'(Z)F'^{-1}(U) - B(Z)F'^{-1}(U)(DF'(U))F'^{-1}(U).$$

Equation (45) can be written in the form $A(Z) = DF(U) = DZ$, what implies in view of $(\partial/\partial U)D = D(\partial/\partial U)$

$$F'(U)A'(Z) = DF'(U),$$

so that from (47) we obtain

$$D(B(Z)F'^{-1}(U)) = (A(Z)B'(Z) - B(Z)A'(Z))F'^{-1}(U).$$

Hence (11) implies that condition (31) for the system (46) is satisfied.

Now we can apply Theorem 1, which gives us either

$$U(t,s) = t\underline{1} + sb_0(f(z) - f_1(z)\underline{1})\underline{1} + f(z)$$

with $b_0(z - x\underline{1}) = b_1(y - xe)$ or

$$U(t,s) = G(t\underline{1} + sc + g(f(z))),$$

and this together with $Z(t,s) = F(U(t,s))$ implies the assertions, only with another notation in the last case.

5. Further examples

Theorem 2 can be generalized to the moredimensional case with $Z(t)$, z as in (5) and (6), respectively, but

$$(48)\quad t = [t_1,\ldots,t_m],\quad Z_t = (\partial/\partial t)Z(t),\quad \partial/\partial t = [\partial/\partial t_1,\ldots,\partial/\partial t_m]^T$$

and $A(Z) = (A_{ij}(Z))$ with $i = 1,\ldots,m$ and $j = 1,\ldots,n$. The details are contained in [4]. Here we only refer to some special examples.

<u>5.1. A general linear system.</u> Let us consider the linear system

$$(49)\quad Z_{t_i} = ZC_i,\quad Z(\underline{0}) = z$$

for $i = 1,\ldots,m$ with constant nxn-matrices C_i. We assume that the corresponding Jordan normal forms D_i are diagonal matrices. The compatibility conditions read

$$ZC_jC_i = ZC_iC_j$$

for all i,j, so that the matrices C_i commute. According to F. R. Gantmacher [9] there exists a single matrix Q with $C_i = QD_iQ^{-1}$ for all i, so that the solution of (49) reads

$$(50)\quad Z = z\, Q \exp(D_1t_1 + \ldots + D_mt_m)\, Q^{-1},$$

and this is the wanted structure, cf. [3].

<u>5.2. A special linear system.</u> Next we consider the linear case $n = m = 3$ with changed notations

$$(51)\quad \begin{array}{lll} X_t = X, & Y_t = Y, & Z_t = Z, \\ X_s = X, & Y_s = Y, & Z_s = X + Z, \\ X_r = X, & Y_r = X + 2Y, & Z_r = 2X + Y + Z, \end{array}$$

so that we have $C_1 = I$ and

$$C_2 = \begin{pmatrix} 1 & & 1 \\ & 1 & \\ & & 1 \end{pmatrix},\quad C_3 = \begin{pmatrix} 1 & 1 & 2 \\ & 2 & 1 \\ & & 1 \end{pmatrix},\quad C_2C_3 = C_3C_2 = \begin{pmatrix} 1 & 1 & 3 \\ & 2 & 1 \\ & & 1 \end{pmatrix},$$

where the empty places in the matrices mean zeros. As before, the matrices C_i commute, but C_2 and C_3 do not have Jordan forms of diagonal type. Nevertheless, the system (51) possesses a solution in the implicit form

$$
\begin{aligned}
&\ln X &&= t + s + r + \ln x,\\
(52)\quad &\ln (Y/X + 1) &&= r + \ln (y/x + 1),\\
&(Z - Y)/X &&= s + r + (z-y)/x,
\end{aligned}
$$

and this is the wanted structure.

<u>5.3.</u> <u>The case $n = 1$.</u> In the case that $Z(t)$ is a scalar function and

$$(53)\quad A(z) = [A_1(z),\dots,A_m(z)]^T ,$$

the compatibility conditions

$$A_i(z)A_j'(z) = A_j(z)A_i'(z),$$

$i,j = 1,\dots,m$, lead in case of $A_1(z) \neq 0$ to

$$A_i(z) = c_i A_1(z)$$

with $c_1 = 1$. Hence the system

$$(54)\quad Z_{t_i} = A_i(Z), \quad Z(\underline{0}) = z,$$

$i = 1,\dots,m$, possesses the implicit solution

$$(55)\quad f(Z) = t_1 + c_2 t_2 + \dots + c_m t_m + f(z)$$

with $f'(z) = 1/A_1(z)$.

<u>5.4.</u> <u>The case $n = 2$.</u> Finally, we consider for $Z = [X,Y]$ the system

$$(56)\quad X_t = A(X,Y), \quad Y_t = B(X,Y), \quad X(\underline{0}) = x, \quad Y(\underline{0}) = y$$

with scalar functions $X = X(t)$, $Y = Y(t)$, an m-dimensional vector t as in (48), and m-dimensional vector functions A, B as in (53) with continuous derivatives.

<u>Theorem 3:</u> *If*

$$(57)\quad A_1 \equiv B_1 \equiv 1,$$

and if the compatibility conditions

(58) $A_iA_{jx} + B_iA_{jy} = A_jA_{ix} + B_jA_{iy}$, $A_iB_{jx} + B_iB_{jy} = A_jB_{ix} + B_jB_{iy}$

are satisfied for $i,j = 1,\dots,m$, *then*

(59) $A(x,y) = a(y-x)$, $B(x,y) = b(y-x)$.

In case of $a(y-x) \equiv b(y-x)$ *the solution of* (56) *reads*

(60) $X(t) = ta(y-x) + x$, $Y(t) = ta(y-x) + y$

with the first component $a_1 \equiv 1$. *In case of* $a_k(y-x) \neq b_k(y-x)$ *for a fixed* k *there exist two scalar functions* K, f *and two linearly independent constant vectors*

$$c = [0,c_2,\dots,c_m]^T, \quad d = [1,d_2,\dots,d_m]^T,$$

so that the solution of (56) *is implicitly given by the invertible system*

(61) $X - K(f(Y-X)) = td + x - K(f(y-x))$, $f(Y-X) = tc + f(y-x)$.

Proof: As in the case (33) the representations (59) follow from (57). Hence (58) turns over into

(62) $(b_i-a_i)a_j' = (b_j-a_j)a_i'$, $(b_i-a_i)b_j' = (b_j-a_j)b_i'$,

so that for the differences $v_i = b_i - a_i$ we have

(63) $v_iv_j' = v_jv_i'$.

The case $v_i = 0$ for all i immediately implies $Y - X = y - x$, $X_t = a(y-x)$ and therefore (60).

In the case $v_k \neq 0$ for a fixed k we find by integration of (63) that $v_i = c_iv_k$ with $c_k = 1$ and $c_1 = 0$ according to (57) and (59). This means that the system

$$Y_t - X_t = v(Y-X), \quad Y(\underline{0}) - X(\underline{0}) = y - x$$

with $v = b - a$ possesses as in (55) the solution

(64) $Y - X = F(tc + f(y-x))$

with c as in Theorem 3 and F, f inverse to each other. From (62), $v_i = c_iv_k$ and $c_k = 1$ we find $a_i' = c_ia_k'$ and therefore by integration $a_i = c_i a_k + d_i$, so that the first equation of (56) reads in components according to (59) and (64)

$$(65)\quad X_{t_i} = c_i a_k(F(tc + f(y-x)) + d_i.$$

With the notation

$$K(s) = \int_{s_0}^{s} a_k(F(r))dr$$

for a certain number s_0 we obtain the solution of (65)

$$X = K(tc + f(y-x)) + td + x - K(f(y-x))$$

with $X(\underline{0}) = x$ and d as above in view of (57), so that together with (64) we obtain the wanted result (61). It can easily be checked that the functional determinant of (61) is different from zero, so that (61) is invertible.

References

[1] L. Berg, Iterationen von beliebiger Ordnung. ZAMM 40 (1960) 215 - 229.

[2] L. Berg, General operational calculus. Linear Algebra Appl. 84 (1986) 79 - 97.

[3] L. Berg, On nonlinear systems of ordinary differential equations. Proc. Conf. Generalized Functions, Convergence Structures and Their Applications. Dubrovnik, June 1987 (in print).

[4] L. Berg, Overdetermined systems of nonlinear partial differential equations. ZAA (to appear).

[5] R. Bittner, The nonlinear operational calculus. Zesz. Nauk. Politechn. Gdańsk 383, Mat. 13 (1985) 77 - 89.

[6] K.-T. Chen, Iterated path integrals. Bull. Amer. Math. Soc. 83 (1977) 831 - 879.

[7] M. Fliess, Fonctionelles causales non linéaires et indeterminées non commutatives. Bull. Soc. Math. Fr. 109 (1981) 3 - 40.

[8] W. Gröbner, Die Lie-Reihen und ihre Anwendungen. Berlin, VEB DVW 1960.

[9] F. R. Gantmacher, Matrizentheorie (Transl. f. Russian). Berlin, VEB DVW 1986.

[10] D. Gronau, Two iterative functional equations for power series. Aequationes Math. 25 (1982) 233 - 246.

[11] D. Gronau, Über die multiplikative Translationsgleichung und idempotente Potenzreihenvektoren. Aequationes Math. 28 (1985) 312 - 320.

[12] E. Kamke, Differentialgleichungen II. Leipzig, Akad. VG Geest & Portig K.-G. 1965.

[13] V. A. Marchenko, Nonlinear Equations and Operational Algebras (Russian). Kiev, Naukova Dumka 1986.

[14] J. Mikusiński, Operational Calculus (Trans. f. Polish). New York, Pergamon Press 1959.

[15] D. Przeworska-Rolewicz, Algebraic Analysis. Warszawa, PWN-Polish Sc. Publ. 1988.

[16] J. Püngel, Lösungsdarstellungen für partielle Differentialgleichungen in Differentialringen. Ber. Math.-Stat. Sekt. FZ Graz, No. 214, 1984.

[17] L. Reich, Über die allgemeine Lösung der Translationsgleichung in Potenzreihenringen. Ber. Math.-Stat. Sekt. FZ Graz, No. 159, 1981.

[18] G. Targonski, New directions and open problems in iteration theory. Ber. Math.-Stat. Sekt. FZ Graz, No. 229, 1984.

WILHELM-PIECK-UNIVERSITÄT
SEKTION-MATHEMATIK
DDR-2500 ROSTOCK

ÜBER LÖSUNGSDARSTELLUNGEN BEI PARTIELLEN DIFFERENTIALGLEICHUNGEN DURCH DIFFERENTIALOPERATOREN

PETER BERGLEZ, GRAZ

In diesem, einige frühere Arbeiten zusammenfassenden Bericht werden Lösungsdarstellungen für formal hyperbolische Differentialgleichungen in zwei unabhängigen komplexen Variablen mit Hilfe von Differentialoperatoren nach K.W. BAUER betrachtet, wobei auch auf Zusammenhänge zur VEKUA'schen Integraldarstellung unter Verwendung der komplexen RIEMANN - Funktion eingegangen wird. Die Anwendungsmöglichkeiten dieser Darstellungsmethode auf Probleme der Physik und Technik werden an konkreten Beispielen demonstriert.

1. EINLEITUNG

In diesem Artikel sollen einige Resultate zur Darstellung von Lösungen partieller Differentialgleichungen zusammengefaßt werden. Dabei wird stets von gewissen Differentialoperatoren Gebrauch gemacht, die von K.W. BAUER eingeführt worden sind. Diese bilden die Menge der holomorphen Funktionen in die Lösungsmenge bestimmter partieller Differentialgleichungen ab.

Die betrachteten Differentialgleichungen sind gewisse lineare, homogene Differentialgleichungen zweiter Ordnung in zwei unabhängigen komplexen Variablen. Sie werden in formal hyperbolischer Normalform verwendet, das heißt sie besitzen die Gestalt

$$v_{z\zeta} + a\,v_z + b\,v_\zeta + c\,v = 0 \,. \tag{1}$$

Von den Koeffizientenfunktionen a, b und c wird vorausgesetzt, daß sie im betrachteten Gebiet analytisch sind.

Gleichungen dieses Typs stehen in engem Zusammenhang zu gewissen elliptischen Differentialgleichungen. Betrachtet man nämlich die Normalform einer elliptischen Differentialgleichung

$$\Delta u + \hat{a}(x,y)\, u_x + \hat{b}(x,y)\, u_y + \hat{c}(x,y)\, u = 0 \,, \tag{2}$$

worin $\hat{a}$, $\hat{b}$ und $\hat{c}$ analytische Funktionen im einfach zusammenhängenden Gebiet $\mathcal{D} \in \mathbb{R}^2$ sein sollen, so erhält man mit $z := x + iy$, $\bar{z} := x - iy$ und $w(z,\bar{z}) := u(x,y)$ die dazu äquivalente komplexe Form

$$w_{z\bar{z}} + \tilde{a}(z,\bar{z})\, w_z + \tilde{b}(z,\bar{z})\, w_{\bar{z}} + \tilde{c}(z,\bar{z})\, w = 0 \,. \tag{3}$$

Setzt man x und y zu komplexen Werten fort und verwendet man $z = x + iy$, $\zeta = x - iy$ und $v(z,\zeta) = u(x,y)$, so erhält man die (2) bzw. (3) zugeordnete Gleichung (1) in den beiden unabhängigen komplexen Variablen z und ζ .

$\mathcal{D}$ soll im Weiteren ein Fundamentalgebiet von (2) im Sinne von I.N. VEKUA [17] sein. Damit sind die Gleichungen (1) und (2) in folgendem Sinn äquivalent (vgl. [17]): Jede in $\mathcal{D} \times \bar{\mathcal{D}}$ mit $\bar{\mathcal{D}} := \{z \mid \bar{z} \in \mathcal{D}\}$ holomorphe Lösung v von (1) stellt mit $\zeta = \bar{z}$ eine in $\mathcal{D}$ analytische Lösung von (2) dar. Ist umgekehrt $u(x,y)$ eine in $\mathcal{D}$ definierte Lösung von (2), so stellt $w(z,\zeta) := u((z+\zeta)/2,(z-\zeta)/2i)$ eine in $\mathcal{D} \times \bar{\mathcal{D}}$ holomorphe Lösung von (1) dar.

Die Differentialoperatoren nach K.W.BAUER haben sich als sehr nützlich bei der Darstellung der Lösungen partieller Differentialgleichungen und der Untersuchung ihrer funktionentheoretischen Eigenschaften erwiesen. Hier soll zunächst die Frage nach der Existenz solcher Differentialoperatoren zu formal hyperbolischen Differentialgleichungen von der Form (1) behandelt werden. Aus der hier gegebenen Antwort lassen sich dann einige interessante Ergebnisse ableiten, auch was die funktionentheoretischen Eigenschaften der Lösungen der zugehörigen elliptischen Differentialgleichungen betrifft.

Anschließend wird dargelegt, wie die komplexe RIEMANN - Funktion zu (1) unter Verwendung dieser Differentialoperatoren dargestellt werden kann. Auch auf den Zusammenhang zwischen den RIEMANN - Funktionen zweier in gewissem Sinn zugeordneter Differentialgleichungen wird hingewiesen.

Schließlich soll noch auf einige Anwendungsmöglichkeiten der hier betrachteten Darstellungsmethode auf verschiedene Probleme eingegangen werden.

2. DIFFERENTIALOPERATOREN NACH K.W. BAUER

Im Zylindergebiet $G := \mathcal{D} \times \bar{\mathcal{D}}$ sei nun die Gleichung (1) vorgelegt. Durch die Transformation

$$v = w \exp\left[-\int_{\zeta_0}^{\zeta} a(z,\xi)\, d\xi\right], \quad \zeta_0 \in \bar{\mathcal{D}},$$

geht sie über in die Form

$$Lw = 0 \tag{4}$$

mit

$$Lw = w_{z\zeta} + (\log A)_z w_\zeta + Bw$$

und

$$(\log A)_z = b - \int_{\zeta_0}^{\zeta} a_z(z,\xi)\, d\xi, \quad B = -a_z - ab + c.$$

Im folgenden wird stets von dieser verkürzten Form einer formal hyperbolischen Differentialgleichung Gebrauch gemacht werden. $H(\mathcal{D})$ bezeichnet die Menge der im Gebiet $\mathcal{D}$ holomorphen Funktionen. Unter einer Lösung von (4) soll eine Funktion $w \in H(G)$ verstanden werden, die in G die Gleichung identisch erfüllt. Mit $L(L,G)$ werde die Lösungsmenge von (4) bezeichnet.

In G seien nun für $n, m \in \mathbb{N}$ zwei Differentialoperatoren in folgender Weise definiert:

$$K_n := \sum_{k=0}^{n} a_k(z,\zeta) \frac{\partial^k}{\partial z^k}, \quad a_k \in H(G), \quad k = 0,\dots,n, \quad a_n \neq 0,$$

$$\tilde{K}_m := \sum_{k=0}^{m} b_k(z,\zeta) \frac{\partial^k}{\partial \zeta^k}, \quad b_k \in H(G), \quad k = 0,\dots,m, \quad b_m \neq 0.$$

Falls $K_n g$ und $\tilde{K}_m h$ für alle $g \in H(\mathcal{D})$ bzw. $h \in H(\bar{\mathcal{D}})$ eine Lösung $w \in H(G)$ von (4) darstellt, wird K_n ein B_I^n-Operator und $\tilde{K}_m$ ein B_{II}^m-Operator oder BAUER-Operator erster bzw. zweiter Art zu $Lw = 0$ genannt. Mit $B_I^n(L,G)$ sei die Menge der in G definierten B_I^n-Operatoren zu $Lw = 0$ bezeichnet. Entsprechend wird $B_{II}^m(L,G)$ verwendet. Die Funktionen g und h werden im Weiteren erzeugende Funktionen oder kurz Erzeugende genannt. Die Zahlen n und m geben die Ordnung des jeweiligen Differentialoperators an.

Daß die eingliedrigen Ausdrücke $K_n g$, $g \in H(\mathcal{D})$, bzw. $\tilde{K}_m h$, $h \in H(\bar{\mathcal{D}})$, nicht die gesamte Lösungsmannigfaltigkeit von $Lw = 0$ liefern, kann sofort durch einfache Beispiele belegt werden. Hingegen konnten W. WATZLAWEK [19] und R. HEERSINK [11] auf verschiedenen Wegen zeigen, daß mit Hilfe der zweigliedrigen Darstellung

$$w = K_n g + \tilde{K}_m h ,$$

$K_n \in B_I^n(L,G)$, $\tilde{K}_m \in B_{II}^m(L,G)$, $g \in H(\mathcal{D})$, $h \in H(\bar{\mathcal{D}})$, stets jede Lösung w von $Lw = 0$ gewonnen werden kann. R. HEERSINK stellte damit eine Beziehung zwischen den VEKUA'schen Integraloperatoren (vgl. [17]) und den BAUER'schen Differentialoperatoren her.

Die Frage, unter welchen Bedingungen solche Darstellungsoperatoren nach K.W. BAUER zu einer Differentialgleichung existieren, wurde wiederholt untersucht (vgl. z.B [13], [15]). Hier wird diese Frage in einer Weise beantwortet, die es zwar noch nicht gestattet, die allgemeinsten Koeffizienten einer solchen Differentialgleichung explizit anzugeben, die jedoch ein gewisses Kriterium an diese Funktionen darstellt. Darüber hinaus ist es dann aber auch möglich, die Differentialoperatoren explizit anzugeben.

Dazu sollen zunächst spezielle Differentialoperatoren erster Ordnung betrachtet werden, die Abbildungen zwischen den Lösungsmengen zweier formal hyperbolischer Differentialgleichungen liefern. Solche Abbildungsoperatoren besitzen die Gestalt

$$T = \alpha \frac{\partial}{\partial z} + \beta \frac{\partial}{\partial \zeta} + \gamma$$

und sollen jede Lösung von

$$\hat{L}\, v = 0$$

mit $\hat{L}v = v_{z\zeta} + (\log \hat{A})_z\, v_\zeta + \hat{B}\, v$ gemäß

$$w = T\, v$$

abbilden in die Lösungsmenge $L(L,G)$.

Man spricht auch davon, daß durch solche Operatoren T der Differentialgleichung $\hat{L}v = 0$ eine weitere formal hyperbolische Differentialgleichung (hier $Lw = 0$) zugeordnet wird. H. WALLNER [18] konnte zeigen, daß es für die Existenz einer solchen Abbildung notwendig und hinreichend ist, daß die Funktionen $\hat{A}$, $\hat{B}$, A, B, α, β und γ ein gewisses System von partiellen Differentialgleichungen befriedigen.

J. PÜNGEL [14] hat insgesamt fünf verschiedene derartige Relationen angegeben. Weitere lassen sich dann durch geeignete Kombination dieser fünf gewinnen. Für die weiteren Betrachtungen sind die folgenden zwei von Bedeutung:

$$F = \frac{\partial}{\partial z} + (\log \hat{A})_z \quad \text{und} \quad P = -\frac{1}{\hat{B}} \frac{\partial}{\partial \zeta}, \quad \hat{B} \neq 0 \quad \text{in} \quad G .$$

Der Zusammenhang zwischen den Funktionen $\hat{A}$, $\hat{B}$ und A, B lautet im ersten Fall

$$A = \hat{A}/(\hat{B} - (\log \hat{A})_{z\zeta}), \quad B = \hat{B} - (\log \hat{A})_{z\zeta} \neq 0 ,$$

im zweiten Fall

$$A = \hat{A}\,\hat{B}, \quad B = \hat{B} + (\log \hat{A}\hat{B})_{z\zeta} .$$

Durch sukzessive Anwendung von Transformationsoperatoren vom Typ F kann nun ein B_I^n- Operator K_n beliebiger Ordnung aufgebaut werden, der aus einer Lösung einer formal hyperbolischen Differentialgleichung Lösungen einer weiteren Differentialgleichung desselben Typs liefert.

Umgekehrt konnte in [6], Satz 1.4, gezeigt werden, daß sich jeder $\mathcal{B}_{I}^{n}$ - Operator in ein Produkt solcher Transformationsoperatoren erster Ordnung faktorisieren läßt. Man erhält damit folgende Aussage über die Existenz eines $\mathcal{B}_{I}^{n}$ - Operators. Die entsprechende Aussage bezüglich eines $\mathcal{B}_{II}^{m}$ - Operators ergibt sich dann entsprechend.

S A T Z 1 : a) Zur Differentialgleichung (4) $Lw = 0$ existiert in G genau dann ein BAUER - Operator erster Art, wenn es eine natürliche Zahl n derart gibt, daß $B_o \equiv 0$ in G. Die Funktion B_o ist dabei rekursiv durch

$$A_n = A , \quad B_n = B ,$$

$$A_{k-1} = A_k B_k , \quad B_{k-1} = B_k + (\log A_k B_k)_{z\zeta} , \quad k = n, \dots, 1 , \quad (5)$$

bestimmt.

b) Der BAUER - Operator K_n besitzt dann die Gestalt

$$K_n = F_{n-1} \dots F_o \quad \text{mit} \quad F_k = \frac{\partial}{\partial z} + (\log A_k)_z , \quad k = 0, \dots, n-1 .$$

c) Zur Differentialgleichung $Lw = 0$ gibt es in G genau dann einen BAUER - Operator zweiter Art, wenn ein $m \in \mathbb{N}$ existiert, so daß in G $\tilde{B}_o \equiv 0$. $\tilde{B}_o$ ist dabei gemäß

$$\tilde{A}_m = A^{-1} , \quad \tilde{B}_m = B - (\log A)_{z\zeta} ,$$

$$\tilde{A}_{k-1} = \tilde{A}_k \tilde{B}_k , \quad \tilde{B}_{k-1} = \tilde{B}_k + (\log \tilde{A}_k \tilde{B}_k)_{z\zeta} , \quad k = m, \dots, 1 , \quad (6)$$

zu berechnen.

d) Der BAUER - Operator $\tilde{K}_m$ besitzt dann die Form

$$\tilde{K}_m = \frac{1}{A} \tilde{F}_{m-1} \dots \tilde{F}_o \quad \text{mit} \quad \tilde{F}_k = \frac{\partial}{\partial \zeta} + (\log \tilde{A}_k)_\zeta , \quad k = 0, \dots, m-1 .$$

Bemerkungen: (i) Unter Umständen ist es notwendig, das betrachtete Gebiet G aus Gründen, die in den Rekursionsformeln (5) bzw. (6) liegen, einzuschränken.

(ii) Fordert man z.B. die Existenz eines BAUER - Operators erster Art von der Ordnung n, so müssen die Funktionen A und B in (4) der nichtlinearen partiellen Differentialgleichung

$$B_0 = 0$$

genügen, die die Ordnung $2n$ besitzt. Mit Hilfe der Relationen

$$A_0 = \alpha , \quad \alpha \in H(G) \quad \text{beliebig,} \quad \alpha \neq 0 \quad \text{in} \quad G , \quad B_0 = 0 ,$$

$$\left. \begin{aligned} B_{k+1} &= B_k - (\log A_k)_{z\zeta} \neq 0 \quad \text{in} \quad G \\ A_{k+1} &= A_k / B_{k+1} \end{aligned} \right\} \quad k = 0, \dots, n-1 ,$$

erhält man zwei Funktionen A und B gemäß

$$A = A_n , \quad B = B_n ,$$

die offenbar dieser Bedingung genügen. Die allgemeine Lösung dieser nichtlinearen Differentialgleichung $B_0 = 0$ liefert dann die allgemeinsten Koeffizienten einer formal hyperbolischen Differentialgleichung, zu der es einen entsprechenden BAUER - Operator gibt.

(iii) Ob eine vorgelegte formal hyperbolische Differentialgleichung $Lw = 0$ einen solchen BAUER - Operator besitzt, kann allerdings nur dann positiv entschieden werden, wenn die Rekursionsformeln (5) bzw. (6) auf Funktionen B_0 bzw. $\tilde{B}_0$ führen, die in G identisch Null sind. Die Anzahl der dafür notwendigen Schritte gibt dann gleichzeitig die Ordnung des Differentialoperators an.

(iv) Der BAUER - Operator läßt sich aber in jedem Fall darstellen in Form eines Produktes einer entsprechenden Anzahl von Differentialoperatoren erster Ordnung vom Typ F_k bzw. $\tilde{F}_k$. Diese Tatsache eröffnet die Möglichkeit, viele Fragestellungen im Zusammenhang mit der Verwendung von Differentialoperatoren nach K.W. BAUER zu behandeln.

3. DARSTELLUNGEN VON LÖSUNGEN ELLIPTISCHER GLEICHUNGEN IN MEHRFACH ZUSAMMENHÄNGENDEN GEBIETEN

Will man zu Darstellungen von Lösungen der zu $Lw = 0$ äquivalenten elliptischen Differentialgleichung

$$w_{z\bar{z}} + (\log A(z,\bar{z}))_z \, w_{\bar{z}} + B(z,\bar{z}) \, w = 0 , \quad w = w(z,\bar{z}) , \qquad (7)$$

in mehrfach zusammenhängenden Gebieten gelangen, so ist es notwendig, Informationen über die Gestalt der Erzeugenden der Null - Lösung von $Lw = 0$ und damit über den Zusammenhang zwischen einer vorgelegten Lösung und den sie erzeugenden Funktionen zu besitzen.

Für den Fall, daß die Lösung von $Lw = 0$ mit nur einem BAUER - Operator dargestellt werden kann, wurde in [6], Satz 1.8, gezeigt, daß die erzeugende Funktion in eindeutiger Weise durch die Lösung bestimmt ist. Bei einer Lösung, die unter Verwendung von zwei Differentialoperatoren dargestellt wird, geht dieser eindeutige Zusammenhang verloren (vgl. [7]). In diesem Fall sind nur gewisse Differentialausdrücke der Erzeugenden eindeutig durch die Lösung festgelegt. Die Erzeugenden selbst sind nur bis auf die Erzeugenden der Null - Lösung, d.h. bis auf die Funktionen $g_o \in H(D)$ und $h_o \in H(\bar{D})$, die in der Form

$$K_n g_o + \tilde{K}_m h_o = 0$$

die Null liefern, eindeutig bestimmt. Das allgemeinste Erzeugendenpaar $\tilde{g}$, $\tilde{h}$ zu einer Lösung w erhält man in der Form

$$\tilde{g} = g + g_o , \quad \tilde{h} = h + h_o .$$

R. HEERSINK [12], Satz 5.1, konnte zeigen, daß die Funktionen g_o und h_o jeweils durch ein gewisses Anfangswertproblem eindeutig bestimmt sind. Die Form der beiden gewöhnlichen Differentialgleichungen, die dabei auftreten, hängt wesentlich von der Gestalt der verwendeten BAUER - Operatoren ab. Da diese Operatoren nunmehr gemäß Satz 1 b bzw. Satz 1 d faktorisiert werden können, gelingt es, diese Anfangswertprobleme zu lösen (vgl. [7], Satz 3).

In der Folge ist es nunmehr möglich, für die Lösungen einer elliptischen Differentialgleichung von der Form (7), zu der es entsprechende Lösungsoperatoren nach K.W. BAUER gibt, Darstellungen in mehrfach zusammenhängenden Gebieten anzugeben (vgl. [7]). Dabei werden Lösungen diskutiert, die in der Nähe isolierter Singularitäten bzw. in der Nähe von Verzweigungspunkten definiert sind.

4. FUNKTIONENTHEORETISCHE EIGENSCHAFTEN DER LÖSUNGEN ELLIPTISCHER GLEICHUNGEN

Unter Verwendung von BAUER - Operatoren dargestellte Lösungen sind einer funktionentheoretischen Untersuchung besonders zugänglich (vgl. z.B. [1], [5]). In [8] wurden neben den allgemeinen Eigenschaften der durch zweigliedrige Darstellungen gewonnenen Lösungen besonders diejenigen Lösungen untersucht, die sich mit Hilfe einer einzigen Erzeugenden darstellen lassen. Sie stellen als eine Verallgemeinerung der holomorphen Funktionen eine besonders interessante Lösungsklasse dar, für die viele Sätze der klassischen Funktionentheorie entsprechend formuliert werden können.

Man kann zum Beispiel formale Potenzen einführen. Damit ist es möglich, einen allgemeinen Entwicklungssatz, einen Identitätssatz, Aussagen über die analytische Fortsetzung der Lösungen und einen Monodromiesatz anzugeben. Es kann auch eine formale Laurent - Reihe definiert werden und der Begriff des Residuums auf diese Funktionenklasse übertragen werden. Damit ist es möglich, die Singularitäten dieser Funktionen zu charakterisieren. Es ist auch möglich, ein formales Kurvenintegral einzuführen und entsprechende Integralsätze zu beweisen.

5. DARSTELLUNG DER RIEMANN - FUNKTION DURCH DIFFERENTIALOPERATOREN

I.N. VEKUA [17] hat für elliptische Differentialgleichungen und die dazu äquivalenten formal hyperbolischen Differentialgleichungen eine Lösungsdarstellung entwickelt, die sich bestimmter Integraloperatoren bedient und die stets die gesamte Lösungsmannigfaltigkeit liefert. Dazu benötigt man in jedem Fall die zugehörige (komplexe) RIEMANN - Funktion R. Sie ist für die hier betrachtete formal hyperbolische Differentialgleichung $Lw = 0$ durch folgende Bedingungen eindeutig festgelegt:

(i) $R(z,\zeta;t,\tau)$ ist bezüglich t, τ Lösung von $Lw = 0$,
(ii) $R(t,\zeta;t,\tau) = 1$,
(iii) $R(z,\tau;t,\tau) = A(z,\tau)/A(t,\tau)$.

K.W. BAUER [2] konnte nun zeigen, daß die RIEMANN-Funktion stets durch Differentialoperatoren bestimmt werden kann, wenn es zur betrachteten Differentialgleichung einen $\mathcal{B}_I^n$- oder einen $\mathcal{B}_{II}^m$-Operator gibt. Existiert nämlich z.B. ein BAUER-Operator erster Art K_n zu $Lw = 0$, so kann die zugehörige RIEMANN-Funktion R angegeben werden in der Form

$$R(t,\tau;z,\zeta) = K_n g_R(z)$$

mit einer geeigneten Erzeugenden $g_R \in H(\mathcal{D})$. Sie ist dabei eindeutig festgelegt durch

$$K_n g_R(z)\big|_{z=t} = 1\,, \quad K_n g_R(z)\big|_{\zeta=\tau} = \frac{A(t,\tau)}{A(z,\tau)}\,.$$

Die zweite Gleichung stellt eine gewöhnliche Differentialgleichung der Ordnung n für g_R dar, die erste ist mit $g_R^{(k)}(t) = 0$, $k = 0,\ldots,n-1$, $g_R^{(n)}(t) = 1$, erfüllt. In [6] wurde daraus eine explizite Darstellung der Funktion g_R und damit der RIEMANN-Funktion unter Verwendung eines Mehrfachintegrals hergeleitet.

K.W. BAUER [3] fand für die Erzeugende g_R den Ausdruck

$$g_R(z) = \hat{P}_n \ldots \hat{P}_1 \frac{A_0(t,\tau)}{A_0(z,\tau)}$$

mit

$$\hat{P}_k = \frac{1}{B_k(t,\tau)} \frac{\partial}{\partial \tau}\,, \quad k = 1,\ldots,n\,. \tag{8}$$

Die Funktionen A_0 und B_k, $k = 1,\ldots,n$, sind dabei nach (5) aus den Größen A und B zu bestimmen. Damit kann die RIEMANN-Funktion zu $Lw = 0$ in jedem Fall in integralfreier Form angegeben werden:

$$R(t,\tau;z,\zeta) = F_{n-1} \ldots F_0 \hat{P}_n \ldots \hat{P}_1 \frac{A_0(t,\tau)}{A_0(z,\tau)}\,, \tag{9}$$

F_k, $k=0,\ldots,n-1$, gemäß Satz 1.b. Eine entsprechende Darstellung der RIEMANN-Funktion kann natürlich auch dann angegeben werden, wenn zu $Lw = 0$ ein BAUER-Operator zweiter Art existiert.

Sei nun der Differentialgleichung $Lw = 0$ durch den Transformationsoperator $F = \partial/\partial z + (\log A)_z$ die Gleichung $\hat{L}v = 0$ mit $\hat{L}v = v_{z\zeta} + (\log \hat{A})_z v_\zeta + \hat{B} v$ zugeordnet. Falls nun zu $Lw=0$ ein BAUER-Operator $K_n \in \mathcal{B}_I^n(L,G)$ existiert, so gibt es zu $\hat{L}v=0$ ebenfalls einen Differentialoperator $K_{n+1} \in \mathcal{B}_I^{n+1}(\hat{L},G)$. Für beide Gleichungen kann die zugehörige RIEMANN-Funktion unter Verwendung dieser Differentialoperatoren angegeben werden, die RIEMANN-Funktion zu $Lw=0$ in der Form (9), die zu $\hat{L}v=0$ gehörende RIEMANN-Funktion $\hat{R}$ in der Gestalt

$$\hat{R}(t,\tau;z,\zeta) = F\, F_{n-1} \ldots F_o \hat{P}_{n+1} \hat{P}_n \ldots \hat{P}_1 \frac{A_o(t,\tau)}{A_o(z,\tau)} ,$$

wobei der Operator F wie oben und der Operator $\hat{P}_{n+1}$ nach (8) mit $k=n+1$ bestimmt wird.

Wegen der Vertauschbarkeit der Operatoren $\hat{P}_{n+1}$ und F_k, $k=0,\ldots,n-1$, gilt aber auch

$$\hat{R}(t,\tau;z,\zeta) = F\, \hat{P}_{n+1} R(t,\tau;z,\zeta) .$$

Das heißt, die Funktion $\hat{R}$ kann direkt unter Verwendung der Differentialoperatoren $\hat{P}_{n+1}$ und F aus der Funktion R berechnet werden. Dieser Zusammenhang gilt aber - wie K.W. BAUER [4] zeigen konnte - auch dann, wenn zu den beiden betrachteten Differentialgleichungen $Lw=0$ und $\hat{L}v=0$ keine Differentialoperatoren existieren.

Auch für den Fall, daß der Differentialgleichung $\hat{L}v=0$ durch den Operator $P = -(1/\hat{B})\, \partial/\partial\zeta$ die Gleichung $Lw=0$ zugeordnet wird, wobei dann

$$A = \hat{A}\hat{B}\,, \quad B = \hat{B} + (\log \hat{A}\hat{B})_{z\zeta} \tag{10}$$

gilt, kann dann die RIEMANN-Funktion R von $Lw=0$ aus der RIEMANN-Funktion $\hat{R}$ von $\hat{L}v=0$ in entsprechender Weise bestimmt werden. Es gilt der folgende

SATZ 2 (K.W. BAUER):

Der Differentialgleichung $Lw = 0$ werde mittels $F = \partial/\partial z + (\log A)_z$ die Gleichung $\hat{L}v = 0$ zugeordnet, wobei $\hat{A}$ und $\hat{B}$ durch $\hat{B} = B - (\log A)_{z\zeta} \neq 0$, $\hat{A} = A/\hat{B}$ bestimmt sind; umgekehrt wird der Gleichung $\hat{L}v = 0$ durch $P = (-1/\hat{B})\,\partial/\partial\zeta$ die Gleichung $Lw = 0$ zugeordnet, wobei dann A und B über (10) aus $\hat{A}$ und $\hat{B}$ zu berechnen sind. Dann gilt:

a) Die RIEMANN-Funktion zu $Lw = 0$ sei R. Dann ist

$$\hat{R}(z,\zeta;t,\tau) = \frac{1}{\hat{B}(z,\zeta)} \frac{\partial}{\partial\zeta}\left[\frac{\partial}{\partial t} + (\log A(t,\tau))_t\right] R(z,\zeta;t,\tau)$$

die RIEMANN-Funktion zu $\hat{L}v = 0$.

b) Andererseits ergibt sich R aus $\hat{R}$ gemäß

$$R(t,\tau;z,\zeta) = \frac{1}{\hat{B}(z,\zeta)} \frac{\partial}{\partial\zeta}\left[\frac{\partial}{\partial t} - (\log \hat{A}(t,\tau))_t\right] \hat{R}(t,\tau;z,\zeta) .$$

J. PÜNGEL [16] hat ebenfalls Relationen zwischen den RIEMANN-Funktionen zweier zugeordneter Differentialgleichungen untersucht. Er hat dabei bestimmte Integro-Differentialoperatoren zur Abbildung der entsprechenden RIEMANN-Funktionen verwendt.

6. ANWENDUNGEN

Bei einer Reihe physikalischer Probleme treten partielle Differentialgleichungen zweiter Ordnung in zwei reellen Variablen auf, deren Koeffizienten nur von einer Variablen abhängen. Diese Gleichungen besitzen die Form

$$u_{xx} + a(x)\, u_x + b(x)\, u = c(x)\, u_{tt}\,, \quad (x,t) \in I \times T \subset \mathbb{R}^2 . \qquad (11)$$

Durch eine geeignete Transformation der unabhängigen und der abhängigen Variablen erhält man für bestimmte Koeffizientenfunktionen a, b und c daraus eine Differentialgleichung von der Gestalt

$$w_{z\zeta} - \frac{m}{z+\zeta}\,(w_z + w_\zeta) = 0\,, \quad (z,\zeta) \in \mathbb{C}^2\,, \quad m \in \mathbb{R} . \qquad (12)$$

Dabei kann man zwei der drei Koeffizienten a, b und c beliebig wählen, der dritte ist dann durch die beiden anderen über eine bestimmte Gleichung festgelegt (vgl. [9]).

Ist $m \in \mathbb{Z}$, so kann für die Gleichung (12) und damit auch für (11) eine explizite Darstellung aller Lösungen unter Verwendung von Differentialoperatoren angegeben werden.

Gleichungen dieses Typs treten unter anderem auf bei der Beschreibung der Strömung in elastischen Leitungen, die mit Flüssigkeiten gefüllt sind, bei Schwingungsproblemen in inhomogenen Medien und bei der antiplanen Deformation inhomogener Materialien.

In der Theorie der biaxialsymmetrischen Potentiale sucht man nach solchen Lösungen der Potentialgleichung

$$\Delta_r u = \sum_{j=1}^{r} u_{x_j x_j} = 0 ,$$

die nur von den Größen

$$x = (x_1^2 + \ldots + x_j^2)^{1/2} \quad \text{und} \quad y = (x_{j+1}^2 + \ldots + x_r^2)^{1/2} ,$$

$1 \leq j \leq r-1$, abhängen. Dies führt für die gesuchte Funktion $\Phi(x,y)$ auf die Gleichung

$$\Phi_{xx} + \Phi_{yy} + \frac{2\mu}{x} \Phi_x + \frac{2\nu}{y} \Phi_y = 0 , \quad 2\mu = j-1 , \quad 2\nu = r-j-1 .$$

Läßt man hier zu, daß μ und ν beliebige reelle Werte annehmen, so beschreibt diese Gleichung die verallgemeinerten biaxialsymmetrischen Potentiale.

Auch hier gelangt man durch geeignete Transformationen auf eine Differentialgleichung, deren Lösungen mit Hilfe von BAUER-Operatoren dargestellt werden können. Es ist dies die Gleichung

$$w_{z\zeta} - \left(\frac{\mu(\mu-1)}{(z+\zeta)^2} - \frac{\nu(\nu-1)}{(z-\zeta)^2}\right) w = 0 .$$

Damit gelingt es unter anderem für $\mu, \nu \in \mathbb{N}$ diese verallgemeinerten biaxialsymmetrischen Potentiale aus den Potentialfunktionen des $\mathbb{R}^2$ zu gewinnen (vgl. [10]). Darüber hinaus konnten für $\mu, \nu \in \mathbb{R}$ gewisse Klassen partikulärer Lösungen angegeben werden, die zur Approximation dieser Potentiale verwendet werden können. Für diese Funktionen findet man auch bestimmte Funktional-Differentialrelationen, die interessante Zusammenhänge zwischen verallgemeinerten biaxialsymmetrischen Potentialen beschreiben.

LITERATUR

[1] K.W. Bauer, Über eine der Differentialgleichung $(1 \pm z\bar{z})^2 w_{z\bar{z}} \pm n(n+1)w = 0$ zugeordnete Funktionentheorie, Bonn. Math. Schr. 23 (1965), 1 - 98.

[2] K.W. Bauer, Riemannfunktionen und Differentialoperatoren, Z. Anal. Anwendungen 3 (1984), 7 - 17.

[3] K.W. Bauer, On the Determination of Riemann Functions, Complex Variables Theory Appl. 8 (1987), 195 - 203.

[4] K.W. Bauer, Bestimmung von Riemannfunktionen durch Differentialoperatoren, Seminarbericht, Graz, 1988 (unveröffentlicht).

[5] K.W. Bauer, St. Ruscheweyh, Differential Operators for Partial Differential Equations and Function Theoretic Applications, Lecture Notes in Math., 791, Springer, Berlin - New York, 1980.

[6] P. Berglez, Differentialoperatoren bei partiellen Differentialgleichungen, Ann. Mat. Pura Appl. 143, (1986), 155 - 185.

[7] P. Berglez, On the Representation of Solutions of Partial Differential Equations in the Neighbourhood of Isolated Singularities, Complex Variables Theory Appl. 8 (1987), 181 - 193.

[8] P. Berglez, Über funktionentheoretische Eigenschaften der Lösungen gewisser elliptischer Differentialgleichungen, Z. Anal. Anwendungen 6 (1987), 23 - 34.

[9] P. Berglez, On the General Solution of Linear Partial Differential Equations with Coefficients Depending on one Variable, erscheint in Z. Angew. Math. Mech.

[10] P. Berglez, Zur Darstellung von verallgemeinerten biaxialsymmetrischen Potentialen, erscheint in Z. Angew. Math. Mech.

[11] R. Heersink, Characterization of Certain Differential Operators in the Solution of Linear Partial Differential Equations, Glasgow Math. J. 17 (1976), 83 - 88.

[12] R. Heersink, Über Lösungsdarstellungen und funktionentheoretische Methoden bei elliptischen Differentialgleichungen, Ber. Math.-Statist. Sekt. Forsch. Graz 67 (1976), 1 - 79.

[13] M. Kracht, Über Bergman - Operatoren für lineare partielle Differentialgleichungen zweiter Ordnung, Habilitationsschrift, Düsseldorf, 1974.

[14] J. Püngel, Zur Darstellung von Lösungen partieller Differentialgleichungen, Ber. Math.-Statist. Sekt. Forsch. Graz 72 (1977), 1 - 10.

[15] J. Püngel, Lineare Abbildungen zwischen Lösungsmengen partieller Differentialgleichungen im Komplexen, Ber. Math.-Statist. Sekt. Forsch. Graz 91 (1978), 1 - 81.

[16] J. Püngel, Riemann Functions for Associated Operators, Ber. Math.-Statist. Sekt. Forsch. Graz 158 (1981), 1 - 10.

[17] I.N. Vekua, New Methods for Solving Elliptic Equations, North Holland, Amsterdam, 1967.

[18] H. Wallner, Associated Differential Equations and their Bergman Kernels, Complex Variables Theory Appl. 1 (1983), 395 - 403.

[19] W. Watzlawek, Über Zusammenhänge zwischen Fundamentalsystemen, Riemann - Funktion und Bergman - Operatoren, J. Reine Angew. Math. 251 (1971), 200 - 211.

Über die Nullstellen von linearen Differentialpolynomen mit meromorphen Koeffizienten

Günter Frank

1. Einleitung

Unter einer meromorphen Funktion verstehen wir hier immer eine in $\mathbb{C}$ meromorphe Funktion. Darüber hinaus benutzen wir die bekannten Bezeichnungen der Nevanlinna Theorie wie

$$T(r,f),\ m(r,f),\ N(r,f),\ S(r,f),\ldots .$$

Man vergleiche [4] oder [6].

Eine meromorphe Funktion g heißt klein bzgl. der meromorphen Funktion f, falls

$$T(r,g) = S(r,f)$$

gilt. Unter $W(w_1,\ldots,w_n)$ verstehen wir die Wronskideterminante der Funktionen $w_1,\ldots w_n$.

Ein wesentlicher Schritt zum Beweis des zweiten Hauptsatzes der Werteverteilungstheorie für kleine Funktionen ist eine Abschätzung der Größe $m(r, 1/L(f))$ nach oben oder äquivalent dazu, eine Abschätzung der Größe $N(r, 1/L(f))$ nach unten, wobei

$$(1)\quad L(f) := \frac{W(w_1,\ldots,w_p,f)}{W(w_1,\ldots,w_p)}$$

ist. Die linear unabhängigen meromorphen Funktionen $w_1,\ldots,w_p$ sind klein gegenüber der meromorphen Funktion f.

In [2] wurde die folgende Abschätzung bewiesen:

$$(2)\quad p\,\bar{N}(r,f) \le N(r,1/L(f)) + (1+\varepsilon)N(r,f) + S(r,f)$$

für jedes $\varepsilon > 0$. Man beachte, daß $S(r,f)$ von ε abhängt, aber die zugehörige Ausnahmemenge von ε unabhängig ist ([8]).

Mit dem ersten Hauptsatz und der Gleichung

$$T(r,L(f)) = m(r,L(f)) + N(r,f) + p\bar{N}(r,f) + S(r,f)$$

sieht man, daß (2) äquivalent zu

$$(3) \quad m(r,1/L(f)) \leq m(r,L(f)) + (2+\varepsilon)N(r,f) + S(r,f)$$

ist. Wir kommen darauf später zurück.

Das folgende Beispiel zeigt, daß die Voraussetzung $w_1,\ldots,w_p$ klein gegenüber f wesentlich ist.

Beispiel: $w_1 = 1$, $w_2 = \exp(2iz)$, $w_3 = \exp(-2iz)$

$L(w) = w''' + 4w'$, $f = \tan$.

Dann gilt

$$L(f) = 6(1+\tan^2)^2 = 6/\cos^4,$$

also $N(r,1/L(f)) = 0$ $N(r,f) = \bar{N}(r,f) \sim \frac{2r}{\pi}$

und $p = 3$.

Wegen $T(r,w_2) = T(r,w_3) \sim \frac{2r}{\pi} \sim T(r,f)$ sind die w_j nicht klein bezüglich f.

N. Steinmetz hat bemerkt, daß

$$f = -i\frac{w_2 - w_1}{w_2 + w_1}$$

gilt, f also eine rationale Funktion von w_1, w_2 ist ([10]). Er hat den folgenden Satz als Vermutung ausgesprochen:

Satz:

Seien f, $a_0,\ldots,a_{p-1}$ meromorphe Funktionen mit

$$T(r,a_j) = S(r,f) \text{ für } j = 0,1,\ldots,p-1.$$

L(f) sei definiert durch

$$L(f) := f^{(p)} + a_{p-1} f^{(p-1)} + \ldots + a_0 f.$$

Dann gilt entweder für jedes $\varepsilon > 0$

$$m(r, 1/L(f)) \leq m(r, L(f)) + (2+\varepsilon) N(r,f) + S(r,f),$$

oder

f ist eine rationale Funktion eines beliebigen lokalen Fundamentalsystems von $L(w) = 0$.

Bemerkungen:

1) $L(w) = 0$ hat i. a. kein globales Fundamentalsystem, aber in einer geeigneten Umgebung einer für alle Koeffizienten holomorphen Stelle existiert immer ein lokales Fundamentalsystem.

2) Dieser Satz wurde in [1] für $L(f) = f^{(p)}$, in [9] in etwas schwächerer Form für den Fall (1), d. h., L(f) wird durch kleine Funktionen erzeugt, bewiesen. In [10] beweist N. Steinmetz diesen Satz, falls die Koeffizienten a_j rational in einer Umgebung von Unendlich sind. Gleichzeitig spricht er in dieser Arbeit den Satz als Vermutung aus.
Wesentliches Hilfsmittel aller Beweise ist eine geeignete Wronskideterminante.

An dieser Stelle möchte ich Herrn Norbert Steinmetz für die wertvollen Diskussionen über dieses Problem herzlich danken.

2. Anwendung (2. Hauptsatz für kleine Funktionen)

Zweiter Hauptsatz für kleine Funktionen ([7],[9]):

Seien f, $b_1, \ldots, b_q$ meromorphe Funktionen mit

$$T(r,b_j) = S(r,f) \text{ für } j = 1,\dots,q.$$

Weiter seien die $b_1,\dots,b_q$ paarweise verschieden. Dann gilt für beliebiges $\varepsilon > 0$

$$m(r,f) + \sum_{j=1}^{q} m(r,\frac{1}{f-b_j}) \leq (2+\varepsilon)T(r,f) + S(r,f).$$

Beweisskizze:

Wir folgen einer auf Chuang [3] zurückgehenden Beweisanordnung.

Sei $w_1,\dots,w_p$ eine Basis der $\mathbb{C}$-linearen Hülle von $\{b_1,\dots,b_q\}$ und

$$L(f) := \frac{W(w_1,\dots,w_p,f)}{W(w_1,\dots,w_p)}$$

Dann gilt:

(i) $L(f) \neq 0$

(ii) $L(f-b_j) = L(f) \quad j = 1,2,\dots,q$

(iii) $m(r, L(f-b_j)/(f-b_j)) = S(r,f)$

Nach [6], p.62, gilt für geeignete kleine Funktionen B_j, $j = 1,2,\dots,q$,

$$\sum_{j=1}^{q} m(r,\frac{1}{f-b_j}) = m(r, \sum_{j=1}^{q} \frac{B_j}{f-b_j}) + S(r,f),$$

also

$$m(r,f) + \sum_{j=1}^{q} m(r,\frac{1}{f-b_j}) \leq \sum_{j=1}^{q} m(r,\frac{L(f-b_j)}{f-b_j}) + m(r,\frac{1}{L(f)}) + m(r,f) + S(r,f),$$

d. h.

$$m(r,f) + \sum_{j=1}^{q} m(r,\frac{1}{f-b_j}) \leq m(r,f) + m(r,\frac{1}{L(f)}) + S(r,f)$$

und mit (3) und $m(r,L(f)) \leq m(r,f) + S(r,f)$

$$m(r,f) + \sum_{j=1}^{q} m(r,\frac{1}{f-b_j}) \leq (2+\varepsilon)\, T(r,f) + S(r,f).$$

3. Beweisskizze des Satzes

Sei $z_0 \in \mathbb{C}$ eine Holomorphiestelle aller Koeffizienten $a_0,\dots,a_{p-1}$ in

$$L(f) = f^{(p)} + a_{p-1} f^{(p-1)} + \dots + a_0 f.$$

Mit $w_1,\dots,w_p$ bezeichnen wir ein lokales Fundamentalsystem von $L(w) = 0$.

Für $s \geq 1$ sei M_s die $\mathbb{C}$-lineare Hülle von

$$\{w_1^{\alpha_1} \cdot w_2^{\alpha_2} \dots w_p^{\alpha_p} / \alpha_j \in \mathbb{N}_0,\ \alpha_1 + \alpha_2 + \dots + \alpha_p = s\}$$

und $u_1,\dots,u_k$ eine Basis von M_s,

$v_1,\dots,v_n$ eine Basis von M_{s+1}.

Wir definieren wie in [10]:

$$\Omega(f) := \frac{W(v_1,\dots,v_n,u_1 f,\dots,u_k f)}{W(v_1,\dots,v_n) W(u_1,\dots,u_k)}$$

Dann gilt:

a) $\Omega(f)$ ist eine in $\mathbb{C}$ meromorphe Funktion, d. h. sie ist insbesondere von dem lokalen Fundamentalsystem unabhängig.

b) $\Omega(f) = 0$, dann ist f eine rationale Funktion von $w_1,\dots,w_p$.

c) Für $\Omega(f) \neq 0$ ist $\Omega(f)$ ein homogenes Differentialpolynom in $L(f)$ vom Grad k. Die Koeffizienten sind dann rationale Funktionen von $a_0,\dots,a_{p-1}$ und deren Ableitungen, also kleine Funktionen bezüglich f.

d) $\inf\limits_{s} \frac{n}{k} = 1$

Eigenschaft d) wurde in [9] bewiesen, Eigenschaft b) folgt aus a) und bekannten Tatsachen über Wronskideterminanten. Auf a) und c) kommen wir später zurück.

Unter der Annahme von a) bis d) folgt nun für $\Omega(f) \neq 0$

$$k\, m(r,1/L(f)) = m(r,1/(L(f))^k)$$

$$\leq m\left(r,\frac{\Omega(f)}{(L(f))^k}\right) + m\left(r,\frac{1}{\Omega(f)}\right)$$

$$= m(r,1/\Omega(f)) + S(r,f)$$

$$\leq m(r,\Omega(f)) + N(r,\Omega(f)) + S(r,f).$$

Mit

$$N(r,\Omega(f)) \leq (n+k)N(r,f) + S(r,f) \quad ([2],\ [9])$$
$$m(r,\Omega(f)) \leq k\,m(r,L(f)) + S(r,f) \text{ nach c)}$$

erhalten wir

$$m(r,1/L(f)) \leq m(r,L(f)) + \left(1+\frac{n}{k}\right)N(r,f) + S(r,f),$$

also mit d) die Behauptung.

Zum Beweis von a) und c) benötigen wir folgendes Lemma

Lemma ([8]):
Seien $L(w) = w^{(p)} + a_{p-1} w^{(p-1)} + \ldots + a_0 w$ und
$\tilde{L}(w) = w^{(k)} + b_{k-1} w^{(k-1)} + \ldots + b_0 w$

zwei lineare Differentialoperatoren mit meromorphen Koeffizienten und $w_1,\ldots,w_p$ bzw. $u_1,\ldots u_k$ lokale Fundamentalsysteme in der Umgebung eines Punktes z_0 von $L(w)=0$ bzw. $\tilde{L}(w)=0$. Mit n bezeichnen wir die Dimension der $\mathbb{C}$-linearen Hülle von $\{w_i u_j \mid i=1,\ldots,p,\ j=1,\ldots,k\}$. Dann existiert ein linearer Differentialoperator

$$\tilde{\tilde{L}}(w) = w^{(n)} + B_{n-1} w^{(n-1)} + \ldots + B_0 w$$

mit meromorphen Koeffizienten B_j, so daß gilt

(i) $\tilde{\tilde{L}}(w_i u_j) = 0$ für $i=1,\ldots,p,\ j=1,\ldots,k$
(ii) Die B_j sind rationale Funktionen der a_i und b_j und deren Ableitungen.

Wir beweisen nun a) und c):

Sei $W = W(v_1,\dots,v_n, u_1 f,\dots,u_k f)$ die Wronskimatrix der angegebenen Funktionen. Nach dem Lemma gibt es zwei lineare Differentialpolynome

$$\begin{aligned} &L_k(u) \text{ bzw. } L_n(v) \text{ mit} \\ &L_k(u_j) = 0 \quad \text{für} \quad j = 1,2,\dots,k \\ &L_n(v_j) = 0 \quad \text{für} \quad j = 1,2,\dots,n. \end{aligned}$$

Die Koeffizienten sind rationale Funktionen der a_j und deren Ableitungen.

Damit erhalten wir

$$v_j^{(r)} = A_{0,r}\, v_j + \dots + A_{n-1,r}\, v_j^{(n-1)} \quad \text{für } r \geq n$$

und

$$(u_j f)^{(r)} = u_j\, M_{0,r}(f) + \dots + u_j^{(k-1)} M_{k-1,r}(f) \quad \text{für } r \geq k,$$

wobei

$$M_{i,r}(f) = B_{0,i}^{(r)} f + B_{1,i}^{(r)} f' + \dots + B_{r,i}^{(r)} f^{(r)}$$

gilt und die A's und B's rationale Funktionen der a_j und deren Ableitungen sind.

Damit gilt:

$$(4) \quad W = \left(\begin{array}{c|c} E_n & F_k \\ \hline D_1 & D_2 \end{array}\right) \cdot \left(\begin{array}{c|c} W_1 & 0 \\ \hline 0 & W_2 \end{array}\right)$$

Dabei ist $W_1 = W(v_1,\dots,v_n)$ $W_2 = W(u_1,\dots,u_k)$ E_n die $n \times n$ Einheitsmatrix, F_k eine Dreiecksmatrix der Gestalt

$$F_k = \begin{pmatrix} f & & & & 0 \\ f' & f & & & \\ & & \ddots & & \\ & & & \ddots & \\ f^{(k-1)} & \binom{k-1}{1} f^{(k-2)} & \dots & & f \end{pmatrix}$$

$$D_1 = (A_{i,n+j}) \quad \begin{matrix} i = 0,1,\dots,n-1 \\ j = 0,1,\dots,k-1 \end{matrix} \qquad k \times n \text{ Matrix}$$

$$D_2 = (M_{i,k+j}(f)) \quad \begin{matrix} i = 0,1,\dots,k-1 \\ j = 0,1,\dots,n-1 \end{matrix} \qquad n \times k \text{ Matrix.}$$

Aus dieser Darstellung von W folgt durch Übergang zu Determinanten schon a), d. h.

$$\Omega(f) = \frac{\det W}{\det W_1 \cdot \det W_2}$$

ist eine in $\mathbb{C}$ meromorphe Funktion.

Durch Anwendung von geeigneten Elementarmatrizen (hier: Linearkombinationen der ersten n Spalten werden zu den letzten k Spalten addiert) läßt sich der linke Faktor in (4) überführen in die Matrix

$$D = \left(\begin{array}{c|c} E_n & 0 \\ \hline D_1 & \tilde{D}_2 \end{array}\right)$$

mit $\tilde{D}_2 = (\tilde{M}_{i,n+j}(f)) \quad \begin{matrix} i = 0,1,\dots,k-1 \\ j = 0,1,\dots,k-1 \end{matrix}$ ($k \times k$ Matrix).

Die $\tilde{M}(f)$ sind wieder lineare Differentialpolynome in f mit Koeffizienten, die rational von den a_j und deren Ableitungen abhängen. Es gilt

$$\text{rang } W = \text{rang } D$$

in allen bis auf abzählbar vielen Punkten des Definitionsbereiches der $w_1, \dots, w_p$.

Bei der gesamten Überlegung war f eine beliebige meromorphe Funktion.

Wir setzen jetzt

$$f = w_r, \quad 1 \le r \le p.$$

Aufgrund der Konstruktion folgt dann

$$\text{rang } \mathcal{W} = n, \text{ d. h. rang } D = n,$$

und damit aus der speziellen Gestalt von D für $f = w_r$

$$\tilde{D}_2 = 0.$$

Wir erhalten also

$$\tilde{M}_{i,n+j}(w_r) = 0 \text{ für } i,j = 1,2,\dots,k-1 \text{ und } r = 1,2,\dots,p.$$

Die Differentialgleichungen

$$\tilde{M}_{i,n+j}(w) = 0 \text{ und } L(w) = 0$$

haben die gemeinsamen Lösungen

$$w_1, \dots, w_p.$$

Dies erzwingt die Darstellung ([5], p.126)

$$\tilde{M}_{i,n+j}(f) = N_{i,n+j}(L(f))$$

für $i,j = 0,1,2,\dots,k-1$, wobei die N's lineare Differentialoperationen sind mit Koeffizienten, die rational von den Koeffizienten a_j und deren Ableitungen abhängen.

Aus der Tatsache, daß $\tilde{D}_2$ von f abhängt und

$$\Omega(f) = \det \tilde{D}_2$$

folgt auch die Behauptung c). Damit ist der Satz vollständig bewiesen.

Literatur:

1. G. Frank und G. Weißenborn. Rational deficient functions of meromorphic functions. Bull London Math. Soc. 18 (1986), 29-33.

2. G. Frank und G. Weißenborn. On the zeros of linear differential polynomials of meromorphic functions. (Zum Druck angenommen).

3. C.T. Chuang. Une généralisation d'une inegalité de Nevanlinna. Sci Sinica 13(1964), 887-895.

4. W.K. Hayman. Meromorphic functions, Clarendon Press, Oxford 1964.

5. E.L. Ince. Ordinary differential equations. Dover Publ. 1956.

6. G. Jank und L. Volkmann. Meromorphe Funktionen und Differentialgleichungen. Birkhäuser Verlag, Basel-Boston-Stuttgart 1985.

7. Ch. F. Osgood. Sometimes effective Thue-Siegel-Roth-Schmidt-Nevanlinna bounds, or better. J. Number Theory 21 (1985), 347-389.

8. R. Spigler. The linear differential Equation whose solutions are the products of solutions of two given differential equations. J of Math. Analysis and Applications 98(1984), 130-147.

9. N. Steinmetz. Eine Verallgemeinerung des zweiten Nevanlinnaschen Hauptsatzes. J. reine angew. Math. 368 (1986), 134-141.

10. N. Steinmetz. On the zeros of certain Wronskian.(Zum Druck angenommen).

EIGENSCHAFTEN VON LÖSUNGSDARSTELLUNGEN BEI ELLIPTISCHEN DIFFERENTIALGLEICHUNGEN DURCH DIFFERENTIAL - UND INTEGRALOPERATOREN

R. Heersink

Zusammenfassung:

In der vorliegenden Arbeit werden elliptische Differentialgleichungen zweiter Ordnung in zwei reellen Veränderlichen mit reellwertigen, analytischen Koeffizienten betrachtet. Nachdem man die zugrundeliegenden Funktionenräume mit einer geeigneten Metrik versehen hat, wird gezeigt, daß die zur Lösungsdarstellung verwendeten Operatoren vom Bauerschen, Vekuaschen und Bergmanschen Typ lineare Homöomorphismen darstellen.

Summary:

This paper deals with elliptic differential equations of second order in two real variables with real-valued, analytic coefficients. Having defined a suitable metric, it is shown that the representation operators of Bauer, Vekua and Bergman are linear homeomorphisms.

1)Einleitung und Bezeichnungen

a) $G\subset\mathbb{R}^2$ bzw. $D\subset\mathbb{R}^2$ sollen im weiteren immer einfach zusammenhängende Gebiete bezeichnen. H(G) bezeichne die Menge der auf G holomorphen Funktionen; C(G) sei die Menge der auf G stetigen Funktionen, $C^\omega(G)$ die Menge der auf G analytischen Funktionen. Liegt eine elliptische Differentialgleichung

(1) $\quad Eu=0 \quad$ mit $\quad Eu:=u_{xx}+u_{yy}+Au_x+Bu_y+Cu$

mit reellwertigen Koeffizienten $A,B,C\in C^\omega(G)$ vor, so sind nach einem Satz von Picard auch alle Lösungen von (1) aus $C^\omega(G)$. Es soll daher mit $C^\omega_E(G)$ die Menge der auf G definierten Lösungen von (1) (reell- oder komplexwertig) bezeichnet werden.
Weiters sei für $z_0\in G$, $i\in\mathbb{N}_0$ definiert:

$H(z_o,i;G):=\{f\in H(G) \mid f^{(k)}(z_o)=0$ für $k=0,1,\cdots,i\}$.

b) $D\subset\mathbb{R}^2$ heißt Fundamentalgebiet von Gleichung (1), wenn es auf $D\times D^*$ (mit $D^*:=\{z\in\mathbb{C} \mid \bar{z}\in D\}$) holomorphe Funktionen (zweier unabhängiger komplexer Veränderlicher z und ζ) $\alpha(z,\zeta)$, $\beta(z,\zeta)$, $\gamma(z,\zeta)$ gibt, so daß $\alpha(z,\bar{z})=A(x,y)$, $\beta(z,\bar{z})=B(x,y)$, $\gamma(z,\bar{z})=C(x,y)$ (vgl. [4]).

Für Fundamentalgebiete D gilt (Vekua [7], S 35 ff.):

b1) Ist $u\in C_E^{\omega}(D)$, so existiert genau eine auf $D\times D^*$ holomorphe Funktion $\omega(z,\zeta)$ mit $\omega(z,\bar{z})=u(x,y)$. Diese Funktion ω erfüllt die "formal hyperbolische" Differentialgleichung

(2) $F\omega=0$ mit $F\omega:=\omega_{z\zeta}+a\cdot\omega_z+b\cdot\omega_\zeta+c\omega$ mit

$a:=(\alpha+i\beta)/4,\quad b:=(\alpha-i\beta)/4,\quad c:=\gamma/4.$

b2) Ist ω eine Lösung von (2), so ist $u(x,y):=\omega(z,\bar{z})$ eine Lösung von (1).

2) Metrisierung der Funktionenräume

Die Abbildung

$$d:C(G)\times C(G)\to\mathbb{R}_o^+;\ (f_1,f_2)\mapsto d(f_1,f_2):=\sum_{i=1}^{\infty}\frac{\max\limits_{z\in K_i}|f_1(z)-f_2(z)|}{2^i\cdot(1+\max\limits_{z\in K_i}|f_1(z)-f_2(z)|)},$$

wobei K_i, $i\in\mathbb{N}$, eine kompakte Ausschöpfungsfolge (man vergleiche dazu [3], S 217 ff) von G ist, stellt eine Metrik auf C(G) dar. Dafür gilt:

a) Die drei Aussagen:

a1) $f_j\in C(G)$, $j\in\mathbb{N}$, konvergiert bzgl. d gegen $f\in C(G)$,

a2) f_j konvergiert auf jeder kompakten Teilmenge von G gleichmäßig gegen f,

a3) f_j ist eine Cauchy-Folge bzgl. d

sind äquivalent.

b) C(G) ist vollständig (bzgl. d).

c) H(G) ist vollständig (bzgl. der durch d induzierten Metrik).

d) $H(z_o,i;G)$ ist vollständig.

Bemerkung: $C^{\omega}(G)$ ist nicht vollständig (bzgl. der durch d induzierten Metrik). Dies ist eine unmittelbare Folgerung des Weierstrass-schen Approximationssatzes.

Trotzdem gilt aber:

e) $C_E^{\omega}(G)$ ist vollständig (vgl. [6]).

3) Bauer-, Vekua- und Bergmanoperatoren

Zur Darstellung von Lösungen der Gleichung (1) werden vor allem Integraloperatoren vom Vekuaschen und Bergmanschen Typ sowie Differentialoperatoren vom Bauerschen Typ verwendet (man vergleiche dazu etwa [1], [2], [7]). In den folgenden drei Abschnitten a, b und c werden diese Darstellungsoperatoren bereits in der Form definiert, wie sie für die weiteren Betrachtungen besonders geeignet sind:

a) Differentialoperatoren vom Bauerschen Typ:

Es seien $n,m\in\mathbb{N}$ und $a_k, b_l \in C^{\omega}(G)$ für $k=0,1,\cdots,n$ bzw. $l=0,1,\cdots,m$; weiters gelte $a_n(x,y)\neq 0$ und $b_m(x,y)\neq 0$ für alle $(x,y)\in G$. Definiert man Differentialoperatoren D_n^1, D_m^2 und D_{nm} durch

$D_{nm}: H(z_0,n;G)\times H(z_0,m-1;G)\rightarrow C^{\omega}(G)$ mit

$D_{nm}(g,h):=D_n^1 g + D_m^2 h$ mit

$$(D_n^1 g)(x,y):=\sum_{k=0}^{n} a_k(x,y)\cdot g^{(k)}(z), \qquad (D_m^2 h)(x,y):=\sum_{k=0}^{m} b_k(x,y)\cdot \overline{h^{(k)}(z)},$$

so gilt:

Ist das Bild von $H(z_0,n;G)\times H(z_0,m-1;G)$ unter D_{nm} eine Teilmenge von $C_E^{\omega}(G)$, so stellt

$D_{nm}: H(z_0,n;G)\times H(z_0,m-1;G)\rightarrow C_E^{\omega}(G)$ eine bijektive Abbildung dar (vgl. [4], S 291).

b) Integraloperatoren vom Vekuaschen Typ:

Ist D ein Fundamentalgebiet von (1), so existiert eine auf $D\times D^*\times D\times D^*$ holomorphe Funktion $R(t,\tau,z,\zeta)$, welche als Riemannfunktion von (1) bezeichnet wird und in folgender Weise zur Darstellung von Lösungen von (1) verwendet wird (vgl. [7]):

Definiert man einen Integraloperator

$I: H(z_0,0;D)\times H(D^*)\rightarrow C^{\omega}(D)$ durch

$I(\varphi,\varphi^*):=I_1\varphi + I_2\varphi^*$ mit

$$(I_1\varphi)(x,y):= R(z,\bar{z}_0,z,\bar{z})\cdot\varphi(z) - \int_{z_0}^{z}\varphi(t)\left[R_t(t,\bar{z}_0,z,\bar{z})-b(t,\bar{z}_0)R(t,\bar{z}_0,z,\bar{z})\right]dt,$$

$$(I_2\varphi^*)(x,y):= R(z_0,\bar{z},z,\bar{z})\cdot\varphi^*(\bar{z}) - \int_{\bar{z}_0}^{\bar{z}}\varphi^*(\tau)\left[R_\tau(z_0,\tau,z,\bar{z})-a(z_0,\tau)R(z_0,\tau,z,\bar{z})\right]d\tau,$$

so gilt:

Das Bild von $H(z_0,0;D)\times H(D^*)$ unter I ist $C_E^{\omega}(D)$ und $I: H(z_0,0;D)\times H(D^*)\rightarrow C_E^{\omega}(D)$ ist bijektiv.

c) Integraloperatoren vom Bergmanschen Typ:

Es sei D ein Fundamentalgebiet von (1), welches den Nullpunkt enthält. Es sei $\overline{U_{R_1}(O)} \subset D$ und es sei $r := R_1/3$.
($U_R(O) := \{z \in \mathbb{C} \mid |z| < R\}$, $\overline{U_R(O)} := \{z \in \mathbb{C} \mid |z| \leq R\}$.) Dann existieren zwei auf $U_r(O) \times U_r(O) \times \overline{U_1(O)}$ holomorphe Funktionen $E_1(z,\zeta,t)$ und $E_2(z,\zeta,t)$, welche als Bergmansche Kernfunktionen erster Art von (1) bezeichnet werden und in folgender Weise zur Darstellung von Lösungen von (1) verwendet werden (vgl. [2]):

Definiert man einen Integraloperator

$B: H(O,O;U_r(O)) \times H(U_r(O)) \to C^{\omega}(U_r(O))$ durch

$B(f,f^*) := B_1 f + B_2 f^*$ mit

$$(B_1 f)(x,y) := \int_{\gamma} E_1(z,\bar{z},t) \cdot f(\tfrac{z}{2}(1-t^2)) \cdot (1-t^2)^{-1/2} dt,$$

$$(B_2 f^*)(x,y) := \int_{\gamma} E_2(z,\bar{z},t) \cdot \overline{f^*(\tfrac{z}{2}(1-t^2))} \cdot (1-t^2)^{-1/2} dt,$$

wobei $\gamma \subset \overline{U_1(O)}$ eine beliebige, rektifizierbare Kurve mit Anfangspunkt $t_1 = -1$ und Endpunkt $t_2 = +1$ sei,
so gilt:
Das Bild von $H(O,O;U_r(O)) \times H(U_r(O))$ unter B ist $C_E^{\omega}(U_r(O))$ und $B: H(O,O;U_r(O)) \times H(U_r(O)) \to C_E^{\omega}(U_r(O))$ ist bijektiv.

4) Die Stetigkeit der Operatoren D_{nm}, I und B

a) Die Stetigkeit von $\dot{D}_{nm}: H(z_o,n;G) \times H(z_o,m-1;G) \to C_E^{\omega}(G)$ (bzgl. der Metrik d) wurde in [5] und [6] gezeigt.

b) Die Stetigkeit von $I: H(z_o,O;D) \times H(D^*) \to C_E^{\omega}(D)$ ergibt sich unmittelbar aus den in [7], S.43, angegebenen Eigenschaften des Operators I.

c) Da die Definitions- und Bildmenge des Operators B lineare, metrische Räume sind und B linear ist, ergibt sich die Stetigkeit von B aus der Stetigkeit von B an der Stelle (O,O). Es genügt demnach zu zeigen, daß B_1 und B_2 an der Stelle O stetig sind:

c1) Es sei $K \subset U_r(O)$ beliebig und kompakt vorgegeben, $\overline{U_R(O)} \supset K$ mit $R < r$. Es sei weiters $\varepsilon > 0$ beliebig so vorgegeben, daß

$$\varepsilon_1 := \frac{\varepsilon \cdot \sqrt{2}}{\max\limits_{\substack{z \in \overline{U_R(O)} \\ t \in \overline{U_1(O)}}} |E_1(z,\bar{z},t)| \cdot L(\gamma) \cdot (R+1)} < \max\{R,1\}. \quad (L(\gamma) \ldots \text{Länge von } \gamma).$$

Weiters sei f_j, $j\in\mathbb{N}$, eine (bzgl. der Metrik d) auf $U_r(O)$ gegen $f_o=0$ konvergente Folge aus $H(0,0;U_r(0))$. Somit gilt dafür: Für alle $\varepsilon>0$ existiert ein $N_\varepsilon\in\mathbb{N}$, so daß für alle $j>N_\varepsilon$ und für alle $z\in\overline{U_R(0)}$ gilt: $|f_j(z)|<\varepsilon_1^2$.

Definiert man auf $U_r(0)\times\overline{U_1(0)}$ eine Funktionenfolge g_j durch

$$g_j(z,t) := f_j(\tfrac{z}{2}(1-t^2))\cdot(1-t^2)^{-1/2},$$

so kann man zeigen, daß für alle $j>N_\varepsilon$ gilt:

$$|g_j(z,t)| < \varepsilon_1\cdot\frac{(1+R)}{\sqrt{2}} \quad \text{für alle } z\in\overline{U_R(0)} \text{ und alle } t\in\overline{U_1(0)}$$

und damit

$$|(B_1f_j)(x,y)| < \varepsilon \quad \text{für alle } (x,y)\in K\subset\overline{U_R(0)},$$

d.h. es ergibt sich die gleichmäßige Konvergenz der Folge B_1f_j gegen $B_1f_o=0$ für jede kompakte Teilmenge $K\subset U_r(0)$. B_1f_j konvergiert also (bzgl. der Metrik d) gegen $B_1f_o=0$, d.h. B_1 ist stetig an der Stelle $f_o=0$.

c2) Analog zeigt man die Stetigkeit von B_2 an der Stelle $f_o^*=0$, wobei vorher $f_j^*\in H(U_r(0))$ so zerlegt wird, daß in $f_j^*(z)=:f_j^*(0)+\hat{f}_j^*(z)$ die Funktion $\hat{f}_j^*\in H(0,0;U_r(0))$.

5) Die Operatoren D_{nm}, I und B als lineare Homöomorphismen

Da die drei betrachteten Operatoren D_{nm}, I und B auf ihren Definitionsmengen linear, stetig und bzgl. der gewählten Bildmenge bijektiv sind, sind die jeweiligen inversen Operatoren D_{nm}^{-1}, I^{-1} und B^{-1} linear und bijektiv.

Da sowohl die jeweiligen Definitionsmengen der Operatoren D_{nm}, I und B als auch deren (gemeinsame) Bildmenge C_E^ω lineare, vollständige metrische Räume sind, ergibt sich als eine Folgerung des Satzes von Banach-Schauder (für vollständige, metrisierbare topologische lineare Räume), daß die inversen Operatoren D_{nm}^{-1}, I^{-1} und B^{-1} ebenfalls stetig sind, d.h. es gilt der

SATZ: Die drei Operatoren

$$D_{nm}: H(z_o,n;G)\times H(z_o,m-1;G)\rightarrow C_E^\omega(G),$$

$$I: H(z_o,0;D)\times H(D^*)\rightarrow C_E^\omega(D),$$

$$B: H(0,0;U_r(0))\times H(U_r(0))\rightarrow C_E^\omega(U_r(0))$$

stellen lineare Homöomorphismen dar.

Literatur:

[1] Bauer, K.W. und St. Ruscheweyh: Differential Operators for Partial Differential Equations and Function Theoretic Applications. Lecture Notes in Mathematics 791 (1980).

[2] Bergman, St.: Integral Operators in the Theory of Linear Partial Differential Equations. Ergebn. Math. Grenzgeb. 23, Springer, Berlin-Heidelberg-New York (1969).

[3] Diederich, K. und R. Remmert: Funktionentheorie I. Heidelberger Taschenbücher 103, Springer Verlag (1972).

[4] Heersink, R.: Zur Charakterisierung spezieller Lösungsdarstellungen für elliptische Gleichungen. Ö. Akad. d. Wiss., Math.-naturw. Klasse, Bd. 192, Heft 4-7, 267-293 (1983).

[5] Heersink, R.: Lösungsdarstellungen für die Bauer-Peschl-Gleichung als lineare Homöomorphismen. Math. Nachr. 130, 241-244 (1987).

[6] Heersink, R.: Eigenschaften von Bauer-Operatoren für elliptische Differentialgleichungen. Im Druck bei ZAMM.

[7] Vekua, I.N.: New Methods for Solving Elliptic Equations. North-Holland-Publishing-Company (1968).

Anschrift: Prof. Rudolf Heersink
Institut für Mathematik
Technische Universität Graz
Steyrergasse 17
A-8010 Graz, Österreich

Über die Nullstellen von Lösungen linearer Differentialgleichungen und eine Vermutung von A. Wiman

Gerhard Jank

1. Einleitung. In dieser Arbeit verstehen wir unter einer globalen Lösung einer Funktional- bzw. Differentialgleichung immer eine in $\mathbb{C}$ meromorphe Funktion.

Es gibt dann im Prinzip drei typische Fragenstellungen betreffend das globale Verhalten. Zuerst versucht man notwendige Bedingungen für die Gestalt einer derartigen Gleichung herzuleiten, die wenigstens eine meromorphe Lösung zuläßt. Besonders schön ist diese Charakterisierung - abgesehen von den linearen Gleichungen - im Fall der binomischen Differentialgleichung gelungen, für die nach N. Steinmetz [17] nur sechs wesentlich verschiedene Typen möglich sind. Eine wichtige Gleichung ist darunter die Riccatische Differentialgleichung. Erweitert man die Lösungsklasse auf algebroide Funktionen, so ist nach J. v. Rieth [16] keine so einfache Klassifikation mehr möglich. Im wesentlichen offen ist die Fragestellung bei Differentialgleichungen von zweiter und höherer Ordnung.
Wendet man die Methoden der Nevanlinnaschen Wertverteilungslehre (man vgl. z.B. [7] [12][15][22]) auf Funktionalgleichungen an, so ergeben sich keine so starken Ausschließungsbedingungen wie im Fall der Differentialgleichungen, wie dies z.B. aus der Arbeit von G. Jank und L. Volkmann [11] hervorgeht.
Als zweiten Schritt muß man die Frage stellen, ob die durch die notwendigen Bedingungen charakterisierten Gleichungen auch tatsächlich meromorphe (algebroide) Lösungen haben. Im Fall der binomischen Differentialgleichungen ist dies unter gewissen Einschränkungen an die Koeffizienten immer möglich, sofern man eindeutige Lösungen betrachtet. Für algebroide Lösungen trifft dies bereits nicht mehr zu. Noch ungünstiger ist die Situation bei den Funktionalgleichungen, wo man nur durch Beispiele nachweisen kann, daß die erhaltenen Klassen nicht leer sind. Diesen Fragen wird ebenfalls in der oben zitierten Literatur nachgegangen.
Im dritten Schritt möchte man die Eigenschaften der Lösungen der verbliebenen Gleichungen genauer studieren. Hierzu gibt es zahlreiche Untersuchungen. Z.B. werden in [17] die Wertverteilungsgrößen der Lösungen binomischer Differentialgleichungen bestimmt. Oder in [14][3] werden die Lösungen Riccatischer Differentialgleichungen auf ihre Faktorisierbarkeit untersucht.

Im weiteren möchte mich mich etwas genauer mit der Wertannahme von derartigen globalen Lösungen befassen. Hier erhält man z.B. für die Riccatische Differentialgleichung nach [10] das folgende Resultat:

Satz A. Es sei w eine transzendente Lösung der Differentialgleichung

$$w' = a + bw + cw^2 \, , \quad a,b,c \text{ rational}, \; ac \not\equiv 0 \, , \tag{1.1}$$

und $\alpha \in \mathbb{C}$ mit $a + b\alpha + c\alpha^2 \not\equiv 0$. Dann gibt es Konstanten $\beta, K > 0$, so daß

$$\frac{1}{r^K} < |w(z) - \alpha| < r^K$$

für genügend große $z(|z| = r)$ außerhalb der logarithmischen Streifen der Breite β

$$\Lambda(\gamma_\mu, \beta) = \{z = re^{i\vartheta} \,|\, |\gamma_\mu - \vartheta| < \beta \frac{\log r}{r^{1/p}} \, , \; p \in \mathbb{N}\} \tag{1.2}$$

um die Stokesschen Richtungen

$$\gamma_\mu = \frac{2\mu}{n}\pi - \frac{\arg \tilde{c}}{n} \, , \quad \mu = 0,1,\dots,n-1 \, .$$

Dabei werden $\tilde{c}$ und n durch die Laurententwicklung von

$$A(z) = ac - \frac{1}{4}b^2 + \frac{b'}{2} - \frac{b}{2}\frac{c'}{c} - \frac{3}{4}\left(\frac{c'}{c}\right)^2 + \frac{1}{2}\frac{c''}{c} = \tilde{c}\, z^{n-2}(1+o(1)), z \to \infty, \tilde{c} \in \mathbb{C}\setminus\{0\} \, ,$$

bestimmt.

Damit folgt, daß außerhalb der logarithmischen Streifen höchstens endlich viele α-Stellen von w auftreten können.
Für die Anzahlfunktion dieser α-Stellen ergibt sich dann sofort

Satz B. Es sei w eine transzendente Lösung von (1.1) und $\alpha \in \mathbb{C}$ wie in Satz A. Dann gibt es eine positive natürliche Zahl $\sigma \in \{n, n-2, n-4, \dots\}$, so daß

$$N(r,w) = N(r, \frac{1}{w-\alpha}) = \frac{\sigma}{n} \frac{4\sqrt{|\tilde{c}|}}{\pi n} r^{\frac{n}{2}} (1+o(1)) \, , \; r \to \infty \, .$$

Dabei sind $\tilde{c}, n$ wie in Satz A definiert.

Daß im Fall von geeigneten Polynomkoeffizienten in (1.1) Lösungen mit verschiedenem σ existieren müssen, kann aus einer Arbeit von G. Gundersen [6] über lineare Differentialgleichungen zweiter Ordnung gefolgert werden.
Für lineare Differentialgleichungen kann man nun ebenfalls die zur Herleitung von Satz A u.B nützliche Methode der asymptotischen Integration heranziehen um ähnliche Resultate wie für Riccatische Differentialgleichungen zu erhalten.
Diese Arbeit soll nun im weiteren der Untersuchung der Lösungen linearer Differentialgleichungen gewidmet sein.
Im weiteren betrachten wir deshalb transzendente und ganze Lösungen der linearen homogenen Differentialgleichung n-ter Ordnung mit rationalen Koeffizienten (d. h. mit einem irregulär singulären Punkt in Unendlich)

$$(1.3) \qquad w^{(n)} + a_{n-1}(z)\, w^{(n-1)} + \ldots + a_0(z)\, w = 0 .$$

Bei A. Wiman [21] und G. Valiron [19](man vgl. hierzu [12] Seite 199 ff.) findet man die Aussage, daß für jede ganze transzendente Lösung w von (1.3) mit $M(r,w) = \max_{|z|=r} |w(z)|$

$$(1.4) \qquad \log M(r,w) = \tau r^{\rho}(1+o(1)),\ r \to \infty,\ 0 < \tau < \infty\ ,\ \rho \in \mathbb{Q} \text{ mit } \rho \geq \frac{1}{n}$$

gültig ist. Die Ordnung der Lösung $\rho(w) = \rho$ muß eine der Steigungen des zu (1.3) zugeordneten Newton-Puiseux-Polygons sein.

Mit Hilfe der Methode der asymptotischen Integration, wie sie auf L.W. Thomé, H. Poincaré und G.D. Birkhoff zurückgeht (man vgl. hierzu etwa [20],[13]) und wie sie von V. Dietrich [4] verfeinert wurde, ist es nun möglich in einem ersten Schritt mehr Information über τ in (1.4) und vor allen Dingen über den Nullstellentyp einer Lösung zu erhalten, indem man noch ein zugeordnetes Indikatordiagramm betrachtet.
In einem weiteren Schritt wollen wir uns mit der Frage der Verteilung der Nullstellen einer transzendenten Lösung befassen und damit eine Vermutung von A. Wiman ([21] Seite 19 Fußnote 2) behandeln.
Die Untersuchung der Lage der Nullstellen von transzendenten Lösungen von linearen Differentialgleichungen wurde z.B. bei St. Bank [1] vorgenommen, der erstmals zeigen konnte, daß es neben festen (d.h. durch die Differentialgleichung bestimmten) kritischen (Stokesschen) Richtungen auch bewegliche, (d.h. durch die Anfangswerte bestimmte) kritische Richtungen geben kann.

Ergebnisse dieser Art für Differentialgleichungen zweiter Ordnung findet man z.B. in [9] Seite 168 ff. und [8] Seite 178 ff. jedoch sind die dort benutzten Methoden nicht auf den Fall $n \geq 3$ anwendbar.

Nach einer mündlichen Mitteilung hat N. Steinmetz unabhängig ähnliche Resultate, wie sie hier angegeben werden sollen, erzielt.

Herrn V. Dietrich danke ich an dieser Stelle für viele hilfreiche Diskussionen.

2. Wachstumsverhalten von Lösungen und deren Anzahlfunktion der Nullstellen

Zunächst gehen wir von (1.3) zu dem äquivalenten linearen System

$$\underline{w}' = B\,\underline{w} \tag{2.1}$$

mit $\underline{w} = \mathrm{col}(w, w', \ldots, w^{(n-1)})$ und der (n,n)-Matrix

$$B = \begin{pmatrix} 0 & 1 & 0 & \cdots & \cdots & 0 \\ 0 & 0 & 1 & \cdots & \cdots & 0 \\ \vdots & & & & & \\ 0 & \cdots & \cdots & \cdots & 0 & 1 \\ a_0 & a_1 & \cdots & \cdots & \cdots & a_{n-1} \end{pmatrix} \tag{2.2}$$

über.

Um ein Maß für das Wachstum einer Lösung $\underline{w}$ von (2.1) zu bekommen definieren wir mit

$$|\underline{w}(z)| = \left\{ |w(z)|^2 + |w'(z)|^2 + \ldots + |w^{(n-1)}(z)|^2 \right\}^{1/2}$$

$$M(r,\underline{w}) = \max_{|z|=r} |\underline{w}(z)| \tag{2.3}$$

und mit der üblichen Definition der Wachstumsordnung

$$\rho(\underline{w}) = \overline{\lim_{r\to\infty}} \frac{\overset{+}{\log}\,\overset{+}{\log}\, M(r,\underline{w})}{\log r}$$

ergibt sich nach einfacher Rechnung

$$\rho(w) = \rho(\underline{w}) \, . \tag{2.4}$$

Bemerkung 2.1 Es wird sich als vorteilhaft erweisen, mit der Kurve $\underline{w}$ und nicht mit w zu arbeiten, da $\underline{w}(z) \neq 0$ bis auf endlich viele Punkte in $\mathbb{C}$ gilt, falls wir eine nicht triviale Lösung von (2.1) betrachten. Dies erlaubt eine vernünftige asymptotische Darstellung.
Für die weiteren Untersuchungen benötigen wir noch die Nevanlinnasche charakteristische Funktion, welche für eine ganze Funktion w durch

$$(2.5) \qquad T(r,w) = m(r,w) = \frac{1}{2\pi} \int_0^{2\pi} \overset{+}{\log} |w(re^{i\theta})| d\theta$$

gegeben ist. Für eine ganze Lösung w von (1.3) der Ordnung ρ ergibt sich zusammen mit (1.4) zunächst

$$(2.6) \qquad \rho = \lim_{r\to\infty} \frac{\log T(r,w)}{\log r} \quad .$$

Im Verlauf dieses Abschnitts werden wir noch sehen, daß für die Charakteristik eine zu (1.4) analoge asymptotische Formel existiert. Hierzu benötigen wir das

Lemma 2.1 Für eine ganze Funktion $g \not\equiv 0$ von endlicher Ordnung und $\underline{g} = \text{col}(g,g',\ldots,g^{(n-1)})$, $n \in \mathbb{N}$, mit

$$(2.7) \qquad V(r) = \frac{1}{2\pi} \int_0^{2\pi} \log |\underline{g}(re^{i\theta})| d\theta$$

und

$$(2.8) \qquad V^+(r) = \frac{1}{2\pi} \int_0^{2\pi} \overset{+}{\log} |\underline{g}(re^{i\theta})| d\theta$$

gilt

i) $T(r,g) = m(r,g) \leq V^+(r)$

ii) $m(r,g) + O(\log r) \geq V^+(r)$

iii) $N(r, \frac{1}{g}) + O(1) \leq V(r)$

iv) $N(r, \frac{1}{g}) + O(\log r) \geq V(r)$.

Beweis. Aus $|g(z)| \leq |\underline{g}(z)|$ zusammen mit (2.5) und (2.8) erhalten wir i), indem wir auf beiden Seiten den $\overset{+}{\log}$ bilden und integrieren. Logarith-

mieren wir beide Seiten und integrieren, so erhalten wir iii) zusammen mit der Jensen-Formel ([12]Seite 47,48).
Außerhalb der Nullstellen von g gilt

$$(2.9)\qquad |\underline{g}| = |g|\sqrt{1 + \left|\frac{g'}{g}\right|^2 + \ldots + \left|\frac{g^{(n-1)}}{g}\right|^2}$$

und damit für $z \in \mathbb{C}$

$$\overset{+}{\log}|\underline{g}| \leq \overset{+}{\log}|g| + \overset{+}{\log}\left|\frac{g'}{g}\right| + \ldots + \overset{+}{\log}\left|\frac{g^{(n-1)}}{g}\right| + O(1)\ .$$

Integration und die Anwendung des Satzes über die logarithmische Ableitung liefern ii). Nun verbleibt noch iv) zu beweisen.
Von (2.9) erhalten wir

$$\log|\underline{g}| = \log|g| + \frac{1}{2}\,\overset{+}{\log}\left(1 + \left|\frac{g'}{g}\right|^2 + \ldots + \left|\frac{g^{(n-1)}}{g}\right|^2\right)$$

und damit

$$\log|\underline{g}| \leq \log|g| + \overset{+}{\log}\left|\frac{g'}{g}\right| + \ldots + \overset{+}{\log}\left|\frac{g^{(n-1)}}{g}\right| + O(1)\ .$$

Dies liefert iv), wenn wir wieder die Jensen-Formel, den Satz über die logarithmische Ableitung und die Stetigkeit der Integrale benutzen.

Bemerkung 2.2 Die Funktion $V(r)$ in (2.7) wird in [23] als Volumen der holomorphen Kurve $\underline{g}$ interpretiert. Es wird sich herausstellen, daß dieses auch für Lösungen von Differentialgleichungen nicht "klein" sein muß.

In einem großen Teil der weiteren Arbeit werden wir uns mit der Berechnung von $V(r)$ bzw. $V^+(r)$ befassen, um damit Abschätzungen für $T(r,w)$ bzw. $N(r, \frac{1}{w})$, der Anzahlfunktion der Nullstellen einer Lösung $w \neq 0$, zu erhalten.
Aus [4]Seite 40 erhalten wir eine erste Information über das asymptotische Verhalten von $V(r)$ bzw. $V^+(r)$.

Lemma 2.2 (V. Dietrich) Es sei $\underline{w}$ eine ganze Lösung von (2.1) der Ordnung $\rho > 0$, dann existieren

$$(2.10)\qquad h(\theta) = \lim_{r\to\infty} \frac{\log|\underline{w}(re^{i\theta})|}{r^\rho}\ ,\quad \theta \in \mathbb{R}$$

und

$$(2.11) \qquad h^+(\theta) = \lim_{r\to\infty} \frac{\overset{+}{\log}|\underline{w}(re^{i\theta})|}{r^\rho} \quad , \theta \in \mathbb{R} ,$$

gleichmäßig in abgeschlossenen θ-Intervallen, welche $[0,2\pi]$ überdecken. $h(\theta)$, $h^+(\theta)$ sind zumindest stetige 2π-periodische Funktionen. $h(\theta)$ heißt Indikatorfunktion von $\underline{w}$.

Bemerkung 2.3 Die gleichmäßige Existenz der Grenzwerte in (2.10) und (2.11) ist in [4] nicht explizit formuliert, folgt aber aus den dort angegebenen Rechnungen.
Fassen wir die beiden Lemmata zusammen, so erhalten wir als erstes Resultat

Satz 2.1 Es sei w eine ganze transzendente Lösung von (1.3) der Ordnung $\rho > 0$. Dann gilt

$$(2.12) \qquad T(r,w) = m(r,w) = \tilde{\tau} r^\rho (1+o(1)), \ r \to \infty$$

mit $\tilde{\tau} = \frac{1}{2\pi} \int_0^{2\pi} h^+(\theta)\, d\theta > 0$ und

$$(2.13) \qquad N(r, \frac{1}{w}) = \frac{r^\rho}{2\pi} \int_0^{2\pi} h(\theta)\, d\theta + o(r^\rho) .$$

Bemerkung 2.4. Ist $\int_0^{2\pi} h(\theta)\, d\theta \neq 0$, so ist nach (2.13) Null kein Borelscher Ausnahmewert von w . Der Nullstellendefekt ergibt sich in jedem Fall zu

$$\delta(0,w) = 1 - \frac{1}{\tilde{\tau}} \int_0^{2\pi} h(\theta) d\theta \quad .$$

Beweis. Von Lemma 2.2 zusammen mit (2.8) erhalten wir

$$V^+(r) = r^\rho(\tilde{\tau} + o(1))$$

mit $\tilde{\tau} \geq 0$. Wäre $\tilde{\tau} = 0$, so würde die Lösung w vom Minimaltyp sein, was nach (1.4) nicht sein kann. Dies liefert zusammen mit Lemma 2.1 i) und ii) (2.12). Analog ergibt sich im zweiten Fall aus (2.10) und (2.7)

$$V(r) = \frac{r^\rho}{2\pi} \int_0^{2\pi} h(\theta) d\theta + o(r^\rho)$$

und damit zusammen mit Lemma 2.1 die Behauptung.

Im nächsten Abschnitt wollen wir uns der Bestimmung von $\tilde{\tau}$ und $\int_0^{2\pi} h(\theta)d\theta$,

möglichst direkt aus den Koeffizienten der Differentialgleichung, zuwenden.

Außerdem soll der Fall $\int_0^{2\pi} h(\theta)d\theta = 0$ näher untersucht werden, wobei notwendigerweise $\rho(w)$ ganzzahlig ist. Dazu ist es erforderlich, etwas tiefer in die Methode der asymptotischen Integration hineinzugehen.

3. Die formale Indikatorfunktion und das Indikatordiagramm

Von [4] übernehmen wir die Existenz eines (normalisierten) formalen Fundamentalsystems zu (2.1) in der Form

(3.1) $H(z) = (\underline{h}_1(z), \ldots , \underline{h}_n(z))$

mit

(3.2) $\underline{h}_j(z) = T(z^{1/p})\, z^{1/p\, L}\, \underline{e}_j \exp(q_j(z^{1/p}))$, $j = 1, \ldots , n$,

für geeignetes $p \in \mathbb{N}$, wobei T,L (n,n)-Matrizen und $\underline{e}_j$ den j-ten Einheitsvektor in $\mathbb{R}^n$ bezeichnen. T ist dabei eine (i.A. nicht konvergente) formale Potenzreihe und L eine konstante Matrix in Jordanscher Normalform.

$q_1, \ldots , q_n$ sind Polynome mit $q_j(0) = 0$, $j = 1, \ldots, n$.

Setzen wir

$$Q = \mathrm{diag}(q_1, \ldots , q_n) ,$$

so gilt außerdem

(3.3) $LQ = QL$.

Von [5] folgt weiter , daß die Zahlen

(3.4) $\rho_j = \frac{1}{p} \deg q_j$ mit $\rho_1 \geq \rho_2 \geq \ldots \geq \rho_n \geq 0$

als Steigungen des Newton-Puiseux-Streckenzuges, der (2.1) zugeordnet ist, auftreten.

Bezeichnen wir mit $z_1, \ldots, z_n$ die Nullstellen des Newton-Puiseux Polynoms und setzen wir zusammen mit (3.4)

$$(3.5) \qquad \omega_j = \frac{z_j}{\rho_j} \ , \quad j = 1, \ldots, n \ ,$$

dann können wir die Polynome q_j in der Form

$$(3.6) \qquad q_j(z^{1/p}) = \omega_j z^{\rho_j} + O(z^{\rho_j - 1/p}) \ , \quad j = 1, \ldots, n$$

schreiben.
Sind nicht alle q_j, $j = 1, \ldots, n$, gleich, dann existieren Stokessche Richtungen. Dabei nennen wir θ eine Stokessche Richtung von (2.1) bzw. des formalen Fundamentalsystems (3.1), wenn es zwei verschiedene Polynome q_i, q_k in Q gibt und wenn wir noch

$$q_i(z^{1/p}) - q_k(z^{1/p}) = z^l(a_l + O(z^{-1/p})) \ , \quad a_l \neq 0 \ ,$$

setzen, dann existiert $\varepsilon > 0$, so daß

$$\lim_{\substack{|z| \to \infty \\ \arg z = \varphi}} \frac{\mathrm{Re}\,[q_i(z^{1/p}) - q_k(z^{1/p})]}{|z|^l} = \begin{cases} > 0 \ , & \varphi \in (\theta, \theta+\varepsilon) \\ < 0 \ , & \varphi \in (\theta-\varepsilon, \theta) \ . \end{cases}$$

Zukünftig bezeichnen wir diese Stokesschen Richtungen mit γ_μ, $\mu \in \mathbb{Z}$.
Damit definieren wir Normalsektoren

$$(3.7) \qquad S_\mu = \{z \mid \gamma_{\mu-1} < \arg z < \gamma_{\mu+1}\}$$

$(S_\mu = \mathbb{C}$, falls keine Stokesschen Richtungen existieren) .

Die formalen Lösungen werden nun benutzt, um asymptotische Entwicklungen von Lösungen anzugeben.

Sei w eine ganze transzendente Lösung von (1.3) der Ordnung ρ, d.h. $\underline{w}$ eine transzendente Lösung von (2.1) der gleichen Ordnung, so gibt es nach [4] zu jedem Normalsektor S_μ einen eindeutig bestimmten Vektor $\underline{c}^{(\mu)} \in \mathbb{C}^n$, so daß mit (3.1)

$$(3.8) \qquad \underline{w}(z) \sim H(z)\, \underline{c}^{(\mu)}$$

eine asymptotische Entwicklung von $\underline{w}$ in S_μ darstellt.

Zu der betrachteten Lösung $\underline{w}$ bestimmen wir nun die Teilmenge $J(\underline{w})$ von $\{1, \ldots, n\}$ mit

$$(3.9) \qquad J(\underline{w}) = \bigcup_{\mu \in \mathbb{Z}} \operatorname{supp} \underline{c}^{(\mu)} \neq \emptyset$$

und davon die nicht leere Teilmenge

$$(3.10) \qquad M_\rho(\underline{w}) = \{j \in J(\underline{w}) \mid \rho_j = \rho\} .$$

Damit geben wir die Definition des Indikatordiagramms.

Definition 3.1 Das Indikatordiagramm $P(\underline{w})$ einer Lösung $\underline{w}$ von (2.1) der Ordnung $\rho > 0$ ist das kleinste konvexe Polygon, welches die Punkte

$$\overline{\omega}_j \,, \; j \in M_\rho(\underline{w})$$

und $\omega_0 = 0$ enthält, falls $M_\rho(\underline{w}) \neq J(\underline{w})$ (d.h. falls $j_0 \in J(\underline{w})$ mit $\rho_{j_0} < \rho$ existiert). Die ω_j sind gemäß (3.5) durch die Nullstellen des Newton-Puiseux Polynoms zur Steigung ρ bestimmt.

Des weiteren definieren wir für $j \in J(\underline{w})$ und $\theta \in \mathbb{R}$ die Funktionen

$$(3.11) \qquad I_j(\rho\theta) = I_j(\rho\theta, \underline{w}) = \begin{cases} |\omega_j| \cos(\rho\theta + \arg\omega_j) \,, & \text{falls } \rho_j = \rho \\ 0 \,, & \text{falls } \rho_j < \rho . \end{cases}$$

Diese Definition ist sinnvoll, da wir aus [4] wissen, daß

$$\rho = \rho(\underline{w}) = \max_{j \in J(\underline{w})} \rho_j$$

gilt. Nun definieren wir noch die formale Indikatorfunktion einer Lösung $\underline{w}$ von (2.1) der Ordnung ρ.

Definition 3.2 Für eine transzendente Lösung $\underline{w}$ von (2.1) der Ordnung ρ nennt man

$$(3.12) \qquad I(\rho\theta) = I(\rho\theta, \underline{w}) = \max_{j \in J(\underline{w})} I_j(\rho\theta) \,, \; \theta \in \mathbb{R}$$

ihre formale Indikatorfunktion.

Wichtig ist nun der folgende Zusammenhang aus [4]. Es gilt die Gleichheit von formaler Indikatorfunktion und Indikatorfunktion, d.h. es gilt

(3.13) $h(\theta) = I(\rho\theta)$, $\theta \in \mathbb{R}$

und $I(\rho\theta)$ ist eine stückweise glatte Funktion. Analog gilt

$$(3.14) \qquad h^+(\theta) = I^+(\rho\theta) := \max_{j\in J(\underline{w})} \{I_j(\rho,\theta)\ ,\ 0\}\ ,\ \theta\in\mathbb{R}\ .$$

Damit können wir nun analog zu den Exponentialpolynomen (vgl.[18]) die Integrale in Satz 2.1 durch eine geometrische Betrachtung berechnen.

Satz 3.1 Für eine ganze transzendente Lösung $\underline{w}$ von (2.1) der Ordnung ρ sei $I(\rho\theta)$ die formale Indikatorfunktion und $h(\theta)$ die Indikatorfunktion und $P(\underline{w})$ das Indikatordiagramm, dann gilt

$$(3.15) \qquad \int_0^{2\pi} h(\theta)\, d\theta = \int_0^{2\pi} I(\rho\theta)\, d\theta = l(\partial P(\underline{w}))\ ,$$

wobei $l(\partial P(\underline{w}))$ den Umfang des Diagramms bezeichnet. Analog gilt

$$(3.16) \qquad \int_0^{2\pi} h^+(\theta)\, d\theta = \int_0^{2\pi} I^+(\rho\theta)\, d\theta = l(\partial P_0(\underline{w}))\ ,$$

wobei $P_0(\underline{w})$ das kleinste konvexe Polygon bezeichnet, welches die Punkte $\{\overline{\omega}_j \mid j \in M_\rho(\underline{w})\} \cup \{0\}$ umfaßt.

Beweis. Da der Beweis von (3.16) analog zu (3.15) verläuft, wollen wir nur diesen Fall betrachten. Nehmen wir an, daß $\overline{\omega}_{j_1}, \overline{\omega}_{j_2}, \dots, \overline{\omega}_{j_n}$ die Ecken von $P(\underline{w})$ sind.
Zunächst gilt mit (3.11)

$$(3.17) \qquad \int_0^{2\pi} I(\rho\theta)\, d\theta = \frac{1}{\rho} \int_0^{2\pi\rho} \max_{j\in J(\underline{w})} I_j(\theta)\, d\theta\ .$$

Die Funktion

$$\tilde{I}(\theta) = \max_{j\in J(\underline{w})} I_j(\theta)$$

ist 2π-periodisch und aus der 2π-Periodizität von $I(\rho\theta)$ ($\underline{w}$ ist ganz, womit $h(\theta)$ 2π-periodisch ist) folgt, daß $2\pi\rho$ eine weitere Periode von $\tilde{I}(\theta)$ ist.

Ist $\rho = \frac{q}{p}$, ($q,p \in \mathbb{N}$ teilerfremd) dann ist auch $\frac{2\pi}{p}$ eine Periode von $\bar{I}$.
Damit erhalten wir

$$(3.18)\quad \frac{1}{p}\int_0^{2\pi p}\bar{I}(\theta)\,d\theta = p\left[\frac{1}{q}\int_0^{\frac{2\pi}{p}q}\bar{I}(\theta)\,d\theta\right] = p\int_0^{\frac{2\pi}{p}}\bar{I}(\theta)d\theta = \int_0^{2\pi}\bar{I}(\theta)\,d\theta\ .$$

Für ganzzahliges ρ gilt diese Beziehung natürlich auch. Um (3.15) zu beweisen muß zusammen mit (3.18) und (3.15) noch

$$\int_0^{2\pi}\bar{I}(\theta)\,d\theta = \sum_{k=1}^{m}|\omega_{j_k}|\int_{\gamma_{j_{k-1}}}^{\gamma_{j_k}}\cos(\theta + \arg\omega_{j_k})\,d\theta =$$

$$= \sum_{k=1}^{m}|\omega_{j_k}|\ \sin(\theta - \arg\bar{\omega}_{j_k})\Big|_{\gamma_{j_{k-1}}}^{\gamma_{j_k}} = l(\partial P)$$

gezeigt werden.

Mit Hilfe dieses Satzes können wir nun leicht eine Abschätzung für die Nullstellen bei nicht ganzzahliger Ordnung finden. Es gilt

Satz 3.2 Für eine ganze transzendente Lösung w von (1.3) der nicht ganzzahligen Ordnung $\rho = \rho(w) = \frac{q}{p}$ ($p,q \in \mathbb{N}$ teilerfremd) und vom Typ $\tau = \tau(w)$ (gemäß (1.4)) gilt

$$(3.19)\qquad N(r, \tfrac{1}{w}) = \tau(0)\ r^{\rho}\ (1+o(1))\ .$$

Dabei gilt für den Nullstellentyp $\tau(0)$

$$(3.20)\qquad \frac{p}{\pi}\sin\frac{\pi}{p} \le \frac{\tau(0)}{\tau} \le 1$$

Beweis. Im Newton-Puiseux Polygon existiert die Steigung ρ und damit wenigstens p derartige Steigungen. Zu diesen gehört ein Newton-Puiseux-Polynom der Form

$$(3.21)\qquad z^{p} - \lambda = 0$$

mit $|\lambda| = (\rho\tau)^{p}$ und $\tau = \tau(w)$.
Das Indikatordiagramm enthält dann alle p Punkte

$$\frac{\bar{z}_j}{\rho}\ ,\quad j = 1, \ldots, p$$

wobei z_j, $j=1,\dots,p$, die Nullstellen von (3.21) durchläuft.

Wenn es weitere Steigungen ρ gibt, deren zugeordnete Newton-Puiseux Polynome Nullstellen haben, deren Beträge zwischen $\rho\tau\cos\frac{\pi}{p}$ und $\rho\tau$ liegen, dann könnte das Indikatordiagramm weitere Ecken besitzen. Jedenfalls ist $P(\underline{w})$ im Kreis mit Radius τ enthalten und enthält andererseits ein regelmäßiges in diesen Kreis eingeschriebenes p-Eck. Dies bedeutet

$$2\tau\, p \sin\frac{\pi}{p} \leq l(\partial P(\underline{w})) < 2\pi\,\tau \quad .$$

Zusammen mit (2.13) und (3.15) ergibt sich (3.19) und (3.20).
Nun können wir noch weitere Folgerungen aus dem Satz 3.1 gewinnen.

<u>Bemerkung 3.1</u> i) Ist w eine Lösung von (1.3) mit $\rho(w)$ nicht ganzzahlig, so gilt zusammen mit (3.15) und (3.16) wegen $P(\underline{w}) = P_0(\underline{w})$ für den Nullstellendefekt

$$\delta(0,w) = 1 - \overline{\lim_{r\to\infty}} \frac{N(r,\frac{1}{w})}{T(r,w)} = 1 - \frac{l(\partial P(\underline{w}))}{l(\partial P_0(\underline{w}))} = 0 \ .$$

w' hat das gleiche Indikatordiagramm wie w, weshalb $\Phi = \lim\limits_{r\to\infty} \frac{N(r,\frac{1}{w'})}{T(r,w)} = 1$ und die genaue Defektrelation

$$\delta(0,w) + \delta(\infty,w) + \Phi = 2$$

gilt.

ii) Ist $\rho(w)$ ganzzahlig, so gilt wieder

$$\delta(0,w) = 1 - \frac{l(\partial P(\underline{w}))}{l(\partial P_0(\underline{w}))} \quad \text{und} \quad \Phi = \frac{l(\partial P(\underline{w}))}{l(\partial P_0(\underline{w}))}$$

womit wieder die genaue Defektrelation gilt.
In diesem Fall kann allerdings $l(\partial P(\underline{w}))$ Werte zwischen 0 und $l(\partial P_0(\underline{w}))$ annehmen.

In [2] werden Fundamentalsysteme mit Borelschem Ausnahmewert Null betrachtet. Das dort erzielte Ergebnis kann nun mit Hilfe von Satz 3.1 leicht verallgemeinert werden. Es gilt

<u>Satz 3.3</u> Es sei eine Differentialgleichung (1.3) derart gegeben, daß die den verschiedenen Steigungen des Newton-Puiseux Polygons zugeordneten Newton-Puiseux Polynome nur <u>einfache</u> Nullstellen besitzen.

Existiert ein Fundamentalsystem $w_1,\dots,w_n$ von (1.3) derart, daß jedes w_j den Borelschen Ausnahmewert Null aufweist. Dann ist Null auch Picardscher Ausnahmewert der w_j.

Beweis. Ist w_j rational, so ist nichts zu beweisen. Ist w_j transzendent, so muß wegen (3.19) $\rho_j = \rho(w_j)$ ganzzahlig sein.
Enthält $J(\underline{w}_j)$ mehr als ein Element, dann hat das Indikatordiagramm $P(\underline{w}_j)$, wegen der Einfachheit der Nullstellen des Newton Puiseux-Polynoms zur Ordnung ρ_j, wenigstens zwei verschiedene Eckpunkte und damit einen positiven Umfang. Damit folgt aus (3.15) zusammen mit (2.13), daß Null kein Borelscher Ausnahmewert von w_j ist. Dann ist also $J(\underline{w}_j)$ einelementig, d.h., daß in der asymptotischen Entwicklung $e^{q_j(z^{1/p})}$ in allen Sektoren allein auftritt. Somit hat w_j Null als Picardschen Ausnahmewert.
Um mehr über die in [2] geäußerte Vermutung aussagen zu können, ist die Methode der asymptotischen Integration allein wahrscheinlich nicht ausreichend.

4. Die Verteilung der Nullstellen und eine Vermutung von A. Wiman.

In einer neueren Arbeit gibt St. Bank [1] für die Verteilung der Nullstellen einer transzendenten Lösung einer Differentialgleichung n-ter Ordnung $(n \geq 3)$ zwei grundsätzlich verschiedene Möglichkeiten an. In Theorem 1, Fall (A) können unter gewissen Bedingungen zu einem ε-Sektor nun eine beliebige Richtung Φ Lösungen w von (1.3) (mit Polynomkoeffizienten) angegeben werden, die in diesen Sektoren unendlich viele Nullstellen aufweisen.
Im Fall (B) gibt es - wieder unter gewissen Voraussetzungen - endlich viele verschiedene Richtungen $\sigma_1,\dots,\sigma_m \in (-\pi,\pi]$, so daß bis auf höchstens endlich viele Nullstellen alle in der Vereinigung von ε-Sektoren um die Richtungen $\sigma_1,\dots,\sigma_m$ liegen, wobei $\sigma_1,\dots,\sigma_m$ nur von der Differentialgleichung und nicht von der betrachteten Lösung abhängen.
Dabei ist allerdings nicht ganz klar, inwieweit durch die beiden diskutierten Fälle die allgemeine Differentialgleichung behandelt wird.
In [21]Seite 19 äußert A. Wiman die Vermutung, daß sich generell die Nullstellen einer Lösung asymptotisch gewissen Richtungen "anschmiegen". Daß diese Vermutung nahezu richtig ist; wie stark sich diese Nullstellen an gewisse Richtungen annähern und wann Fall (A) oder (B) aus dem Satz von St. Bank auftreten können, soll in diesem Abschnitt ausgeführt werden.
Sei w eine ganze transzendente Lösung von (1.3) der Ordnung ρ und damit $\underline{w}$ eine ganze Lösung von (2.1) der gleichen Ordnung und $J(\underline{w})$ die Menge der Indizes der an der asymptotischen Darstellung von $\underline{w}$ beteiligten $\underline{h}_j$ $j \in J(\underline{w})$. Dabei sind die $\underline{h}_j$ gemäß (3.1) bestimmt.

Definition 4.1 Die Stokesschen Richtungen, die durch die Polynome q_j, $j \in J(\underline{w})$ definiert werden, nennen wir feste kritische Richtungen von w und bezeichnen diese mit $\gamma_\mu(w)$, $\mu \in \mathbb{Z}$.
Falls alle Polynome q_j mit $j \in J(\underline{w})$ gleich sind, existiert natürlich keine kritische Richtung von w. Existieren kritische Richtungen, so gibt es wieder höchstens endlich viele verschiedene. Mit $S_\mu(w)$ bezeichnen wir analog zu (3.7) die Normalsektoren um $\gamma_\mu(w)$ und in einem derartigen Normalsektor hat w gemäß (3.8) eine asymptotische Entwicklung der Form

$$(4.1) \qquad w(z) \sim \sum_{j \in J(\underline{w})} c_j e^{q_j(z^{1/p})} z^{\lambda_j/p} \Big[\sum_{k=0}^{m_j} \frac{\delta_k^{(j)}}{k!} (\log z^{1/p})^k \, t_{1,j-k}(z^{1/p}) \Big]$$

wobei $c_j \in \mathbb{C}$, $\delta_k^{(j)} \in \{0,1\}$, $\delta_0^{(j)} = 1$, λ_j die Eigenwerte von L, $m_j + 1$ deren Vielfachheit und t_{1k} die erste Zeile des Spaltenvektors $\underline{t}_k$ bezeichnet. Die t_{1k} sind dann formale Potenzreihen der Form

$$(4.2) \qquad t_{1k}(z) = \sum_{\nu=0}^{\infty} a_\nu^{(k)} z^{-\nu} .$$

Die asymptotische Entwicklung (4.1) ist zunächst noch etwas nachteilig dargestellt, da auch mehrfache Eigenwerte noch einfach aufgeführt sind. Enthält die Jordan-Matrix zum Eigenwert λ_j den Block

$$\begin{pmatrix} \lambda_j & 1 & & 0 \\ & \ddots & \ddots & \\ & & \ddots & 1 \\ 0 & & & \lambda_{j+m_j} \end{pmatrix} ,$$

so sind wegen (3.3) die entsprechenden Polynome gleich, d.h.

$$q_j = q_{j+1} = \ldots = q_{j+m_j} .$$

Dies gestattet eine kompaktere Schreibweise von (4.1). Wir betrachten deshalb zu jedem in (4.1) auftretenden Block von L nur einen Eigenwert und bilden mit den Indizes dieser Eigenwerte $\lambda_{j_1}, \ldots, \lambda_{j_s}$ die Menge

$$J^*(\underline{w}) = \{j_1, \ldots, j_s\} \subset J(\underline{w}) .$$

Damit hat (4.1) die Form

$$(4.3)\qquad w(z) \sim \sum_{j\in J^*(\underline{w})} e^{q_j(z^{1/p})} z^{\lambda_j/p} P_j(\log z^{1/p})$$

wobei P_j ein Polynom mit formalen Reihen als Koeffizienten bezeichnet. Außerdem liest man von (4.1)

$$(4.4)\qquad P_j(0) = \sum_k c_k\, t_{1,k}(z^{1/p})$$

ab, wobei über jene Indizes k summiert wird, deren Eigenwert λ_k in der Klasse von λ_j $j \in J^*(\underline{w})$ liegt. Wegen (4.3) ist außerdem der Grad von P_j durch m_j beschränkt.
Hätte nun im ersten Fall w keine festen kritischen Richtungen, dann sind alle Polynome q_j in (4.3) gleich und mit $q_j = q$ erhalten wir

$$(4.5)\qquad w(z) \sim e^{q(z^{1/p})} \sum_{j\in J^*(\underline{w})} z^{\lambda_j/p} P_j(\log z^{1/p})$$

womit $w(z) = Q(z)e^{q(z^{1/p})}$ mit einem geeigneten Polynom Q gelten muß, da wir w als ganz transzendent voraussetzen.
Im zweiten Fall setzen wir die Existenz fester kritischer Richtungen $\gamma_\mu(w)$ von w voraus. Nach einer eventuell vorzunehmenden Umnumerierung in (4.3) nehmen wir an, daß die Polynome

$$q_1 = q_2 = \dots = q_{j_\mu} =: q$$

in dem Sektor $S = \{z \mid \gamma_{\mu-1} < \arg z < \gamma_\mu\}$ die führenden sind. D.h. für $j \in J^*(\underline{w})$, $j \neq 1,\dots,j_\mu$, mit $q_j(z^{1/p}) - q(z^{1/p}) = \alpha z^\beta(1+o(1))$, $z \to \infty$, gilt

$$\lim_{\substack{r\to\infty \\ \gamma_{\mu-1}<\arg z<\gamma_\mu}} \frac{\mathrm{Re}[q_j(z^{1/p}) - q(z^{1/p})]}{r^\beta} < 0 .$$

Damit erhalten wir aus (4.3) für $z \in S_\mu$

$$(4.6)\qquad w(z) \sim e^{q(z^{1/p})}\Big[\sum_{l=1}^{j_\mu} z^{\lambda_l/p} P_l(\log z^{1/p}) \quad + \Psi(z)\Big]$$

mit

$$(4.7)\qquad \Psi(z) = [\sum_{\substack{j\in J^*(\underline{w})\\ j\neq 1,\dots,j_\mu}} e^{q_j(z^{1/p})-q(z^{1/p})} z^{\lambda_j/p} P_j(\log z^{1/p})] \,.$$

Dabei haben wir benutzt, daß die Summe in (4.6) nicht identisch Null sein kann. Analog zu [10] beweist man nun mit (1.2), (4.2) und (4.7), daß für $z \to \infty$, $z \in S\setminus\Lambda(\gamma_\mu,\beta)$

$$\Psi(z) = o(1)$$

gilt. Ersetzen wir in P_j die Koeffizienten gemäß (4.2) durch $t_{1k}(z^{1/p}) = \alpha_k z^{-\nu_k/p}(1+o(1))$, $\alpha_k \neq 0$, $\nu_k \in N_0$, und nennen wir diese Ausdrücke dann P_j^*, so wird mit

$$(4.8)\qquad \Phi(z) = \sum_{l=1}^{j_\mu} z^{\lambda_l/p} P_l^*(\log z^{1/p})$$

aus (4.6)

$$(4.9)\qquad w(z) = e^{q(z^{1/p})}(\Phi(z) + o(1)) \,.$$

Nun soll noch Φ genauer untersucht werden. Da $\log z / z^{-\nu_k} = o(1)$ falls $\nu_k > 0$ können wir P_l^* in der Form

$$P_l^*(\log z^{1/p}) = Q_l(\log z^{1/p}) + 0\left(\frac{|\log z^{1/p}|^{d_l}}{|z|^{\beta_l}}\right)$$

schreiben, wobei Q_l ein Polynom mit Koeffizienten der Form $c(1+o(1))$, $c \neq 0$; und β_l das Minimum der positiven Exponenten der Entwicklungen von t_{1k} ist.
Nun gilt

<u>Lemma 4.1</u> Gibt es unter den in (4.8) benutzten Eigenwerten $\lambda_1,\dots,\lambda_{j_\mu}$ genau einen Eigenwert λ mit maximalem Realteil, d. h.

$$\operatorname{Re}\lambda > \max_{\substack{\lambda_j\neq\lambda\\ j=1,\dots,j_\mu}} \operatorname{Re}\lambda_j \,,$$

dann gilt in S_μ für ein geeignet gewähltes α

(4.10) $$\Phi(z) = (\log z)^\alpha z^{\lambda/p}(1+o(1)) , z \to \infty .$$

Beweis. Da P_1^* sich wie ein Polynom verhält und $(\log z)^\varkappa z^{(\lambda_1-\lambda)/p} = o(1)$ (für $z \in S_\mu$, $z \to \infty$, $\mathrm{Re}\,\lambda_1 < \mathrm{Re}\,\lambda$) gilt, folgt sofort die Behauptung.

Es verbleibt noch der interessante Fall, daß in (4.8) Eigenwerte mit gleichem Realteil vorhanden sind. Hierzu beweisen wir

Lemma 4.2 Es seien unter den in (4.8) benutzten Eigenwerten $\lambda_1,\dots,\lambda_m$ von gleichem maximalen Realteil, d. h.

$$\mathrm{Re}\lambda_1 = \mathrm{Re}\lambda_2 = \dots = \mathrm{Re}\lambda_m > \max_{j=m+1,\dots,j_\mu} \mathrm{Re}\lambda_j .$$

Dann gibt es zwei Richtungen φ_{min} , φ_{max} , so daß für $\varepsilon > 0$ und für geeignete $\alpha \geq 0$, $\beta \geq 0$ und genügend große r

$$|\Phi(z)| \geq \mathrm{const}\ |z|^\alpha(\log|z|)^\beta$$

für $\arg z \notin (-\varepsilon + \varphi_{min}, \varphi_{max} + \varepsilon)$ gilt.

Definition 4.2 Da φ_{min} , φ_{max} von der Lösung w abhängen, nennen wir

$$S_{\varphi_{min},\varphi_{max}} = \{z \mid \varphi_{min} \leq \arg z \leq \varphi_{max}\}$$

einen beweglichen kritischen Sektor.

Beweis. Zunächst stellen wir fest, daß analog zu Lemma 4.1 in S_μ

(4.11) $$z^{(\lambda_1-\lambda)/p} P_1^*(\log z^{1/p}) = o(1) , z \to \infty ,$$

für $l = m+1,\dots,j_\mu$ und $\lambda \in \{\lambda_1,\dots,\lambda_m\}$ gilt.

Sei nun P ein "Polynom" von maximalem Grad (bzgl. $\log z$) unter den "Polynomen" $P_1^*,\dots,P_m^*$, dann schreiben wir (4.8) in der Form

(4.12) $$\Phi(z) = \sum_{l=1}^{m} [\hat{c}_l + O(\frac{1}{\log z})]\, z^{\lambda_l/p} P(\log z^{1/p}) + \tilde{\Phi}(z) ,$$

wobei sich $\tilde{\Phi}$ mit (4.8)definiert. Für jene $l=1,\ldots,m$ mit $\hat{c}_l \neq 0$ gibt es nun ein $\hat{c}_l$ so, daß $\mathrm{Im}\lambda_l$ kleinstmöglich ist. Dies sei o. E. λ_1 . Damit folgt dann aus (4.12) zusammen mit (4.11)

$$(4.13) \qquad \Phi(z) = z^{\lambda_1/p} P(\log z^{1/p})[\sum_{\hat{c}_l\neq 0} e^{\frac{\lambda_l-\lambda_1}{p}\log z + a_l} + o(1)]$$

mit $e^{a_l} = \frac{\hat{c}_l}{\hat{c}}$, wobei $\hat{c}$ der Koeffizient der höchsten Potenz von P ist.

Dabei haben wir noch

$$\frac{e^{\frac{\lambda_l-\lambda_1}{p}\log z}}{\log z} \rightarrow 0\ ,\ z \rightarrow \infty \quad ,$$

benutzt. Setzen wir im weiteren

$$i\sigma_l = \frac{\lambda_l-\lambda_1}{p} \quad \text{mit} \quad \sigma_l > 0 \quad \text{für} \quad l \neq 1\ ,$$

so können wir (4.13) schließlich in der Form

$$(4.14) \qquad \Phi(z) = z^{\lambda_1/p}\, e^{a_1}\, P(\log z^{1/p})\ [\ \sum_{\substack{\hat{c}_l\neq 0\\ l\neq 1}} e^{i\sigma_l\log r-\sigma_l\varphi + a_l-a_1} + 1+o(1)]$$

schreiben, wobei $\varphi = \arg z$ gesetzt wurde.

Setzen wir nun mit $\sigma_{min} = \min\limits_{l\neq 1} \sigma_l$

$$(4.15) \qquad \varphi_{max} = \max_{\substack{c_l\neq 0\\ l\neq 1}} \frac{\mathrm{Re}(a_l-a_1)}{\sigma_l} + \frac{\log(m-1)}{\sigma_{min}}$$

so gilt für $\varphi \geq \varphi_{max} + \varepsilon$ und für genügend große r

$$(4.16) \qquad |\sum_{\substack{\hat{c}_l\neq 0\\ l\neq 1}} e^{i\sigma_l\log r-\sigma_l\varphi+a_l-a_1}| \leq \delta < 1\ .$$

Sei nun andererseits λ_k jener Eigenwert für den $\hat{c}_k \neq 0$ und $\mathrm{Im}\,\lambda_k$ größtmöglich ist. Dann folgt analog zu (4.14) mit

$$-i\tilde{\sigma}_l = \frac{\lambda_l - \lambda_k}{p}\ , \quad \tilde{\sigma}_l > 0 \quad \text{für} \quad l \neq k\ ,$$

$$(4.17)\quad \Phi(z) = z^{\lambda_k/p}\, e^{a_k}\, P(\log z^{1/p})\Big[\sum_{\substack{\hat{c}_l \neq 0 \\ l \neq k}} e^{-i\tilde{\sigma}_l \log r + \tilde{\sigma}_l \varphi + a_l - a_k} + 1 + o(1)\Big]\ ,$$

mit $\varphi = \arg z$.

Setzen wir nun mit $\tilde{\sigma}_{min} = \min\limits_{l \neq k} \tilde{\sigma}_l$

$$(4.18)\qquad \varphi_{min} = -\max_{\substack{\hat{c}_l \neq 0 \\ l \neq k}} \frac{\mathrm{Re}(a_l - a_k)}{\tilde{\sigma}_l} - \frac{\log(m-1)}{\tilde{\sigma}_{min}}$$

so gilt wieder analog zu (4.16) für $\varphi \leq \varphi_{min} - \varepsilon$ und für genügend große r

$$(4.19)\qquad \Big|\sum_{\substack{\hat{c}_l \neq 0 \\ l \neq k}} e^{-i\tilde{\sigma}_l \log r + \tilde{\sigma}_l \varphi + a_l - a_k}\Big| \leq \delta < 1\ .$$

Aus (4.16) und (4.19) zusammen mit (4.17), (4.14) und (4.13), (4.12) bzw. (4.8) folgt dann Lemma 4.2.

Bemerkung 4.1 Ist in Lemma 4.2 $m = 2$, so folgt $\varphi_{min} = \varphi_{max}$ und wir würden diesen entarteten kritischen Sektor als bewegliche kritische Richtung bezeichnen. Ein derartiger Fall wird bei [1] untersucht.
Das Hauptergebnis dieses Abschnittes ist nun

Satz 4.1 Sei w eine ganze transzendente Lösung von (1.3) mit rationalen Koeffizienten $a_0, \ldots, a_{n-1}$. Dann liegen bis auf endlich viele Nullstellen alle in der Vereinigung endlich vieler logarithmischer Streifen um feste' kritische Richtungen und endlich vieler ε-Sektoren um bewegliche Sektoren.

Beweis. (4.9) zusammen mit Lemma 4.1 bzw. Lemma 4.2 liefert für genügend große $r = |z|$ in S und außerhalb von $\Lambda(\gamma_\mu, \beta)$ und eventuell außerhalb eines beweglichen kritischen Sektors $S_{\varphi_{min}, \varphi_{max}}$

$$|w(z)| \geq e^{\operatorname{Re} q(z^{1/p})} \, |z|^{K_1} (\log|z|)^{K_2}$$

mit geeigneten Konstanten $K_1, K_2 \geq 0$.
Aus dem ganzen Beweis und der Bemerkung 4.1 läßt sich noch eine einfache Folgerung ziehen

Korollar 4.1 Gegeben sei eine Differentialgleichung (1.3) mit rationalen Koeffizienten.

i) Haben die Eigenwerte von L in (3.2) alle verschiedene Realteile, dann hat jede ganze transzendente Lösung von (1.3) keine beweglichen kritischen Sektoren (Richtungen).

ii) Haben höchstens jeweils zwei Eigenwerte von L gleichen Realteil, dann kann eine ganze transzendente Lösung von (1.3) nur feste- bzw. bewegliche kritische Richtungen - jedoch keine kritischen Sektoren - aufweisen.

In beiden Fällen ist also die von A. Wiman geäußerte Vermutung richtig. Abschließend sei noch darauf hingewiesen, daß man mit den Methoden der asymptotischen Integration etwa im Fall ii) von Korollar 4.1 auch Lösungen mit einer beweglichen kritischen Richtung konstruieren kann.
Die Eigenwerte von L können nach geeigneter Transformation der Differentialgleichung (falls man die Polynome $q_1,\ldots,q_n$ kennt) wieder als Nullstellen eines Newton-Puiseux-Polynoms bestimmt werden.

Literatur.

[1] Bank, Steven B., A note on the location of complex zeros of solutions of linear differential equations. Bull. Amer. Math. Soc. 18 (1988) 35-38.

[2] Bank, Steven B., Günter Frank, Ilpo Laine, Über die Nullstellen von Lösungen linearer Differentialgleichungen. Math. Z. 183 (1983) 355-364.

[3] Bergweiler, W., G. Jank, L. Volkmann, Über faktorisierbare Lösungen Riccatischer Differentialgleichungen. Resultate Math. 10 (1986) 40-53.

[4] Dietrich, V., Über die Annahme der möglichen Wachstumsordnungen und Typen bei linearen Differentialgleichungen. Unveröff. Manuskript (1988).

[5] Dietrich, V., Newton-Puiseux-Diagramm für Systeme linearer Differentialgleichungen. Complex Variables Theory Appl. 7 (1987) 265-296.

[6] Gundersen, G.G., On the Real Zeros of Solutions of $f'' + Af = 0$ where A(z) is entire. Ann. Acad. Sci. Fenn. Ser. A.I. Math. 11 (1986) 275-294.

[7] Hayman, W.K., Meromorphic Functions. Oxford: Claredon Press 1964.

[8] Hille, E., Lectures on Ordinary Differential Equations, Addison-Wesley, Reading Mass., 1969.

[9] Ince, E.L., Ordinary Differential Equations. New York, Dover 1956.

[10] Jank, G., Growth properties and value distribution of transcendental solutions of Riccati differential equations. (Zum Druck eingereicht).

[11] Jank, G., L. Volkmann, Anwendungen der Wertverteilung auf Funktional- und Funktional-Differentialgleichungen. Complex Variables Theory Appl. 4 (1985) 137-154.

[12] Jank, G., L. Volkmann, Meromorphe Funktionen und Differentialgleichungen, UTB-Große Reihe, Birkhäuser, Basel-Boston-Stuttgart 1985.

[13] Jurkat, W.B., Meromorphe Differentialgleichungen. Lecture Notes in Mathematics 637. Berlin-Heidelberg-New York: Springer Verlag 1978.

[14] Mues, E., Über faktorisierbare Lösungen von Riccatischen Differentialgleichungen. Math. Z. 121 (1971) 145-156.

[15] Nevanlinna, R., Eindeutige analytische Funktionen. Berlin-Göttingen-Heidelberg, Springer 1953.

[16] Rieth, J. v., Untersuchungen gewisser Klassen gewöhnlicher Differentialgleichungen erster und zweiter Ordnung. Dissertation (1986) RWTH Aachen.

[17] Steinmetz, N., Zur Theorie der binomischen Differentialgleichungen. Math. Ann. 244 (1979) 263-274.

[18] Steinmetz, N., Zur Wertverteilung von Exponentialplynomen, Manuscripta Math. 26 (1978) 155-167.

[19] Valiron, G., Lectures on the General Theory of Integral Functions. Toulouse: Édouard Privat (1923).

[20] Wasow, W., Asymptotic Expansions for Ordinary Differential Equations. J. Wiley, New York (1965)

[21] Wiman, A., Über den Zusammenhang zwischen dem Maximalbetrage einer analytischen Funktion und dem größten Betrage bei gegebenem Argumente der Funktionen. Acta Math. 41 (1918) 1-28.

[22] Wittich, H., Neuere Untersuchungen über eindeutige analytische Funktionen. Ergebnisse der Mathematik (Neue Reihe) 8. Berlin-Göttingen-Heidelberg, Springer 1955.

[23] Ziegler, H.J.W., Vector valued Nevanlinna Theory. Research Notes in Mathematics 73, Pitman Advanced Publishing Program, Boston-London-Melbourne 1982.

Abschätzungen für verallgemeinerte Schwarzsche Derivierte

von Richard Klouth, Mönchengladbach

1. Definitionen

Für eine in einem Gebiet $\mathcal{G} \subset S^2$ lokal schlichte (d.h. unverzweigte) holomorphe Funktion f ist die Schwarzsche Derivierte $[f]_z$ durch

(1) $$[f]_z := \left(\frac{f''}{f'}\right)' - \frac{1}{2}\left(\frac{f''}{f'}\right)^2 = q' - \frac{1}{2}q^2 \quad \text{mit } q := \frac{f''}{f'}$$

erklärt. Die herausragende Bedeutung der Schwarzschen Derivierten in der Funktionentheorie beruht auf der folgenden Kettenregel:
Ist $z=\varphi(\xi)$ holomorph und unverzweigt in $\mathcal{G}_1 \subset S^2$ und ist $w=f(z)$ holomorph und unverzweigt in $\mathcal{G}_2 \subset S^2$ und gilt $\varphi(\mathcal{G}_1) \subset \mathcal{G}_2$, dann gilt für die Komposition $f\circ\varphi$:

$$[f\circ\varphi]_\xi = ([f]_z \circ\varphi)(\varphi')^2 + [\varphi]_\xi$$

Diese Kettenregel zeigt die Invarianzeigenschaften der Schwarzschen Derivierten gegenüber Automorphismen einfach zusammenhängender Normgebiete. Diese Automorphismen bestehen aus Untergruppen der Gruppe Möb der Möbiustransformationen ψ , für die $[\psi] \equiv 0$ gilt. Daraus resultieren zwei wichtige Spezialfälle der Kettenregel:

(2) $$[\psi\circ f]_z = [f]_z \qquad \text{für alle } \psi \in \text{Möb}$$

(3) $$[f\circ\varphi]_\xi = ([f]_z \circ\varphi)(\varphi')^2 \qquad \text{für alle } \varphi \in \text{Möb}$$

Die Formel (2) wird in der Theorie der konformen Abbildungen ausgenutzt (z.B. Abbildung von Kreisbogenpolygonen), auf (3) gründet sich die Möglichkeit, Koeffizientenabschätzungen durchführen zu können.
Hierzu betrachtet man Funktionenfamilien $\mathcal{F}$, deren Elemente in $D:=\{z \mid z\bar{z} < 1\}$ holomorph und lokal schlicht $(f'(z) \neq 0)$ sind und die durch

$$f(z) = z + \sum_{k=2}^{\infty} \alpha_k z^k$$

normiert sind und in folgendem Sinne invariant gegenüber Automorphismen des Einheitskreises sind:
Wenn $f \in \mathcal{F}$ und $\varphi \in \text{Aut } D$ mit

$$z = \varphi(\xi) = \eta\,\frac{\xi - a}{1 - \bar{a}\xi}, \quad |\eta| = 1, \quad a \in D,$$

so gehört auch

$$F(\xi) = \frac{f\circ\varphi - (f\circ\varphi)(0)}{\eta\cdot f'(\varphi(0))(1-a\bar{a})} = \xi + \sum_{n=2}^{\infty} \eta^{n-1} \alpha_n^f(a,\bar{a})\,\xi^n$$

zu $\mathcal{F}$. Um eine Übersicht über das Verhalten der Koeffizienten der gegebenen Funktion f zu gewinnen, unterwerfen wir die Funktion f also einer Koebe-Variation. Funktionenfamilien mit diesen Eigenschaften

heißen nach Pommerenke [13] linear-invariant.
Das Verhalten der Koeffizienten $\alpha_n^f(a,\bar{a})$ ist gut bekannt (z.B. [16]), aber überaus kompliziert:

$$(4)\qquad \alpha_n^f(a,\bar{a}) = \sum_{\mu=1}^{n} (-1)^{n-\mu} \frac{(n-1)!}{\mu!(n-\mu)!(\mu-1)!} \bar{a}^{n-\mu} (1-a\bar{a})^{\mu-1} \frac{f^{(\mu)}(a)}{f'(a)} \quad ; n \geq 2, n \in \mathbb{N}$$

Wegen

$$(5)\qquad |\varphi'(\xi)| = \frac{1 - z\bar{z}}{1 - \xi\bar{\xi}} \qquad \text{für alle } \varphi \in \mathrm{Aut}(D)$$

stellen die Koeffizienten absolute Differentialinvarianten dar, d.h. es gilt:

$$(6)\qquad |\alpha_n^{f\cdot\varphi}| = |\alpha_n^f \circ \varphi| \qquad \text{für alle } f \in \mathfrak{F} \text{ und } \varphi \in \mathrm{Aut}\, D.$$

Die Kompliziertheit der Darstellungen (4) ist die Hauptursache für die besonderen Schwierigkeiten, die bei Problemen der Koeffizientenabschätzungen auftreten. Fragt man nun nach Kombinationen solcher Koeffizienten, die auf einfachere Darstellungen als (4) führen, so wird man sogleich auf die Schwarzsche Derivierte geführt: Die einfachste Kombination dieser Art ist

$$(7)\qquad \gamma_3^f(a,\bar{a}) := \alpha_3^f(a,\bar{a}) - (\alpha_2^f(a,\bar{a}))^2 = \frac{1}{3!}[f]_a (1 - a\bar{a})^2$$

Diese absolute Differentialinvariante hat wegen (3) und (5) die Eigenschaft:

$$(8)\qquad |\gamma_3^{f\circ\varphi}| = |\gamma_3^f \circ \varphi| \qquad \text{für } f \in \mathfrak{F} \text{ und } \varphi \in \mathrm{Aut}(D).$$

Unter dem Gesichtspunkt des Holomorphieverhaltens von (7), womit der gegenüber (4) besonders einfache Aufbau von γ_3^f als Produkt eines holomorphen Anteils $h_3^f(z) := \frac{1}{3!}[f]_z$ und des nicht-holomorphen Anteils

$(1 - z\bar{z})^2$ gemeint ist, definierte E. Peschl [12] folgende Verallgemeinerungen von (7):
Der holomorphe Anteil $h_n^f(z)$, die verallgemeinerte Schwarzsche Derivierte n-ter Ordnung, $n > 3$, wird rekursiv durch

$$(9)\qquad (n+1)\frac{h_{n+1}^f}{(f')^n} := \frac{1}{f'} \cdot \frac{d}{dz}\left(\frac{h_n^f}{(f')^{n-1}}\right) \quad ; n \geq 3 ; n \in \mathbb{N}$$

definiert. Die Verallgemeinerung von (7) stellt sich dann als

$$(10)\qquad \gamma_n^f(z,\bar{z}) := h_n^f(z)(1 - z\bar{z})^{n-1} \qquad \text{dar.}$$

Daß es sich hierbei um Koeffizientenkombinationen höherer Ordnung handelt, geht aus der sich aus (9) und (10) ergebenden Relation ([4])

(10) $$(n+1)\gamma_{n+1} = (1-z\bar{z})\frac{\partial}{\partial z}\gamma_n - 2(n-1)\alpha_2\gamma_n \qquad ; n\geq 3^{1.)};\ n\in\mathbb{N}$$

hervor, wenn man noch

$$(1-z\bar{z})\frac{\partial}{\partial z}\alpha_n = (n+1)\alpha_{n+1} - 2\alpha_2\alpha_n + (n-1)\alpha_n\bar{z} \qquad ; n\geq 2;\ n\in\mathbb{N}$$

beachtet. Dadurch erhält man z.B:

$$\gamma_4 = \alpha_4 - 3\alpha_2\alpha_3 + 2\alpha_2^2 = \frac{1}{24}(q'' - 3\,q\,q' + q^3)(1-z\bar{z})^3$$

$$\gamma_5 = \alpha_5 - 4\alpha_2\alpha_4 - \frac{9}{5}\alpha_3^2 + \frac{48}{5}\alpha_3\alpha_2^2 - \frac{24}{5}\alpha_2^4$$

(Näheres siehe [3]).

Aus der Definition (9) ergibt sich sofort die Verallgemeinerung von (3) für $n\geq 4$:

(11) $$h_n^{f\circ\varphi}(\xi) = (h_n^f\circ\varphi)(\xi)\cdot(\varphi'(\xi))^{n-1} \qquad \text{für } \varphi\in \text{Aut } D.$$

Diese Relation zeigt mit (5) zusammen die Invarianz der γ_n, $n\geq 3$ gegenüber inneren Automorphismen des Einheitskreises

(12) $$\left|\gamma_n^{f\circ\varphi}\right| = \left|\gamma_n^f\circ\varphi\right| \qquad \text{für } f\in\mathcal{F} \text{ und } \varphi\in\text{Aut } D.$$

1.) Wenn klar ist, um welche Funktion f es sich handelt, wird im weiteren das f weggelassen.

2. Koeffizientenabschätzungen für schlichte Funktionen

Aus dem Bieberbachschen Flächensatz war schon sehr früh bekannt, daß für die linear-invariante Funktionenfamilie S der in D schlichten (holomorph und injektiv) Funktionen mit $f(0) = 0$ und $f'(0) = 1$ die scharfe Abschätzung

$$\left|\gamma_3^f(z,\bar{z})\right| \leq 1$$

mit den Koebefunktionen als Schrankenfunktionen (Siehe Satz 1) gilt. 1964 konnte M. Ozawa mit Hilfe der Schifferschen Variationsmethode die scharfe Abschätzung [9]

$$\left|\gamma_4^f(z,\bar{z})\right| \leq 2$$

für $f\in S$ beweisen.

Zum Beweis einer Serie von scharfen Abschätzungen von γ_n in S mit Hilfe der Löwnerschen Theorie [8] der Parametrisierung von Schlitzabbildungen sei daran erinnert, daß Löwner 1923 in der Familie S scharfe Abschätzungen für die Koeffizienten der Potenzreihenentwicklung um $w = 0$ für die Umkehrfunktionen $z = f^{-1}(w)$ herleiten konnte. Wir folgen diesem Gedankengang und berechnen aus der Kettenregel für die Schwarzsche Derivierte die Schwarzsche Derivierte $[f^{-1}]_w$ der Umkehrfunktion von f . Aus dieser folgt für $\varphi = f^{-1}$:

$$0 \equiv [f \circ \overset{-1}{f}]_w = ([f]_z \overset{-1}{f})((\overset{-1}{f})')^2 + [\overset{-1}{f}]_w ,$$

woraus sich dann

$$\frac{h_3^f}{(f')^2} = - h_3^{\overset{-1}{f}} \tag{13}$$

ergibt. Beachtet man

$$\frac{d}{dw} = \frac{1}{f'} \cdot \frac{d}{dz} ,$$

so folgt aus der Definition (9) beginnend mit n=4 rekursiv

$$\frac{h_n^f(z)}{(f'(z))^{n-1}} = \frac{3!}{n!} \cdot \frac{d^{n-3}}{dw^{n-3}} \left(- h_3^{\overset{-1}{f}} (w) \right),$$

womit klar wird, daß sich die verallgemeinerten Schwarzschen Derivierten als Koeffizienten der Schwarzschen Derivierten der Umkehrfunktion $\overset{-1}{f}$ entpuppen [4].

$$h_3^{\overset{-1}{f}} (w) = \sum_{n=0}^{\infty} - \binom{n+3}{3} \gamma^f_{n+3} (0,0) \cdot w^n \tag{14}$$

Wendet man hierauf nun die Löwnersche Methode an, so kann man zeigen, daß für die Koeffizienten C_n in der obigen Darstellung

$$h_3^f(w) = \sum_{n=0}^{\infty} C_n w^n$$

in S die scharfe Abschätzung $|C_n| \leq 4^n \cdot 6 \cdot (n+1)$ gilt. Damit haben wir den

Satz 1: (R. Klouth, K.-J. Wirths, [5] , 1980)

Sei f eine in D schlichte Funktion $f(z) = z + \sum_{\nu \geq 2} \alpha_\nu z^\nu$.
Dann gelten für n 3, n folgende scharfe Abschätzungen:

$$|\gamma_n| \leq \frac{6 \cdot 4^{n-3}}{n(n-1)} \tag{15}$$

mit den Koebefunktionen

$$k_\sigma(z) = \frac{z}{(1 + \sigma z)^2} \quad ; \quad |\sigma| = 1 , \; z \in D$$

als Schrankenfunktionen.

3. Koeffizientenabschätzungen für unverzweigte holomorphe Abbildungen

Hier wird nun ganz entscheidend das oben angesprochene Holomorphieverhalten der verallgemeinerten Schwarzschen Derivierten benutzt. Bildet man nämlich [3]

$$u_n^f(z,\bar{z}) := \frac{1}{n-1} \log |\gamma^f_n (z,\bar{z})| \qquad \text{für } n \geq 3, \; n \in \mathbb{N}$$

für eine in D holomorphe, unverzweigte Funktion ($f'(z) \neq 0$), so ist u_n wegen des einfachen Aufbaus (10) eine Lösung der partiellen Differentialgleichung

$$\delta_2 u = -1, \qquad (16)$$

wobei $\delta_1 u = (1-z\bar{z})^2 u_z u_{\bar{z}}$ und $\delta_2 u = (1-z\bar{z})^2 u_{z\bar{z}}$ die der hyperbolischen Metrik des Einheitskreises D angepaßten Beltrami-Operatoren sind.

Für die reellwertigen Lösungen dieser Differentialgleichung hat E. Peschl [11], [15] eine Abschätzungsmethode angegeben, die auf einem verallgemeinerten Maximumprinzip beruht. Abhängig von den Eigenschaften der Lösung von (16), ergeben sich scharfe Abschätzungen der Form

$$\delta_1 u \leq G(u) \qquad (17)$$

mit bekannten Schrankenfunktionen. Diese Abschätzungen wurden von E. Raupach [15] angegeben. Stets wird dabei die Existenz einer oberen Schranke, also $u(z,z) \leq \alpha_0$ vorausgesetzt. Weiter ist es möglich, eine Mindestordnung für die Nullstellen von h_n in u_n vorzugeben. Die linke Seite von (17) schreiben wir nun in zwei verschiedenen Arten hin:

$$\delta_1 u_n(z,\bar{z}) = \left| \frac{1}{2(n-1)} \frac{h_n'}{h_n} (1-z\bar{z}) - \bar{z} \right|^2 \leq G(u_n(z,\bar{z})) \qquad (18)$$

bzw.

$$\delta_1 u_n(z,\bar{z}) = \left| \frac{n+1}{2(n-1)} \frac{\gamma_{n+1}}{\gamma_n} + \alpha_2 \right|^2 \leq G(u_n(z,\bar{z})) \qquad (19)$$

Diese Schreibweisen eröffnen zwei verschiedene Möglichkeiten der Auswertung. Gibt man etwa für $|\gamma_n|$ und für $|\alpha_2|$ Schranken vor, so kann man berechnen, wie sich eine Schranke von $|\gamma_n|$ für $|\gamma_{n+1}|$ auswirkt. Dazu wird zunächst eine nach (6) linear-invariante Funktionenfamilie definiert:

Def.: Für $a \geq 1$ sei $\mathcal{F}_a$ die Vereinigung aller linear-invarianten Funktionenfamilien mit

$$\left| \alpha_2^f(z,\bar{z}) \right| = \left| \frac{1}{2} \frac{f''(z)}{f'(z)} (1-z\bar{z}) - \bar{z} \right| \leq a \quad \text{für alle } z \in D$$

und alle $f \in \mathcal{F}$.

Diese Familie ist nicht leer [13], da die Funktionen

$$f_a(z) = \frac{1}{2a} \left[\left(\frac{1+z}{1-z} \right)^a - 1 \right]$$

zu $\mathcal{F}_a$ gehören.

Bei vorgegebenen $a \geq 1$ läßt sich nun aus (19) folgende Implikation herleiten [4] :

Für $f \in \mathcal{F}_a$ und $z \in D$ gilt: $\left| \gamma_n^f(z,\bar{z}) \right| \leq C_n \Longrightarrow \left| \gamma_{n+1}^f(z,\bar{z}) \right| \leq \frac{2na}{(n+1)} \cdot C_n$

falls $n \geq 3$ und $C_n \in \mathbb{R}^+$.

Daraus ergibt sich bei Vorgabe einer oberen Schranke für $|\gamma_3|$ der

<u>Satz 2:</u> (R. Klouth [4], 1979)

Sei $\mathcal{F}_{a,b} \subset \mathcal{F}_a$ mit $a \geq 1$ und b in den Grenzen

$$\frac{1}{3}a^2 - \frac{1}{3} \leq b \leq \frac{1}{3}a^2 + \sqrt{3}\,a + 1$$

diejenige Teilfamilie aus $\mathcal{F}_a$, für die gilt

$$\left|\gamma_3^f(z,\bar{z})\right| \leq b \qquad ;\ z \in D .$$

Dann gilt für alle $n \in \mathbb{N}$, $n \geq 3$ die Abschätzung

$$\left|\gamma_n^f(z,z)\right| \leq \frac{3\,b\,(2a)^{n-3}}{n}$$

Die Einschränkung für b ist dabei nach [13] notwendig. Wegen $S \subset \mathcal{F}_{2,1}$ stellt Satz 2 eine Verallgemeinerung von Satz 1 dar.

Wir kommen nun zur Auswertung der Ungleichung (18). Wählt man hier G so, daß h_n wie im letzten Satz Nullstellen der Mindestordnung 1 hat und beachtet man, daß die Abschätzungen dann insbesondere für solche unverzweigten Funktionen gelten, für die h_n keine Nullstelle hat, so kann man durch Integration von (18) für jedes γ_n, $n \geq 3$ folgende Abschätzungen erhalten:

<u>Satz 3:</u> (R. Klouth [3], 1976)

Für $\alpha_0 \in \mathbb{R}$ und $n \geq 3$ sei $\Gamma^n_{\alpha_0}$ die linear-invariante Funktionenfamilie mit folgenden Eigenschaften

1.) $f \in \Gamma^n_{\alpha_0}$ sei holomorph in D und es gelte $f'(z) \neq 0$ in D.

2.) $$u_n(z,\bar{z}) = \frac{1}{n-1}\left|\log \gamma_n(z,z)\right| \leq \alpha_0 \text{ für alle } z \in D.$$

Dann gelten folgende scharfen Abschätzungen: ($|z| = r$)

$$(1-r^2)^{n-1}\frac{1 - r/r_0}{(1 - r_0 r)^{2n-1}} \overset{r \leq r_0}{\leq} \left|\frac{\gamma_n(z,z)}{\gamma_n(0,0)}\right| \overset{r \leq r^*}{\leq} (1-r^2)^{n-1}\frac{1 + r/r_0}{(1 + r_0 r)^{2n-1}}$$

Dabei sind die Einschränkungen für r, nämlich r_0 und r^* definiert durch

$$\alpha_0 - u_n(0,0) = \frac{1}{2(n-1)}\log\frac{[2(n-1)]^{2(n-1)}}{(2n-1)^{2n-1}\, r_0^2(1-r_0^2)^{2(n-1)}} \quad ;\ r^* = \frac{r_0\sqrt{2n-1} - 1}{r_0 - \sqrt{2n-1}}$$

In der Spezialisierung dieses Satzes für die Schwarzsche Derivierte wählen wir nun in (18) solche Abschätzungsfunktionen G, die die Mindestnullstellenordnung von h_3 berücksichtigen.

<u>Folgerung und Verschärfung</u>:(R. Klouth [3], 1976)

Die Funktion w(z) sei holomorph und unverzweigt ($w'(z) \neq 0$) in D und erfülle dort folgende Voraussetzungen:

1.) Es gebe eine Konstante $\alpha_0 \in \mathbb{R}$, so daß für alle $z \in D$ gilt:

$$\left| [w]_z \right| \leq \frac{6\, e^{2\alpha_0}}{(1 - z\,\bar{z})^2}$$

2.) $[w]_z$ habe mindestens eine Nullstelle in $D \setminus \{0\}$. Für die Ordnung $s(z_0)$ jeder Nullstelle z_0 von $[w]_z$ in D gelte:

$$s(z_0) \geq m$$

Dann gelten folgende scharfe Abschätzungen

$$\frac{(1 - r/r_0)^m}{(1 - r_0 r)^{m+4}} \overset{r \leq r_0}{\leq} \left| \frac{[w]_z}{[w]_z(0)} \right| \overset{r \leq r^*}{\leq} \frac{(1 + r/r_0)^m}{(1 + r_0 r)^{m+4}}$$

Dabei sind die Einschränkungen für r_0 und r^* definiert durch

$$\alpha_0 - \frac{1}{2} \log\left|[w]_z(0)\right| = \frac{1}{4} \log \frac{4^4\, m^m}{(m+4)^{m+4}\, r_0^{2m}\, (1-r_0^2)^4}$$

$$r^* = \frac{r_0\sqrt{m+4} - \sqrt{m}}{r_0\sqrt{m} - \sqrt{m+4}}$$

Die angegebenen Abschätzungen für die Schwarzsche Derivierte lassen an eine Auswertung im Rahmen des Bloch-Landauschen Problemkreises denken. Dabei versteht man unter der Blochschen Konstante B das Infimum aller Radien von schlichten Kreisscheiben, die im Riemannschen Flächenbild einer durch $f(z) = z + \ldots$ normierten, in D holomorphen Funktion Platz haben. Ist für ein solches f genauer

$$b(f) := \sup\left\{ r \,\middle|\, f(D) \text{ enthält eine schlichte Kreisscheibe mit Radius } r \right\},$$

so ist die Blochsche Konstante B durch

$$B := \inf\left\{ b(f) \,\middle|\, f(z) = z + \ldots\,,\ z \in D \right\}$$

erklärt. Läßt man in der Definition von b(f) die Bedingung "schlicht" weg, so erhält man die Landausche Konstante L. Für beide Weltkonstanten kennt man die Abschätzungen [1], [2], [14]

$$0{,}43301\ldots = \frac{\sqrt{3}}{4} < B \leq 0{,}47\ldots. \qquad \text{und}$$

$$0{,}5 < L \leq 0{,}5432\ldots,$$

deren jeweils obere Abschätzungen vermutlich die richtigen Werte sind [1]. Bei den vermuteten Schrankenfunktionen handelt es sich um Funktionen, die eine Abbildung von Kreisbogendreiecken auf gleichseitige Dreiecke liefern. Im Falle der Blochschen Konstante B geht man dabei von einem Kreisbogendreieck mit den Innenwinkeln $\pi/6$ aus, das man auf ein gleichseitiges Dreieck der w-Ebene abbildet und die Abbildung nach dem Schwarzschen Spiegelungsprinzip auf den ganzen Einheitskreis D ausdehnt. Im Falle der Landauschen Konstante gewinnt man die vermutete Schrankenabbildung analog aus der Abbildung eines nullwinkligen Kreisbogendreiecks, dessen Orthokreis der Rand ∂D darstellt. In beiden Fällen hat die Schwarzsche Derivierte im Nullpunkt eine Nullstelle erster Ordnung.

Die oben angegebenen Abschätzungen für die Schwarzsche Derivierte scheinen dem hier gestellten Problem besonders angepaßt zu sein, da in [3] gezeigt werden konnte, daß $[w]_z$ für z=0 genau dann eine Nullstelle der Ordnung $m \in \mathbb{N}$ vorliegt, wenn w(z) die Potenzreihenentwicklung

$$w(z) = z + az^2 + a^2z^3 + \ldots + a^{m+1}z^{m+2} + \ldots \quad \text{hat.}$$

Daraus folgt insbesondere, daß das Bildgebiet $w(D_r)$ mit $D_r := \{ z \mid z\bar{z} < r^2 \}$ für kleine r in erster Näherung zentralsymmetrisch ist und m+2 Symmetrieachsen hat. Die nebenstehende Abbildung 1 zeigt diese Symmetrie des Bildgebietes im Falle einer Nullstelle erster Ordnung für die Schwarzsche Derivierte. Die Dreiecksform scheint besonders gut den vermuteten Schrankenabbildungen angepaßt zu sein. Nach [14] liegt die den unverzweigten holomorphen Funktionen in D zugeordnete Blochsche Konstante B_0 stets unter der Landauschen Konstante L: $B_0 \leq L$. Man wird daher bei der Auswertung der oben angegebenen Abschätzungen für die Schwarzsche Derivierte zunächst an eine Verbesserung der unteren Abschätzung für die Landausche Konstante denken. Dazu ist es erforderlich, aus den Abschätzungen für die Schwarzsche Derivierte durch Integration Verzerrungssätze herzuleiten.

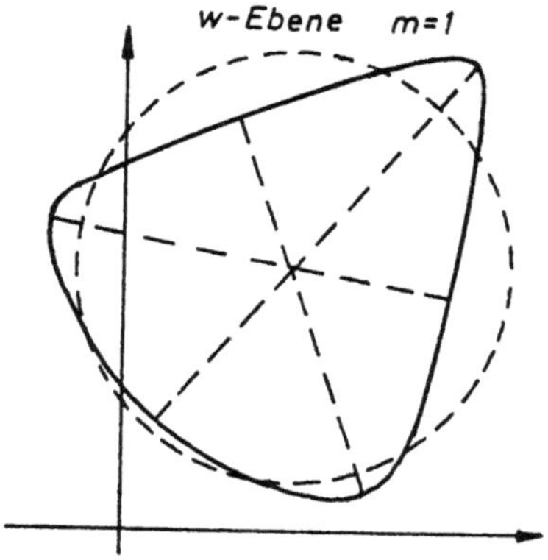

Abb. 1

4. Die Integration von Ungleichungen für die Schwarzsche Derivierte

Wir gehen von einer in D_{r^*}, $r^* \in \mathbb{R}^+$ unverzweigten Funktion w=w(z) aus, für die eine Ungleichung

(20) $$\left| [w]_z \right| \leq f(r) \qquad 0 \leq |z| = r < r^*$$

mit einer stetigen, nicht-negativen Funktion f(r) besteht. Nach Anwendung der Dreiecksungleichung in (20) folgt

$$\frac{\partial |q|}{\partial r} - \frac{1}{2}|q|^2 \leq f(r)$$

Setzt man hier $p(r,\varphi) = |q(re^{i\varphi})| = \left|\frac{w''(z)}{w'(z)}\right|$ und schreibt für ein festes φ_0 mit $-\pi < \varphi_0 \leq \pi$ für $p(r,\varphi_0) = p(r)$, so gilt auf jedem vom Nullpunkte ausgehenden Strahl in D_{r^*}:

$$\dot{p}(r) - \frac{1}{2}p^2(r) \leq f(r)$$

Die Substitution $p(r)=-2\frac{\dot{u}(r)}{u(r)}$ überführt nun (20) in

$$\ddot{u}(r) + \frac{1}{2}f(r)\,u(r) \geq 0$$

Vergleicht man diese Differentialungleichung mit der Differentialgleichung

$$\ddot{v}(r) + \frac{1}{2}f(r)\,v(r) = 0\ ,$$

so stellt man für die Lösungen [3]

$$\frac{\ddot{u}(r)}{u(r)} \geq \frac{\ddot{v}(r)}{v(r)} \qquad \text{für } 0 \leq r \leq r^*$$

fest. Hieraus zeigt man $u(r) \geq v(r) > 0$, wobei

$$u(r,\varphi_0) = u(0)\cdot\exp\left(-\frac{1}{2}\int_0^r \left|\frac{w''(\varrho e^{i\varphi_0})}{w'(\varrho e^{i\varphi_0})}\right| d\varrho\right)\ .$$

Damit ergibt sich der folgende

Hilfssatz:(R. Klouth, [3] , 1976)

Sei $w=w(z)$ eine in D_{r^*}, $r^* \in \mathbb{R}$ holomorphe unverzweigte Funktion, die in D_{r^*} die Ungleichung

$$\left|[w]_z\right| \leq f(r) \qquad ,\ |z|=r$$

mit einer für $0 \leq r \leq r^*$ stetigen, nicht-negativen Funktion $f(r)$ erfülle.

Ist dann $v(r)$ im Intervall $0 \leq r \leq r^*$ diejenige Lösung der Differentialgleichung

$$\ddot{v}(r) + \frac{1}{2}f(r)v(r) = 0$$

mit den Anfangsbedingungen

$$v(0) = 1 \qquad \text{und} \qquad \dot{v}(0) = -\frac{1}{2}\left|\frac{w''(0)}{w'(0)}\right|,$$

die in diesem Intervall r' als kleinste positive Nullstelle hat. Sei $R := \min\{r^*, r'\}$. Dann gelten für $0 \leq r < R$ die Ungleichungen

$$\left|\frac{w''(z)}{w'(z)}\right| \leq -2\cdot\frac{\dot{v}(r)}{v(r)}$$

$$|w'(0)|v^2(r) \leq |w'(z)| \leq |w'(0)| \frac{1}{v^2(r)}$$

$$|w'(0)|\int_0^r v^2(\varrho)d\varrho \leq |w(z) - w(0)| \leq |w'(0)| \int_0^r \frac{1}{v^2(\varrho)} d\varrho$$

Die untere Abschätzung der letzten Ungleichung gilt nur für solche r, für die das Bildgebiet $w(D_r)$ noch schlicht überdeckt wird. Alle rechten Ungleichungen sind scharf, wenn es in der Ausgangsungleichung (20) Schrankenfunktionen gibt.

Die Anwendung dieses Hilfsatzes auf die Folgerung von Satz 3 für die Schwarzsche Derivierte liefert nun den

Satz 4:(R. Klouth [3], 1976)

Die Funktion w(z) sei holomorph und unverzweigt ($w'(z) \neq 0$) in D und erfülle dort folgende Voraussetzungen:

1.) Es gebe eine Konstante $\alpha_0 \in \mathbb{R}$, so daß für alle $z \in D$ gilt:

$$|[w]_z| \leq \frac{6\, e^{2\alpha_0}}{(1 - z\bar{z})^2}$$

2.) $[w]_z$ habe mindestens eine Nullstelle in $D\setminus\{0\}$. Für die Ordnung $s(z_0)$ jeder Nullstelle z_0 von $[w]_z$ in D gelte:

$$s(z_0) \geq m$$

Dann gelten für $0 \leq |z| = r < \min\{r^*, r'\}$ folgende Abschätzungen:

$$(21)\quad a\frac{(r + r_0)(1 + r_0 r)}{\lambda(1 - r_0^2)} Z^2_{1/\lambda}(x(r)) \leq |w'(z)| \leq \frac{a\lambda(1 - r_0^2)}{(r + r_0)(1 + r_0 r)} \cdot \frac{1}{Z^2_{1/\lambda}(x(r))}$$

Die rechte Ungleichung ist scharf. Dabei ist $a = |w'(0)|$, $\lambda = m+2$ und

$$Z_{1/\lambda}(x(r)) = C_1 J_{1/\lambda}(x(r)) + C_2 J_{-1/\lambda}(x(r))$$

mit
$$x(r) = \frac{\sqrt{2\, w_z(0)}}{\lambda\, r_0^{m/2}(1 - r_0^2)} \left(\frac{r + r_0}{1 + r_0 r}\right)^{\lambda/2},$$

wobei $J_{1/\lambda}(x)$ und $J_{-1/\lambda}(x)$ linear unabhängige Lösungen der Besselschen Differentialgleichung

$$x^2 J''(x) + x J'(x) + (x^2 - \frac{1}{\lambda^2}) J(x) = 0$$

sind, deren Konstanten C_1, C_2 sich aus den Integrationskonstanten des Hilfsatzes ergeben. r_0 und r^* sind wie in der Folgerung aus Satz 3 definiert.

Eine weitere Integration der Ungleichung (21) hat beiderseitige Schranken für $|w(z) - w(0)|$ zur Folge. Für eine Fülle von Funktionenfamilien lassen sich daraus in Abhängigkeit von α_0 verbesserte untere Abschätzungen für die zugordneten Bloch-Landauschen Konstanten angeben [3] . Als Beispiel sei die schlichte Blochkonstante der Nehari-schlichten Funktionen (d.h. derjenigen Funktionen, die das Nehari-sche Schlichtheitskriterium [9] $|[w]_z|(1-z\bar{z})^2 \leq 2$ erfüllen) genannt, für die sich alleine durch Integration der definierenden Bedingung eine untere Abschätzung von 2/3 ergibt.
Für eine Auswertung dieses Satzes zur Verbesserung der unteren Abschätzung der Landauschen Konstante müßten die Konsequenzen für eine obere Schranke von $|\gamma_3(z,\bar{z})|$ bekannt sein, die sich aus der Vorgabe einer oberen Schranke für den ersten Koeffizienten $|a_1(z,\bar{z})| = |w'(z)|(1-z\bar{z})$ ergibt.

5. Literatur

[1] AHLFORS, L.V., GRUNSKY, H. Über die Blochsche Konstante, Math. Z. 42 (1937), S. 671 - 673

[2] AHLFORS, L.V. An extension of Schwarz's Lemma, Trans. Am. Soc. 43 (1938), S. 359 - 364

[3] KLOUTH, R. Abschätzungen im Bereich der Schwarzschen Derivierten und gewisser Verallgemeinerungen, Dissertation, Bonn. Math. Schr. Nr. 82, 1976

[4] KLOUTH, R. Abschätzungen für verallgemeinerte Schwarzsche Derivierte in linear-invarianten Funktionenfamilien, Arch. Math., Vol. 36, 455 - 462 (1981)

[5] KLOUTH, R., WIRTHS, K.-J., Two new extremal properties of the Koebe-Function, Proc. AMS. ,vol. 80, Nr. 4, Dec. 1980

[6] KLOUTH, R. Abschätzungen für Funktionen, die im punktierten Einheitskreis holomorph sind, Sitzungsber. Österr. Akad. d. Wiss., Band 192, Heft 4-7, 177-191, (Wien 1983)

[7] LANDAU, E. Über die Blochsche Konstante und zwei verwandte Weltkonstanten, Math. Z. 30 (1929), S. 608 - 634

[8] Löwner, K. Untersuchungen über schlichte konforme Abbildungen des Einheitskreises.I, Math. Ann. 89 (1923), 103 - 121

[9] Nehari, Z. The Schwarzian derivate and schlicht functions, Bull. Amer. Math. Soc. 55 (1949) 545 - 551

[10] Ozawa, M. On certain coefficient inequalities of univalent functions, Kodai Math. Se, Rep. 16 (1964) 183 - 186

[11] PESCHL, E. Les invariants differenties non holomorphes et leur rôle dans la théorie des fonctions, Rend. Sem. Mat. Messina 1, (1955), 100 - 108

[12] PESCHL, E. Über die Weiterentwicklung einer Majorisierungsmethode der Funktionentheorie, die auf Differentialinvarianten aufbaut, Greek Math. Soc., Caratheodory Symposium, 1973, 461 - 482

[13] POMMERENKE, Ch. Linear-invariante Familien analytischer Funktionen I, Math. Ann. 155, 108 - 154 (1964)

[14] POMMERENKE, Ch. On Bloch functions, J. London Math. Soc. (2), 2 (1970), 689 - 695

[15] RAUPACH, E. Eine Abschätzungsmethode für die reellwertigen Lösungen der Differentialgleichung $\Delta\alpha = -4/(1-z\bar{z})^2$, Dissertation, Bonn. Math. Schr. Nr. 9, (1960)

[16] WIRTHS, K.-J. Verallgemeinerung eines Maximumprinzips, Dissertation, Bonn. Math. Schr. Nr. 51, (1971)

Der Raum $P_D(F,fF)$ in den verallgemeinerten analytischen Funktionen.

Kerim KOCA

1-EINFÜHRUNG:

Zuerst wollen wir einige wichtige Funktionenräume einführen, die wir nachher brauchen.

Es sei $D_o \subset \mathbb{C}$ ein einfach zusammenhängendes Gebiet und $H^1_{D_o}$ die Klasse der über D_o erklärten komplexwertigen Funktionen, die partielle Ableitungen erster Ordnung nach x und y besitzen und hölderstetig sind, dann nennt man die Menge

$$E_{D_o} := \{E=(F,G) \mid E: D_o \to \mathbb{C}\times\mathbb{C}, \forall z\in D_o; E\in H^1_{D_o} \times H^1_{D_o} \text{ und } \forall z\in D_o, \operatorname{Im}(\bar{F}G)>0\}$$

Erzeugendenraum und jedes Element von E_{D_o} heißt ein Erzeugendenvektor.

Es sei $D \subset\subset D_o$, d.h. $\bar{D}\subset D_o$, D ist relativ Kompakt in D_o. Dann ist die Menge

$$\Omega_D := \{\omega=\binom{\varphi}{\psi} \mid \omega: D\to E_2\}$$

ein additiver Vektorraum über $\mathbb{R}$, wobei $\mathbb{E}_2$ der zweidimensionale Euklidische Raum ist. $P_D(E) := E.\Omega_D$ heißt die Menge der in D erklärten pseudoholomorphen Funktionen w modulo $E=(F,G)$, wenn der Grenzwert

$$\bigwedge_{z_o\in D\subset\subset D_o} \frac{d_E w}{dz}(z_o) := \dot{w}(z_o) := \lim_{z\to z_o} [E(z).\frac{\omega(z)-\omega(z_o)}{z-z_o}]$$

existiert. Es ist bekannt, daß die Menge $P_D(E)$ einen additiven Vektorraum über $\mathbb{R}$ bildet, wenn $P_D(E)$ vorhanden ist.

Ist $E=(1,i)=:A$, so ist $A.\omega$ holomorph in D, $P_D(A)$ bezeichnet also die Menge der in D erklärten holomorphen Funktionen.

Nach L. Bers nennt man für $E=(F,G)\in E_{D_o}$ die Funktionen

$$(1) \quad a_E := -\frac{\bar{F}G_{\bar{z}}-F_{\bar{z}}\bar{G}}{F\bar{G}-\bar{F}G} \;;\; b_E := \frac{FG_{\bar{z}}-F_{\bar{z}}G}{F\bar{G}-\bar{F}G} \;;\; A_E := -\frac{\bar{F}G_z-F_z\bar{G}}{F\bar{G}-\bar{F}G} \;;\; B_E := \frac{FG_z-F_zG}{F\bar{G}-\bar{F}G}$$

die charakterischen Koeffizienten.

Wenn $w\in P_D(E)$ ist, so besitzt w nach dem Ähnlichkeitsprinzip die Form

$$w(z)=f(z)\cdot e^{s(z)}$$

wobei $f\in P_D(A)$ und

$$s(z) := \frac{-1}{\pi}\iint_D \frac{a_E(\zeta)+b_E(\zeta)\,[\overline{w(\zeta)}/w(\zeta)]}{\zeta-z}\, d\xi\wedge d\eta \;,\; \zeta=\xi+i\eta$$

gleichmäßig stetig, $|s|\leq M, M=(D,E)$ sind.

Außerdem erfüllt $w=E.\omega=F\varphi+G\psi$ die Relationen

(2) $w_{\bar{z}}=a_E w+b_E\bar{w}$

mit $F\varphi_{\bar{z}}+G\psi_{\bar{z}}=0$ und

(2') $\dot{w}=F\varphi_z+G\psi_z=w_z-A_E w-B_E\bar{w}:=\frac{d_E w}{dz}$.

Die Funktion

$$_{*}w:=\frac{\bar{G}-i\bar{F}}{F\bar{G}-\bar{F}G}w-\frac{G-iF}{F\bar{G}-\bar{F}G}\bar{w}$$

heißt die zu w(z) korrespondierende pseudoholomorphe Funktion 2. Art modulo E=(F,G).

Es seien $E_o, E_1 \in E_{D_o}$. E_1 nennt man den Nachfolger von E_o, wenn die Relation $a_{E_1}=a_{E_o}$, $b_{E_1}=-B_{E_o}$ gültig ist. Wir wissen, daß $\dot{w}\in P_D(E_1)$ ist, falls $w\in P_D(E_o)$ und E_1 Nachfolger von E_o ist.

2-DER RAUM $P_D(F,fF)$.

SATZ1- Es seien $w\in P_D(E)$, $f\in P_D(A)$. w ist eine Lösung der Differentialgleichung

(3) $w_{\bar{z}}=a_E w$

genau dann, wenn $E=(F,fF)$ mit $\mathrm{Im}f>0$.

BEWEIS: Wenn $w\in P_D(E)$ ist, dann erfüllt w die Differentialgleichung (2). Wir nehmen nun an, daß die Differentialgleichung (3) gilt. Dann ist $b_E\equiv 0$. Hieraus erhält man G=fF. Es sei nun G=fF. Dann ist $b_E\equiv 0$ für E=(F,fF) mit $f\in P_D(A)$, $\mathrm{Im}f>0$. Weil $w\in P_D(E)$ ist, erfüllt w (3)

Somit ist der Satz vollständig bewiesen.

SATZ2-Die Gesamtheit der Lösungen von (3) sind in der Form

(4) $w(z)=\Phi(z)F(z)$

in D darstellbar, wobei $\Phi\in P_D(A)$ eine beliebige holomorphe Funktion ist. Sie bilden einen additiven Vektorraum über $\mathbb{C}$.

BEWEIS: Wenn $w\in P_D(E)$ ist und die Differentialgleichung (3) erfüllt, dann muß $b_E\equiv 0$ sein. Also ist aus Satz1 E=(F,fF) mit $f\in P_D(A)$, $\mathrm{Im}f>0$. Andererseits erhält man aus (1) $a_{(F,fF)}=F_{\bar{z}}/F$. Weil man aus (4)

$$w_{\bar{z}}=\Phi F_{\bar{z}}=a_{(F,fF)}w$$

schreiben kann, ist (4) eine Lösung von (3).

Es sei nun w_1 neben w eine weitere Lösung von (3), d.h. für $a_E=a_{(F,fF)}$

$$(w_1)_{\bar{z}}=a_{(F,fF)}w_1$$

$$w_{\bar{z}}=a_{(F,fF)}w,$$

so gilt

$$\left(\frac{w_1}{w}\right)_{\bar{z}}=\frac{1}{w^2}[a_{(F,fF)}w_1 w-w_1 a_{(F,fF)}w]\equiv 0$$

Also ist $(w_1/w)=\Phi^*$, $\Phi^*\in P_D(A)$ und $w_1=\Phi^* w=\Phi^{**}F$ mit $\Phi^{**}:=\Phi^*\Phi$, d.h. w_1 hat die Form (4). Es ist klar, daß die Lösungen von (3) einen additiven Vektorraum über $\mathbb{C}$ bilden.

FOLGERUNG- Wenn $w \in P_D(F,fF)$ ist, dann ist die holomorphe Funktion Φ in (4) in der Form

$$\Phi(z)=\varphi(z)+f(z)\psi(z)$$

mit $\binom{\varphi}{\psi}\in\Omega_D, f\in P_D(A)$, $\operatorname{Im}f>0$ in D darstellbar.

BEWEIS: Ist $w\in P_D(F,fF)$, so kann man w in der Form

$$w=F\varphi+fF\psi=F(\varphi+f\psi)$$

unter Bedingung $F\varphi_{\bar z}+fF\psi_{\bar z}=0$ schreiben; ist nämlich nach der Voraussetzung $f\in P_D(A)$, so ist $(\varphi+f\psi)_{\bar z}=0$, d.h. $(\varphi+f\psi)\in P_D(A)$. Nun ist w eine Lösung von (3). Also ist die holomorphe Funktion Φ nach Satz 2 in der Form

$$\Phi=\varphi+f\psi$$

schreibbar.

Das reelle System bezüglich der Differentialgleichung (3) im Bersschen Sinne ist

$$\text{(5)}\qquad \begin{aligned}&\varphi_x+u\psi_x-v\psi_y=0\\ &\varphi_y+u\psi_y+v\psi_x=0,\end{aligned}$$

wobei $f=u+iv$ ist. Aus (5) erhält man durch die Ableitung nach x und y das reelle System

$$\text{(6)}\qquad \begin{aligned}&v\Delta\psi+2\nabla v.\nabla\psi=0\\ &\Delta\varphi+u\Delta\psi+2\nabla u.\nabla\psi=0\end{aligned}$$

wobei wie üblich Δ den Laplace-und ∇ den Nabla Operator bedeutet und (.) das innere Produkt im üblichen Sinne ist.

Es ist klar, daß $\Delta\varphi=0, \Delta\psi=0$ für $f=a+ib; a,b\in R, b>0$ sind. Die erste Gleichung in (6) kann man in der Form

$$\text{(7)}\qquad \Delta\psi+\frac{v_x-u_y}{v}\psi_x+\frac{v_y+u_x}{v}\psi_y=0$$

schreiben. Wenn wir in (7) $u=-\tau, v=\sigma>0$ wählen, dann erhalten wir die elliptische Differentialgleichung gemäß in [3], Seite 27, (7.11). Aus (7) oder aus der 1. Gleichung von (6) kann man

$$\text{(8)}\qquad \Delta\psi+\frac{2v_x}{v}\psi_x+\frac{2v_y}{v}\psi_y=0$$

oder

$$\Delta\psi-\frac{2u_y}{v}\psi_x+\frac{2u_x}{v}\psi_y=0$$

schreiben. Wenn ψ eine Lösung von (7) oder (8) ist, dann kann man die Funktion φ durch das Kurvenintegral

$$\varphi(z)=\int_{z_0}^{z}(v\psi_y-u\psi_x)dx-(u\psi_y+v\psi_x)dy$$

berechnen.

Es sei w eine Lösung von (3) und wir betrachten nun die Form

(9) $$w(z)=\alpha(z)\psi(z)+\beta(z)\psi_z(z)$$

wobei $\alpha,\beta\in H_D^1$ und $\alpha\neq 0,\beta\neq 0$ in D sind. Wir untersuchen jetzt, welche Bedingungen die Funktion ψ zu einer Lösung von (8) machen.

Setzt man die Relation (9) in (3) ein, so folgt

(10) $$\beta\psi_{z\bar{z}}+\alpha\psi_{\bar{z}}+(\beta_{\bar{z}}-a_{(F,fF)}\beta)\psi_z+(\alpha_{\bar{z}}-a_{(F,fF)}\alpha)\psi=0$$

oder

(11) $$\Delta\psi+\frac{2}{\beta}(\alpha+\beta_{\bar{z}}-a_{(F,fF)}\beta)\psi_x+\frac{2i}{\beta}(\alpha-\beta_{\bar{z}}+a_{(F,fF)}\beta)\psi_y+$$
$$+(\alpha_{\bar{z}}-a_{(F,fF)}\alpha)\psi=0$$

Wenn ψ eine Lösung von (8) ist, dann ergeben sich die Bedingungen

(12) $$\alpha_{\bar{z}}=a_{(F,fF)}\alpha$$

(13) $$\alpha+\beta_{\bar{z}}-a_{(F,fF)}\beta=\beta(\log v)_x$$
$$\alpha-\beta_{\bar{z}}+a_{(F,fF)}\beta=-i\beta(\log v)_y$$

Hieraus ergibt sich $\alpha\in P_D(F,fF)$ und

(14) $$\alpha(z)=\beta(z)\,[\log v(z)]_z.$$

Weil $\alpha\in P_D(F,fF)$ ist, erhält man aus (13)

(15) $$(\log\beta)_{\bar{z}}=(\log F)_{\bar{z}}+(\log v)_{\bar{z}}=[\log(vF)]_{\bar{z}}$$

wobei $(\log v)_z\neq 0$ und $a_{(F,fF)}=F_{\bar{z}}/F$ sind.

Also ist $\beta=\Phi vF$ mit $\Phi\in P_D(A)$. Dann ist $\alpha(z)=\Phi v_z F$ und $w=\Phi(v\psi)_z F$.

Damit haben wir folgenden Satz erhalten:

SATZ3-Die Funktion $w=\Phi(v\psi)_z F$ ist eine Lösung von (3) genau dann, wenn ψ eine Lösung von (8) mit $\Phi\in P_D(A)$ und $v=\mathrm{Im}f>0$ ist.

3 -F^f-ABLEITUNG VON $w\in P_D(F,fF)$.

Es ist bekannt, daß im allgemeinen $\dot{w}\notin P_D(F,fF)$ ist, wenn $w\in P_D(F,fF)$ ist. L.Bers hat für $w\in P_D(E)$ gezeigt, daß $\dot{w}=(d_{E_0}w/dz)\in P_D(E_1)$ gilt, wenn der Erzeugendenvektor E_1 Nachfolger von E_0 ist. Andererseits kann man nach (2') für $w=F\varphi+fF\psi\in P_D(F,fF)$ in D

(16) $$\dot{w}=\frac{d_{(F,fF)}w}{dz}=F\varphi_z+fF\psi_z=w_z-A_{(F,fF)}w-B_{(F,fF)}\bar{w}=$$
$$=w_z-\left(\frac{F_z}{F}-\frac{f_z}{\bar{f}-f}\right)w-\frac{Ff_z}{\bar{F}(\bar{f}-f)}\bar{w}$$

erhaten. Wenn wir die Ableitung von $\dot{w}$ nach $\bar{z}$ berechnen, dann ergibt sich

(17) $$(\dot{w})_{\bar{z}}=(\log F)_{\bar{z}}\dot{w}-\frac{Ff_z}{\bar{F}(\bar{f}-f)}\bar{\dot{w}}.$$

SATZ4- Es sei die Funktion $h\in H^{1}_{D_0}$ eine reellwertige, beschränkte Lösung der Differentialgleichung

(18) $$h_{\bar z}=\frac{f_z}{f-\bar f}\,h$$

mit $\inf\limits_{z\in D_0}\{|h(z)|\}:=k_h\neq 0$. Ausserdem nehmen wir für beschränkte Funktion $F\in H_{D_0}$ an, dass die Funktionen F,h hölderstetig bezüglich gleicher, Hölderischer Exponent sind. Dann ist $\dot w=\frac{d_{(F,fF)}w}{dz}\in P_D(hF,ich^{-1}F)$, wobei $c\in R^+$ ist.

BEWEIS: Es sei $E_1:=(hF,ich^{-1}F)$. Dann ist $E_1\in H^1_{D_0}\times H^1_{D_0}$ nach den Voraussetzungen. Andererseits ist $\mathrm{Im}(\bar F_1G_1)>0$ für alle $z\in D_0$ mit $(F_1,G_1)=(hF,ich^{-1}F)$. Also ist $E_1\in E_{D_0}$. Wenn wir die charakterischen Koeffizienten a_{E_1} und b_{E_1} berechnen, dann erhalten wir

$$a_{(F_1,G_1)}=-\frac{\bar F_1(G_1)_{\bar z}-(F_1)_{\bar z}\bar G_1}{F_1\bar G_1-\bar F_1G_1}=\frac{F_{\bar z}}{F}=a_{(F,fF)},$$

$$b_{(F_1,G_1)}=\frac{F_1(G_1)_{\bar z}-(F_1)_{\bar z}G_1}{F_1\bar G_1-\bar F_1G_1}=\frac{Fh_{\bar z}}{\bar Fh}=-\frac{Ff_z}{\bar F(\bar f-f)}=-B_{(F,fF)}.$$

Also ist $\dot w$ eine Lösung der Differentialgleichung

$$(\dot w)_{\bar z}=a_{E_1}\dot w+b_{E_1}\bar{\dot w}.$$

Überdies ist $\dot w\in P_D(E_1)$, siehe etwa [3] Seite 44, woraus die Behauptung folgt.

SATZ5- Es sei $w\in P_D(F,fF)$. Wenn ${}_*w\in P_D(A)$ ist, dann ist entweder $w\in P^O_D(F,fF)$ oder (F,fF) reduziert sich zum äquipotenten Erzeugendenvektor (F,iF).

BEWEIS: Wenn $w\in P_D(F,fF)$ ist, dann ist die Funktion

(19) $${}_*w=\frac{\bar f-i}{F(\bar f-f)}w-\frac{f-i}{\bar F(\bar f-f)}\bar w$$

die (F,fF)-pseudoholomorphe Funktion 2.Art bezüglich w. Aus (19) erhält man durch die Ableitung nach $\bar z$

(20) $$({}_*w)_{\bar z}=\frac{f-i}{\bar f-f}\left[\frac{-\bar f_{\bar z}\,w}{F(\bar f-f)}-\left(\frac{\bar w}{\bar F}\right)_{\bar z}+\frac{\bar f_{\bar z}\bar w}{\bar F(\bar f-f)}\right].$$

Wenn ${}_*w\in P_D(A)$ ist, dann ist entweder $f\equiv i$ oder

(21) $$\left(\frac{w}{F}\right)_z=\frac{f_z}{f-\bar f}\left(\frac{w}{F}-\frac{\bar w}{\bar F}\right)$$

Aus (21) erhält man $\varphi_z+f\psi_z=0=\frac{d_{(F,fF)}w}{dz}$, d.h. $w\in P^O_D(F,fF)$.

4- DIE POTENZEN DER ELEMENTE VON $P_D(F,fF)$ UND $P_D(F,iF)$.

Es sei $F^f:=(F,fF)\in E_{D_0}$. Dann ist $F_n^f:=(F^n,fF^n)\in E_{D_0}$ mit $n\in\mathbb{Z}$. Wenn wir $f\equiv i$ wählen, so ist $F_n^i:=(F^n,iF^n)\in E_{D_0}$. Berechnen wir die charakterischen Koeffizienten bezüglich F_n^f und F_n^i, dann erhalten wir nach (1)

(22) $$a_{(F^n,fF^n)}=na_{(F,fF)},\ b_{(F^n,fF^n)}\equiv 0,\ A_{(F^n,fF^n)}=\frac{nF_z}{F}-\frac{f_z}{\bar{f}-f},$$

$$B_{(F^n,fF^n)}=\frac{F^n f_z}{\overline{F^n}(\bar{f}-f)}$$

und

(23) $$a_{(F^n,iF^n)}=na_{(F,iF)},\ b_{(F^n,iF^n)}\equiv 0,\ A_{(F^n,iF^n)}=nA_{(F,iF)},$$

$$B_{(F^n,iF^n)}\equiv 0.$$

<u>FOLGERUNG-</u> Die Erzeugendenvektoren F_n^f und F_n^i sind äquipotent.

<u>SATZ6-</u> Wenn $w\in P_D(F,fF)$ ist, so ist $w^n\in P_D(F^n,fF^n)$ mit $n\in\mathbb{Z}$ und $w\neq 0$ in D.

<u>BEWEIS:</u> Es sei $w\in P_D(F,fF)$. Weil die Ableitungen w_z und $w_{\bar{z}}$ in D existieren, besitzt w^n die Ableitungen nach z und $\bar{z}$ und $w^n\in H_D^1$. Andererseits kann man $w_{\bar{z}}$ vermöge

(24) $$w_{\bar{z}}=a_{(F,fF)}w+b_{(F,fF)}\bar{w}=a_{(F,fF)}w$$

darstellen. Multipliziert man beide Seiten von (24) mit nw^{n-1}, so ergibt sich

(25) $$(w^n)_{\bar{z}}=a_{(F^n,fF^n)}w^n.$$

Also ist $w^n\in P_D(F^n,fF^n)$. Der Satz6 ist damit vollständig bewiesen.

Wenn wir die (F^n,fF^n)-Ableitung von w^n berechnen, so erhalten wir

(26) $$\dot{(w^n)}=\frac{d_{(F^n,fF^n)}w}{dz}=nw^{n-1}\,[\dot{w}+\frac{f_z}{\bar{f}-f}w+B_{(F,fF)}\bar{w}]-\frac{f_z}{\bar{f}-f}w^n-B_{(F^n,fF^n)}\overline{w^n}.$$

<u>FOLGERUNG-</u> Wenn $w\in P_D(F,fF)$ ist, dann ist $w^n\in P_D(F^n,iF^n)$ mit $n\in\mathbb{Z}$ und es gilt

i) $(w^n)_{\bar{z}}=a_{(F^n,fF^n)}w^n$ ii) $\dot{(w^n)}=\frac{d_{(F^n,iF^n)}w^n}{dz}=nw^{n-1}\frac{d_{(F,iF)}w}{dz}$.

5-DARSTELLUNG DER REELWERTIGEN LÖSUNGEN DER DIFFERENTIALGLEICHUNG

$$h_{\bar{z}}=\frac{f_z h}{f-\bar{f}}.$$

Wir untersuchen in diesem Paragraph die reellwertigen Lösungen der Differentialgleichung

(27) $h_{\bar{z}}=\frac{f_z h}{f-\bar{f}}$

mit $f \in P_D(A)$ und $f=u+iv$.

Die Differentialgleichung (27) ist äquivalent zum reellen System

(28) $h_x=\frac{v_x}{v}h$

$h_y=-\frac{v_y}{v}h.$

Das System (28) lösbar nach W.Tutschke [4] genau dann, wenn die Relation

(29) $vv_{xy}-v_x v_y=0$

gilt. Löst man die Differentialgleichung (29) dann erhält man

$v(x,y)=\exp[p(x)+q(y)]$

wobei $p,q \in H^1_{D_0}$ reellwertige Funktionen sind. Weil die reellwertige Funktion v harmonisch sein muß, müssen die Funktionen p(x), q(y) die Relation

(30) $p_{xx}+q_{yy}+p_x^2+q_y^2=0$

erfüllen. Setzen wir die Funktion v in (28) ein, dann erhalten wir

(31) $h(x,y)=c_1\exp[p(x)-q(y)]$

mit $c_1 \in R$.

Somit haben wir den folgenden Satz erhalten:

<u>SATZ 7</u>- Die Funktion (31) ist eine reellwertige Lösung der Differentialgleichung (27), wenn (29) gültig ist.

<u>Ein Beispiel:</u> Wenn wir

$p(x)=\log(x+k_1)+k_2, q(y)=\log(y+k_3)+k_4$

mit $k_i \in R, i=1,2,3,4; (x+k_1)>0, (y+k_3)>0$ wählen, dann erfüllen die Funktionen p, q die Relation (30) Hieraus erhält man

(32) $h(x,y)=c_2[(x+k_1)/(y+k_3)], v(x,y)=c_3(x+k_1)(y+k_3)$

mit $c_2=\exp(k_2-k_4), c_3=\exp(k_2+k_4), v=\operatorname{Im}f>0$. Also kann man die holomorphe Funktion f in der Form

$$f(x,y)=c_3\{[\tfrac{1}{2}(x^2-y^2)+k_1x-k_3y]+k_5+i(x+k_1)(y+k_3)\}$$

wählen, wobei k_5 beliebige reelle Konstante ist. Außerdem erfüllen die Funktionen p, q, h, v, f die Relationen (27), (28), (29), (30)

6-DIE EIGENSCHAFTEN DER RÄUME $P_D(F^n,fF^n),P_D(F^n,iF^n)$.

Im SATZ 4 ist gezeigt worden,dass

$$\dot{w}=\frac{d(F,fF)^{w}}{dz}\in P_D(hF,ich^{-1}F)$$

mit $c\in\mathbb{R}^+$ ist,wenn $w\in P_D(F,fF)$ ist.Hierbei ist h eine reellwertige Lösung von (27). In SATZ 6 ist auch bewiesen woden,daß $w^n\in P_D(F^n,fF^n)$ ist, wenn $w\in P_D(F,fF)$ ist,wobei $n\in\mathbb{Z}$ und w^n die n-te Potenz von $w\in P_D(F,fF)$ ist.

SATZ 8- Es sei $w_n\in P_D(F^n,fF^n)$.Dann ist

$$\dot{w}_n=\frac{d_{(F^n,fF^n)}w_n}{dz}\in P_D(hF^n,ich^{-1}F^n)$$

mit $n\in\mathbb{Z},c\in\mathbb{R}^+,h\neq 0,h\in H^1_{D_0}$.

BEWEIS:Es sei $w_n\in P_D(F^n,fF^n)$.Es ist bekannt,daß

$$(33)\qquad (\dot{w}_n)_{\bar{z}}=\left[\frac{d_{(F^n,fF^n)}w_n}{dz}\right]_{\bar{z}}=a_{(F^n,fF^n)}\dot{w}_n-B_{(F^n,fF^n)}\bar{\dot{w}}_n$$

ist.Es sei $E_n:=(hF^n,ich^{-1}F^n)$.Es ist klar,daß $E_n\in E_{D_0}$ für alle $n\in\mathbb{Z}$ gilt. wenn wir die charakterischen Koeffizienten a_{E_n},b_{E_n} berechnen,dann erhalten wir

$$a_{E_n}\equiv a_{(hF^n,ich^{-1}F^n)}=n\frac{F_{\bar{z}}}{F}=(\log F^n)_{\bar{z}}=a_{(F^n,fF^n)}$$

$$b_{E_n}\equiv b_{(hF^n,ich^{-1}F^n)}=\frac{\overline{F^n h_{\bar{z}}}}{\overline{F^n}h}=\frac{F^n f_z}{\overline{F^n}(f-\bar{f})}=-\frac{F^n f_z}{\overline{F^n}(\bar{f}-f)}=-B_{(F^n,fF^n)}.$$

Also ist $\dot{w}_n$ eine Lösung der Differentialgleichung

$$(34)\qquad (\dot{w}_n)_{\bar{z}}=a_{(hF^n,ich^{-1}F^n)}\dot{w}_n+b_{(hF^n,ich^{-1}F^n)}\bar{\dot{w}}_n.$$

Hieraus ergibt sich $\dot{w}_n\in P_D(E_n)$.Somit ist der Satz vollständig bewiesen.

FOLGERUNG: Die Erzeugendenvektoren $E_n=(hF^n,ich^{-1}F^n)$ sind Nachfolger von $F^f_n:=(F^n,fF^n)$ für alle $n\in\mathbb{Z}$.

Weil die Erzeugendenvektoren $(F^n,fF^n),(F^n,iF^n)$ äquipotent sind, sind $F^n,iF^n\in P_D(F^n,fF^n)$[1].Also bildet die Klasse $P_D(F^n,fF^n)$ einen additiven Vektorraum über $\mathbb{C}$ für alle $n\in\mathbb{Z}$.

SATZ 9- Die größte Klasse in $P_D(E)$,die einen additiven Vektorraum über $\mathbb{C}$ bildet,ist in der Form $P_D(gF,fF)$ mit $f,g\in P_D(A)\cap H^1_{D_0}$ und $\mathrm{Im}(\bar{g}f)>0$ darstellbar.

---

1)Vergleiche etwa [3],Seite 40,Theo.9.5.

BEWEIS: Wir nehmen nun an, daß $P_D(E_1)$ neben $P_D(gF,fF)$ ein weiterer Unterraum von $P_D(E)$ ist, sodaß $P_D(E_1)$ unter der Bedingung $P_D(gF,fF) \subset\subset P_D(E_1)$ einen additiven Vektorraum über $\mathbb{C}$ bildet. Dann existiert ein Element w_1 von $P_D(E_1)$, sodaß $w_1 \notin P_D(gF,fF)$. Wenn $w_1 \in P_D(E_1)$ ist, dann erfüllt w_1 die Differentialgleichung

(35) $$(w_1)_{\bar z} = a_{E_1} w_1 + b_{E_1} \bar w_1 .$$

Es seien $\alpha \in \mathbb{C}$ mit $\operatorname{Im}\alpha \neq 0$ und $W := \alpha w_1$. Wir nehmen an, daß $W \in P_D(E_1)$ ist. Weil man

(36) $$W_{\bar z} = (\alpha w_1)_{\bar z} = a_{E_1}(\alpha w_1) + b_{E_1}(\alpha \bar w_1) + b_{E_1}(\overline{\alpha w_1}) - b_{E_1}(\overline{\alpha w_1})$$

$$= a_{E_1}(\alpha w_1) + b_{E_1}(\overline{\alpha w_1}) + b_{E_1}(\alpha \bar w_1 - \overline{\alpha w_1})$$

schreiben kann, muß $b_{E_1} \equiv 0$ sein. Denn es gilt $\alpha \bar w_1 - \overline{\alpha w_1} \neq 0$. Also ist die Erzeugendenvektor E_1 in der Form $E_1 = (gF_1, fF_1)$ darstellbar. Wenn wir $F = F_1$ wählen, dann ergibt sich $w_1 \in P_D(gF,fF)$. Das ist ein Widerspruch zur Behauptung $w_1 \notin P_D(gF,fF)$. Damit ist die Behauptung vollständig bewiesen.

FOLGERUNG: $P_D(E)$ bildet einen additiven Vektorraum über $\mathbb{C}$ genau dann, wenn $b_E \equiv 0$ ist.

FOLGERUNG: Die Räume $P_D(F^n, fF^n)$ bilden additive Vektorräume über $\mathbb{C}$ für alle $n \in \mathbb{Z}$.

FOLGERUNG: Die Erzeugendenvektoren (F^n, fF^n) und (gF^n, fF^n) sind äquipotent für alle $n \in \mathbb{Z}$.

SATZ 10- Es sei $w_{\nu_k} \in P_D(F^{\nu_k}, fF^{\nu_k})$ mit $\nu_k \in \mathbb{Z}$ und $\sum_{k=1}^{m} \nu_k = n$, m beliebig. Dann ist $w_n := \prod_{k=1}^{m} w_{\nu_k}$ eine Lösung der Differentialgleichung

(37) $$(w_n)_{\bar z} = a_{(F^n, fF^n)} w_n .$$

BEWEIS: Es sei $w_n := \prod_{k=1}^{m} w_{\nu_k}$. Nach Voraussetzung erfüllen w_{ν_k}, $k=1,\dots,m$ die Differentialgleichung

(38) $$(w_{\nu_k})_{\bar z} = a_{(F^{\nu_k}, fF^{\nu_k})} w_{\nu_k} .$$

Andererseits kann man

$$(w_n)_{\bar z} = \sum_{i=1}^{m} \prod_{\substack{k=1 \\ k \neq i}}^{m} w_{\nu_k} \cdot (w_{\nu_i})_{\bar z}$$

$$= \sum_{i=1}^{m} a_{(F^{\nu_i}, fF^{\nu_i})} \prod_{k=1}^{m} w_{\nu_k}$$

$$= \sum_{i=1}^{m} \nu_i a_{(F,fF)} \prod_{k=1}^{m} w_{\nu_k} \quad = n a_{(F,fF)} w_n \qquad = a_{(F^n, fF^n)} w_n$$

schreiben. Also erfüllt w_n die Differentialgleichung (37).

Somit ist die Behauptung bewiesen worden.

SATZ 11- Die Abbildung Θ, die man folgendermaßen definiert, existiert.

$$\Theta: \bigtimes_{k=1}^{n} P_D(F^{\nu k}, fF^{\nu k}) \longrightarrow P_D(F^m, iF^m)$$
$$(w_{\nu_1}, \ldots, w_{\nu_n}) \longrightarrow \Theta(w_{\nu_1}, \ldots, w_{\nu_n}) = \prod_{j=1}^{n} w_{\nu_j}$$

mit $\sum_{j=1}^{n} \nu_j = m$ und $w_{\nu_j} \in P_D(F^{\nu j}, fF^{\nu j})$.

Der Beweis ist klar.

FOLGERUNG: $P_D(F^k, fF^k) \subset P_D(F^k, iF^k)$ ist für alle $k \in \mathbb{Z}$ erfüllt.

7-DER RAUM $P_D(\beta F, ic\beta^{-1}F)$.

In diesem Paragraph behandeln wir den Raum $P_D(\beta F, ic\beta^{-1}F)$, wobei $c \in \mathbb{R}^+$, β reellwertige Funktion unter der Bedingung $\beta_{z\bar{z}}=0$ und $\beta \in H^1_{D_0}$, $\beta \neq 0$ in D_0 sind. Es ist klar, daß die Funktion β die Darstellung $\beta = \gamma + \bar{\gamma}$ mit $\gamma \in P_D(A)$ besitzt.

Es sei $E_0, E_1 \in E_{D_0}$ mit $E_0 := (F_0, G_0)$; $E_1 := (F_1, G_1)$. Wenn die Relation

(39) $F_1 = a_{11}F_0 + a_{12}G_0$
$G_1 = a_{21}F_0 + a_{22}G_0$

mit $a_{ij} \in \mathbb{R}$; $i,j=1,2$; $a_{11}a_{22} - a_{12}a_{21} > 0$ gilt, dann nennt man E_1 äquivalent zu E_0.[1)]
Man kann aus (39) erhalten, daß $a_{E_1} = a_{E_0}$, $b_{E_1} = b_{E_0}$ ist.

Nach L. Bers [3], Seite 41, heißt eine Folge $\{(F_\nu, G_\nu)\}, \nu \in \mathbb{Z}$ von Erzeugendenvektoren eine Erzeugendenfolge, wenn $(F_{\nu+1}, G_{\nu+1})$ Nachfolger von (F_ν, G_ν) ist. Man sagt, die Erzeugendenfolge $\{(F_\nu, G_\nu)\}_{\nu \in \mathbb{Z}} \subset E_{D_0}$ habe die Periode $\mu > 0$, wenn $(F_{\nu+\mu}, G_{\nu+\mu})$ zu (F_ν, G_ν) äquivalent ist.

K. W. Bauer und St. Ruscheweyh haben in [2] bei der Differentialgleichung

(40) $w_{\bar{z}} = c^* \bar{w}$

die Erzeugendenfolge $(F_\nu, G_\nu) :\equiv [(i\alpha_z)^\nu (\alpha+\bar{\alpha})^m, i(i\alpha_z)^\nu (\alpha+\bar{\alpha})^{-m}]$ erhalten. Hierbei sind

$$c^* := \frac{m\overline{\alpha_z}}{\alpha+\bar{\alpha}}$$

$\alpha \in P_D(A)$; $m \in \mathbb{N}$; $\nu \in \mathbb{Z}$.

Weil $c \in \mathbb{R}^+$; $\beta, F \in H^1_{D_0}$ sind, ist $(\beta F, ic\beta^{-1}F) \in E_{D_0}$. Wenn $w \in P_D(\beta F, ic\beta^{-1}F)$ ist, dann erfüllt w die Differentialgleichung

(41) $w_{\bar{z}} = (F_{\bar{z}}/F)w + (F\beta_{\bar{z}}/\bar{F}\beta)\bar{w}$.

1) Siehe etwa [3], Seite 37.

Es sei $E_\nu := [(i\beta_z)^\nu \beta F, ic(i\beta_z)^\nu \beta^{-1} F]$ mit $E_\nu \in E_{D_0}$ für alle $\nu \in \mathbb{Z}$; $\beta\beta_z \neq 0$ in D. Dann gilt

SATZ 12- Es seien $\beta_{z\bar{z}}=0$, β reellwertig, $\beta\beta_z \neq 0$ in D, $c \in \mathbb{R}^+$.

a) Die Folge E_ν, $\nu \in \mathbb{Z}$ ist eine Erzeugendenfolge im Bersischen Sinne.

b) Die Erzeugendenfolge besitzt die Periode $\mu>0$ genau dann, wenn

$\beta(x,y)=d+r(x\cos\theta_k-y\sin\theta_k)$ für $\mu=2\lambda$, $\lambda \in \mathbb{N}$, $d \in \mathbb{R}$, $r>0$ mit

$\theta_k=\frac{k\pi}{2\lambda}$, $k=1,2,\dots,4\lambda$,

bzw.

$\beta(x,y)=d+r(x\cos\theta_k-y\sin\theta_k)$ für $\mu=2\lambda-1$, $\lambda \in \mathbb{N}$, $d \in \mathbb{R}$, $r>0$ mit

$\theta_k=\frac{\pi}{2(2\lambda-1)}+\frac{k\pi}{2\lambda-1}$, $k=1,2,\dots,2(2\lambda-1)$.

BEWEIS: a) Wenn wir die charakterischen Koeffizienten a_{E_ν}, b_{E_ν} berechnen, so erhalten wir

(42) $$a_{E_\nu}=\frac{F_{\bar{z}}}{F},\quad b_{E_\nu}=\frac{(i\beta_z)^\nu F\beta_{\bar{z}}}{\overline{(i\beta_z)^\nu F}\beta}.$$

Weil

$$[(i\beta_z)^\nu \beta F]_{\bar{z}}=(i\beta_z)^\nu(\beta_{\bar{z}}F+\beta F_{\bar{z}})$$

$$=a_{E_\nu}(i\beta_z)^\nu \beta F+b_{E_\nu}\overline{(i\beta_z)^\nu \beta F}$$

und

$$[ic(i\beta_z)^\nu \beta^{-1}F]_{\bar{z}}=ic(i\beta_z)^\nu\left(-\frac{\beta_{\bar{z}}}{\beta^2}F+\beta^{-1}F_{\bar{z}}\right]$$

$$=a_{E_\nu}ic(i\beta_z)^\nu \beta^{-1}F+b_{E_\nu}\overline{[ic(i\beta_z)^\nu \beta^{-1}F]}$$

sind, stellen die Funktionen $F_\nu:=(i\beta_z)^\nu \beta F$, $G_\nu:=ic(i\beta_z)^\nu\beta^{-1}F$ partikuläre Lösungen der Differentialgleichung

(43) $$w_{\bar{z}}=a_{E_\nu}w+b_{E_\nu}\bar{w}$$

dar. Weil $\beta, F \in H^1_{D_0}$; $\beta\beta_z \neq 0$; $c \in \mathbb{R}^+$ sind, sind $E_\nu \in E_{D_0}$ für alle $\nu \in \mathbb{Z}$. Wenn wir die charakterischen Koeffizienten $a_{E_{\nu-1}}, B_{E_{\nu-1}}$ berechnen, dann erhalten wir

(44) $$a_{E_{\nu-1}}=\frac{F_{\bar{z}}}{F},\quad B_{E_{\nu-1}}=-\frac{(i\beta_z)^\nu F\beta_{\bar{z}}}{\overline{(i\beta_z)^\nu F}\beta}.$$

Also ist E_ν Nachfolger von $E_{\nu-1}$ für alle $\nu\in\mathbb{Z}$.Damit ist a) vollständig bewiesen worden.Der Beweis von b) ist wie in [2] Satz6 b),weil a_{E_ν} für alle $\nu\in\mathbb{Z}$ unabhängig von ν ist.

LITERATUR:

[1] K.W.BAUER-On a differential equation in the theory of pseudoholomorphic functions.J.Math.Soc.Japan,30,457-461 (1978).

[2] K.W.BAUER und St.RUSCHEWEYH-Ein Darstellungssatz für eine Klasse pseudoanalytischer Funktionen,Ber.d.Gesellsch.f.Math.und Datenv. Bonn,Nr.75,3-15 (1973).

[3] L.BERS-Theory of Pseudo-Analytic Functions.New York University, 1953.

[4] W.TUTSCHKE-Pseudoholomorphe Exponentialfunktion,Wiss.Beitr. Martin Luther Universität,Halle-Wittenberg,R.M.1970,No.1(M2),1971,115-121 und Beitr.Analysis1,1971,115-121.

[5] W.TUTSCHKE-Konstruktion von Lösungen gewisser spezieller elliptischer Differentialgleichungen zweiter Ordnung(in der Ebene) durch Zurückführung auf die inhomogene Cauchy-Riemannsche Differentialgleichung,Math.Nachr.82,(1978),69-75.

[6] I.N.VEKUA-Verallgemeinerte analytische Funktionen,Akademie Verlag,Berlin (1963).

[7] C.WITHALM-Main generating systems of pseudoholomorphic Functions Mathematica Balkanica 11,(1981),Belgrad.

[8] C.WITHALM-Über algebraische Strukturen pseudoanalytischer Funktionen,Glasnik Matematički,Nr.2,(1974),233-240.

[9] C.WITHALM-Über gewisse Vektorräume pseudoholomorpher Funktionen, Publications de L'Institut Mathematique Nouvelle Seri,tome 19 (33),(1975),pp.181-187.

[10] C.WITHALM-Über das Ähnlichkeitsprinzip für hyperpseudoholomorphe Funktionen,Publicationes Mathematicae,Tom 24,Fac.3-4, Debrecen,(1977),221-227.

Dr.Kerim KOCA

Die naturwissenschaftliche Fakultät
der Universität Ankara-06100
Besevler-ANKARA

TÜRKEI.

Quasisymmetric functions and harmonic analysis

Jan G. Krzyż

1. Quasisymmetric functions

It was noticed long ago that for some theorems of complex analysis conformality is not essential, e.g. the domain invariance and the argument principle have a topological character. On the other hand, many theorems on conformal mappings remain valid under a weaker assumption of quasiconformality, but have no counterparts for topological mappings. This holds e.g. for the Osgood-Taylor-Carathéodory theorem. Thus any quasiconformal automorphism(=sense-preserving homeomorphic self-mapping) of a Jordan domain G has a homeomorphic extension to its closure $\bar{G}$ and generates this way an automorphism of the boundary curve ∂G. Consequently, a natural problem of boundary correspondence under quasiconformal (abbreviated: qc) mappings was raised: For a Jordan domain G characterize automorphisms of the boundary curve ∂G generated by qc automorphisms of G.

A conformal mapping of G onto the upper half-plane U reduces the problem to automorphisms of the extended real axis $\bar{\mathbb{R}}$. As shown by Beurling and Ahlfors [3], automorphisms h of $\bar{\mathbb{R}}$ generated by qc automorphisms of U with a fixed boundary point at infinity can be characterized by the condition

$$(1) \qquad M^{-1} \leqslant \frac{h(x+t)-h(x)}{h(x)-h(x-t)} \leqslant M \quad ; \qquad t,x \in \mathbb{R} \ , \ t \neq 0 \ .$$

Functions h satisfying (1.1) are called quasisymmetric on $\mathbb{R}$ and the condition (1.1) is referred to as the M-condition, cf. [1] .

The necessity of the M-condition was obtained by considering quadrilaterals Q that arise from U by distinguishing the boundary points $x-t, x, x+t, \infty$, so that the module mod $Q=1$.

The module of the image quadrilateral Q' under a K - qc automorphism of U satisfies the inequality $K^{-1} \leqslant \text{mod } Q' \leqslant K$ and hence (1.1) with $M=M(K)$ follows.
On the other hand, the proof of sufficiency of (1.1) was obtained by an explicit formula for a qc extension $x+iy \to u+iv$ on U of the given boundary correspondence h:

$$(1.2) \qquad u(x,y)=(2y)^{-1}\int_{-y}^{y} h(x+t)dt, \quad v(x,y)=(2y)^{-1}\int_{-y}^{y} [h(x+t)-h(x-t)]dt,$$

cf. [1], [8] .

However, there are two one-parameter configurations involving boundary points: a quadrilateral and a Jordan domain with distinguished one interior point and two points on the boundary, [2] .
ıerefore we may expect that the boundary correspondence generated by quasiconformal automorphisms with a fixed interior point may be described in terms of the characteristic conformal invariant of the latter configuration, the harmonic measure.
Actually, the assumption of the existence of an interior fixed point does not mean any loss of generality.
In fact, given a qc automorphism f of G and an arbitrary point $z_0 \in G$, we can easily find a qc automorphism $g=l \circ f$ of G, with the same boundary correspondence as f, which has z_0 as a fixed point.

The mapping l is a qc automorphism of G that keeps the points of ∂G fixed and carries $f(z_0)$ into z_0. It corresponds after a conformal mapping of G onto U to the affine mapping

$$L(w) = (w_1-\bar{w}_1)^{-1} [(w_2-\bar{w}_1)w + (w_1-w_2)\bar{w}], \quad w_1, w_2 \in U .$$

Evidently $L(w_1)=w_2$, $L(x)=x$ for any $x \in \mathbb{R}$.

We now state the solution of the boundary correspondence problem in terms of harmonic measure. Due to its conformal invariance we can do it for the case of the unit disk $\mathbb{D}$. Let $|\alpha|$ stand for the harmonic measure of an open subarc α of $T = \partial\mathbb{D}$ w.r.t. the origin.

Theorem 1 , [6]. An automorphism f of T admits an extension to a qc automorphism F of $\bar{\mathbb{D}}$ if and only if it satisfies the following condition: There exists a constant M such that for any pair of disjoint adjacent open subarcs α_1, α_2

$$(1.3) \qquad |\alpha_1| = |\alpha_2| \quad \text{implies} \quad |f(\alpha_1)|/|f(\alpha_2)| \leq M .$$

An automorphism f of T satisfying (1.3) may be called a quasisymmetric function on T and the above stated approach to the boundary correspondence has several advantages. First of all , the condition (1.3) is conformally invariant. Moreover, no boundary point is distinguished in (1.3), contrary to the condition (1.1) , where the boundary point ∞ plays a special role. It should be mentioned that in a recent paper Douady and Earle have obtained an explicit qc extension of an automorphism f of T satisfying (1.3) that is also based on the notion of harmonic measure but does not refer to the formulas (1.2).

In order to present their result we need some definitions. Given a probability measure μ on T , we call the point $B(\mu) = \int_T w \, d\,\mu(w)$ the barycenter of the measure μ .
If f is an automorphism of T and $\omega_z(A)$ denotes the harmonic measure of a Borel subset A of T w.r.t.z , then we can associate with any point $z \in \mathbb{D}$ a probability measure $\mu_z(A) = \omega_z(f^{-1}(A))$ on T and its barycenter $B(\mu_z) = F(z)$. Now, we state their result in a slightly modified form which takes (1.3) into account.

Theorem 2 , [4] . An automorphism f of T can be extended by the mapping $F : z - B(\mu_z)$, $z \in \mathbb{D}$, to an automorphism of $\bar{\mathbb{D}}$. If f satisfies (1.3) then F is qc. Moreover, the dependence $F = E(f)$ satisfies the condition of conformal naturality : $E(g \circ f \circ h) = g \circ E(f) \circ h$, where g,h are arbitrarily chosen Moebius transformations.

Theorem 1 was used in [6] to give a new characterization of quasicircles, i.e. the image curves of circles under qc automorphisms of the extended plame. We have the following

Theorem 3 , [6] . Let L be a Jordan curve in the extended plane and let G, G^* be its complementary domains. The curve L is a quasicircle if and only if there exist two points $z \in G$, $z^* \in G^*$ and a constant $M \geq 1$ such that for any pair of adjacent disjoint open subarcs α_1, α_2 of L such that $\omega(z, \alpha_1; G) = \omega(z, \alpha_2; G)$ we have $\omega(z^*, \alpha_1; G^*)/\omega(z^*, \alpha_2; G^*) \leq M$.

If $w = F(z)$ is a qc extension to $\bar{\mathbb{D}}$ of a given quasisymmetric function on T with $F(0)=0$, then simultaneous mappings $Z = -i \log z$, $W = -i \log w$ of $\mathbb{D} \setminus \{0\}$ generate a qc automorphism of U which induces the boundary corespondence h satisfying (1.1) and $h(x+2\pi) = h(x)+2\pi$. Consequently, $\sigma(x) = h(x)-x$ is a continuous, periodic function of period 2π . This implies the following

Corollary 1 , [5],[7] . Boundary correspondence under qc mappings of Jordan domains can be characterized by a continuous, periodic function σ of period 2π which satisfies for some $M \geq 1$ the condition

$$M^{-1} \leq \frac{t+ \sigma(x+t) - \sigma(x)}{t+ \sigma(x) - \sigma(x-t)} \leq M \; ; \; t,x \in \mathbb{R}, \; t \neq 0 \; . \tag{1.4}$$

The function σ may be considered as the deviation from identity of an induced automorphism of the boundary curve.

2. Classical harmonic analysis and the class $\mathcal{E}(M)$

Let $\mathcal{E}(M)$ denote the class of functions σ defined above. Obviously any σ determines a welding homeomorphism leading to a quasicircle and thus to a point of the universal Teichmüller space, cf. [8],[9] . For this reason alone $\mathcal{E}(M)$ deserves more detailed investigation. Without loss in generality we may assume that any $\sigma \in \mathcal{E}(M)$ is subject to the normalization

$$(2.1) \qquad \int_0^{2\pi} \sigma(x)dx = 0$$

The functions $\sigma \in \mathcal{E}(M)$ have many nice properties from the point of view of the classical harmonic analysis.
They are continuous, of monotonic type and of bounded variation. Since $h(x) = x+\sigma(x)$ is quasisymmetric on $\mathbb{R}$, σ and h share many properties. Due to periodicity of σ many local properties of h become the global ones. E.g. we have for any $x \in \mathbb{R}$ and $\sigma \in \mathcal{E}(M)$

$$(2.2) \qquad |\sigma(x+t)-\sigma(x)| \leqslant 2\pi(t/\pi)^{\alpha} , \quad 0 \leqslant t < \pi ,$$

where

$$(2.3) \qquad \alpha = \log_2(1+M^{-1}) ,$$

i.e. σ belongs to the familiar class Λ_{α} , cf. [10] .

In order to gain more information on functions $\sigma \in \mathcal{E}(M)$ we need various norm estimates of σ . We have e.g. the following

Theorem 4 , [7] . If $\sigma \in \mathcal{E}(M)$ then the **supremum norm** $\|\sigma\| = \sup\{ |\sigma(x)| : x \in \mathbb{R}\}$ satisfies

$$(2.4) \qquad \|\sigma\| \leqslant m ,$$

where

$$(2.5) \qquad m = \pi(M-1)/(M+1) .$$

The quantity m just defined also appears in many other estimates. We have e.g.

$$(2.6) \qquad \int_0^{2\pi} |\sigma(x)|\,dx \leqslant \pi m \ , \qquad \int_0^{2\pi} |\sigma(x)|^2 dx \leqslant \pi m^2 \ .$$

The Fourier series of $\sigma \in \mathcal{E}(M)$ may be preferably written in the form

$$(2.7) \qquad \sigma(x) = \sum_{n=1}^{\infty} \rho_n \sin(nx+x_n) \ ,$$

where $\rho_n \sin(nx+x_n) = a_n \cos nx + b_n \sin nx$, $\rho_n = (a_n^2 + b_n^2)^{1/2}$

Theorem 5 , [7] . The series $\sum_{n=1}^{\infty} \rho_n$ is convergent and

$$(2.8) \qquad \sum_{n=1}^{\infty} \rho_n \leqslant m + \pi\sqrt{2}\,[M + \sqrt{M(M+1)}\,] := \rho(M) \ .$$

The sharp bounds of Fourier coefficients ρ_n involve the constant $c(M)$ defined as follows:

$$(2.9) \qquad c(M) = \sup\{\rho_1(\sigma) : \sigma \in \mathcal{E}(M)\} \ .$$

We have the following estimate:

$$(2.10) \qquad \frac{2m}{\pi}\left[1 + \frac{2\sqrt{M}}{1+M}\right]^{-1} \leqslant c(M) \leqslant 2[\,1 - \exp(-\rho(M))\,]$$

Then we can state

Theorem 6 , [7] . For any $n \in \mathbb{N}$

$$(2.11) \qquad \sup\{\rho_n(\sigma) : \sigma \in \mathcal{E}(M)\} = c(M)/n \ .$$

From (2.8) and (2.11) we obtain

$$(2.12) \qquad \sum_{n=1}^{\infty} n\varrho_n^2(\sigma) \leq c(M)\pi\varrho(M) .$$

Consequently, the harmonic function $u(z)$, $|z| < 1$, with boundary values $u(e^{ix}) = \sigma(x)$ has a finite Dirichlet integral.

There is an interesting connection of functions $\sigma \in \mathscr{E}(M)$ with univalent functions of the familiar class S .

Put $q(e^{ix}) = i\,[\sigma(x)+i\tilde{\sigma}(x)]$ where $\tilde{\sigma}$ is the Fourier conjugate of σ . Since $\sigma \in \Lambda_\alpha$, also $\tilde{\sigma} \in \Lambda_\alpha$, cf. [10] . Hence q has a holomorphic extension on $\mathbb{D}$ which is Hölder continuous in $\bar{\mathbb{D}}$ with the exponent α . It is easily verified that

$$(2.13) \qquad F(z) = z \exp q(z)$$

is a starlike univalent function in $\mathbb{D}$.
In fact, $\arg F(e^{ix}) = \operatorname{Im} \log F(e^{ix}) = x+\sigma(x)\cdot$ which increases strictly by 2π over $[0;2\pi]$. Since $|F''(0)| = \varrho_1(\sigma)$, it seems that powerful tools developed in the theory of univalent functions could help in establishing a sharp bound for the constant $c(M)$.

Obviously, F maps the unit disk onto a bounded Jordan domain contained in the disk $|w| < R = \exp \max\{|\tilde{\sigma}(x)| : x \in \mathbb{R}\}$. The bound of the Fourier conjugate $\tilde{\sigma}$ of σ is given in the following

Theorem 7 , [7] . If $\sigma \in \mathscr{E}(M)$ then for any $x \in \mathbb{R}$

$$(2.14) \qquad |\tilde{\sigma}(x)| < 4^{1/(1+\alpha)} (1+\frac{1}{\alpha})(2^{1-\alpha}-1)^{\alpha/(1+\alpha)}$$

where α is given by (2.3) .

References

[1] Ahlfors, L.V.: Lectures on quasiconformal mappings. D.Van Nostrand Co. , Princeton-Toronto-New York-London 1966 .

[2] Ahlfors, L.V.: Conformal invariants. Topics in geometric function theory. Mc Graw-Hill, New York 1973.

[3] Beurling, A. and L.V. Ahlfors: The boundary correspondence under quasiconformal mappings. Acta Math. 96 (1956) , 125-142 .

[4] Douady, A. and C.J. Earle: Conformally natural extension of homeomorphisms of the circle, Acta Math. 157 (1986), 23-48 .

[5] Krzyż, J.G.: Boundary correspondence under quasiconformal mappings revisited. Ann.Univ. M.Curie-Skłodowska, Sect. A (Math.) 40 (1986), 105-113 .

[6] Krzyż, J.G.: Quasicircles and harmonic measure. Ann.Acad.Sci. Fenn.Ser. A. I.Math. 12 (1987), 19-24 .

[7] Krzyż, J.G.: Harmonic analysis and boundary correspondence under quasiconformal mappings (to appear).

[8] Lehto, O. and K.I. Virtanen: Quasiconformal mappings in the plane. Springer-Verlag, Berlin-Heidelberg-New York 1973 .

[9] Lehto, O.: Univalent functions and Teichmüller spaces. Springer-Verlag, New York-Berlin-Heidelberg-London-Paris-Tokyo 1987 .

[10] Zygmund, A.: Trigonometric series, vol.1 . Cambridge University Press, Cambridge 1968 .

Bemerkungen zum Vier-Punkte-Satz

Erwin Mues
Institut für Mathematik der Universität Hannover,
Welfengarten 1, D-3000 Hannover 1,
Bundesrepublik Deutschland

1. Einleitung

In dieser Arbeit verstehen wir unter einer meromorphen Funktion stets eine in der Ebene meromorphe Funktion.

Wir benutzen die folgende Definition: Zwei meromorphe Funktionen f und g teilen den Wert $a \in \hat{\mathbb{C}}$, wenn jede a-Stelle von f eine a-Stelle von g ist und umgekehrt. Wir sagen, daß f und g den Wert a CM (counting multiplicities) teilen, wenn a geteilt wird und wenn eine k-fache a-Stelle z_0 von f auch eine k-fache a-Stelle von g ist, $k = k(z_0)$. Im Gegensatz zu Teilen CM benutzt man auch die Bezeichnung Teilen IM (ignoring multiplicities) für das gewöhnliche Teilen. Schließlich spricht man von Teilen DM (different multiplicities), wenn der Wert a zwar geteilt wird, aber die jeweiligen Vielfachheiten nicht übereinstimmen.

Wir benutzen die üblichen Bezeichnungen der Nevanlinna-Theorie, also $m(r,f)$, $N(r,f)$, $T(r,f)$. Mit $\overline{N}(r,f)$ wird die Anzahlfunktion der Pole bezeichnet, wobei jede Polstelle ohne Berücksichtigung der Vielfachheit nur einfach gezählt wird. Schließlich sei $N_1(r,f) = N(r,f) - \overline{N}(r,f)$. Mit $S(r,f)$ werde jede Größe bezeichnet, die ein $o(T(r,f))$ ist für $r \to \infty$ mit eventueller Ausnahme einer Menge von endlichem Lebesgue-Maß.

Wir setzen voraus, daß der Leser mit den grundlegenden Tatsachen und Hilfsmitteln der Nevanlinna-Theorie vertraut ist (siehe z.b [3]), wie etwa mit dem Satz über die Schmiegungsfunktion der logarithmischen Ableitung

$$m\left(r, \frac{f'}{f}\right) = S(r,f)$$

und seinen Folgerungen, etwa

$$m\left(r, \frac{f^{(k)}}{f^{(p)}}\right) = S(r,f), \quad 0 \le p < k,$$

oder

$$m\left(r, \frac{f'}{(f-a_1)\cdots(f-a_q)}\right) = S(r,f);$$

hier sind die a_ν paarweise verschieden.

R. Nevanlinna bewies die folgenden beiden wohlbekannten Sätze.

Satz A (Fünf-Punkte-Satz, [5, p. 109]). *Teilen zwei nichtkonstante meromorphe Funktionen f und g fünf Werte* IM, *dann ist $f = g$.*

Satz B (Vier-Punkte-Satz [5, p. 122]). *Wenn zwei verschiedene nichtkonstante meromorphe Funktionen f und g vier Werte $a_1, \ldots, a_4$* CM *teilen, dann ist $g = T \circ f$ mit einer Möbiustransformation T. Es ist weiter $T(a_1) = a_1$, $T(a_2) = a_2$, $T(a_3) = a_4$ und $T(a_4) = a_3$. Damit sind a_3 und a_4 Picardsche Ausnahmewerte von f und g, und für das Doppelverhältnis der vier Punkte hat man $(a_1, a_2, a_3, a_4) = -1$.*

Es ist nun nicht möglich, in Satz B die Bedingung CM durch IM zu ersetzen. Dazu sei mit einer nichtkonstanten ganzen Funktion γ

$$f = \frac{e^\gamma + 1}{(e^\gamma - 1)^2}, \quad g = \frac{1}{8}\frac{(e^\gamma + 1)^2}{e^\gamma - 1}.$$

f und g teilen die vier Werte 0, ∞, 1 und $-\frac{1}{8}$, und zwar DM in jedem Punkt!

Dieses Beispiel stammt von Gundersen [1], der auch zeigte, daß man in Satz B die Bedingung, daß alle vier Werte CM geteilt werden, durch die folgende ersetzen kann: drei Werte werden CM geteilt, ein vierter Wert wird IM geteilt. Unter diesen Voraussetzungen bleibt das Ergebnis von Satz B noch richtig. Es gilt sogar

Satz C [2]. *Wenn zwei verschiedene meromorphe Funktionen vier Werte teilen, und zwar zwei* CM *und zwei* IM, *dann bleibt das Ergebnis von Satz* B *richtig.*

f und g mögen den Wert a IM teilen. Es bezeichne $N_0\left(r, \frac{1}{f-a}\right)$ die Anzahlfunktion derjenigen a-Stellen von f (und auch von g), in denen a CM geteilt wird. Diese Stellen sollen in N_0 ohne Berücksichtigung der Multiplizität nur einfach geteilt werden. Es sei dann

$$\tau(a) = \liminf_{r \to \infty} \frac{N_0\left(r, \frac{1}{f-a}\right)}{\overline{N}\left(r, \frac{1}{f-a}\right)},$$

falls a-Stellen auftreten, $\tau(a) = 1$ sonst.

Man beachte: Wird a CM geteilt, dann ist $\tau(a) = 1$; für einen stets DM geteilten Wert ist $\tau(a) = 0$. Die zur Zeit weitreichendste Version des Vier-Punkte-Satzes ist

Satz D [4]. *Es seien f und g zwei verschiedene nichtkonstante meromorphe Funktionen, die vier Werte teilen. Einer der geteilten Werte werde* CM *geteilt. Für einen weiteren geteilten Wert b gelte $\tau(b) > \frac{2}{3}$. Dann bleiben die Folgerungen in Satz* B *richtig.*

Wird zusätzlich vorausgesetzt, daß das Doppelverhältnis der vier Werte schon -1 *ist, dann genügt die Bedingung* $\tau(b) > \frac{1}{2}$.

2. Ergebnisse

Es ist ein offenes Problem, ob man das Ergebnis von Satz B erhält, wenn nur einer der vier geteilten Werte als CM geteilt vorausgesetzt wird, die anderen drei dagegen nur als IM.

Wir werden hier zeigen, daß es für den Fall ,ein Wert CM, drei Werte IM' kein Gegenbeispiel vom Gundersen-Typ gibt, also drei Werte DM, wenn zusätzlich gefordert wird, daß der CM geteilte Wert Picardscher Ausnahmewert von f und g ist.

Die Eigenschaft zweier meromorpher Funktionen, einen Wert CM, IM oder DM zu teilen, ist invariant gegenüber Möbiusabbildungen: Wird a geteilt, dann teilen $T \circ f$ und $T \circ g$ den Wert $T(a)$ CM, IM oder DM. Wir können so o.B.d.A. annehmen, daß der CM geteilte Wert, der ja Picardscher Ausnahmewert sein soll, der Wert ∞ ist.

Satz 1. *Es gibt kein Paar von ganzen Funktionen f und g, das drei komplexe Zahlen* DM *teilt.*

Wir beachten zunächst, daß die Zahl 3 bestmöglich ist. Mit

$$g(z) = e^z + \frac{1}{2} \quad \text{und} \quad f = \frac{g^2}{2g-1}$$

hat man zwei ganze Funktionen, die die beiden Werte 0 und 1 DM teilen.

3. Zwei Hilfssätze

Wir stellen im folgenden Hilfssatz eine Reihe von wesentlichen Eigenschaften zweier meromorpher Funktionen, die vier Werte IM teilen, zusammen. Diese Tatsachen sind nicht neu, aber hier so formuliert, daß es für unsere spätere Anwendung geeignet ist.

Hilfssatz 1 (vergl. auch [4]). *Die nichtkonstanten meromorphen Funktionen f und g, $f \neq g$, mögen vier Werte $a_1, \ldots, a_4$* IM *teilen. Dann gilt:*

$$T(r,f) = T(r,g) + S(r,f), \quad T(r,g) = T(r,f) + S(r,g), \tag{1}$$

$$\sum_{j=1}^{4} \overline{N}\left(r, \frac{1}{f-a_j}\right) = 2T(r,f) + S(r), \tag{2}$$

$$m\left(r, \frac{1}{f-g}\right) = S(r). \tag{3}$$

Es sei $N^*(r)$ die Anzahlfunktion der Stellen, wo ein Wert $d \neq a_j$ mehrfach angenommen wird, und derjenigen Stellen, wo ein geteilter Wert von f und g gleichzeitig mehrfach angenommen wird. In $N^*(r)$ werde jede Stelle mit um Eins verminderter Vielfachheit gezählt (also $k-1$-fach, wenn k die Vielfachheit einer d-Stelle ist und $\min(p,q)-1$*-fach, wenn p bzw. q die Vielfachheiten für den geteilten Wert a_j sind). Dann ist*

$$N^*(r) = S(r).$$

Wir schreiben hier stets $S(r)$, da jedes $S(r,f)$ ein $S(r,g)$ ist und umgekehrt.

Beweis: Es seien zunächst $a_1, \ldots, a_4 \in \mathbf{C}$. Nach dem zweiten Hauptsatz ist

$$\begin{aligned} 2T(r,f) &\leq \sum_{j=1}^{4} \overline{N}\left(r, \frac{1}{f-a_j}\right) + S(r,f) \leq N\left(r, \frac{1}{f-g}\right) + S(r,f) \\ &\leq T(r, f-g) + S(r,f) \leq T(r,f) + T(r,g) + S(r,f), \end{aligned}$$

also

$$T(r,f) \leq T(r,g) + S(r,f).$$

Vertauscht man f und g, dann folgt (1), und da in der Ungleichungskette überall das Gleichheitszeichen stehen muß, folgt auch (2) und (3). Insbesondere steht also das Gleichheitszeichen im zweiten Hauptsatz für f und für g, und das bedeutet, daß die Schmiegungsfunktion für jeden von $a_1, \ldots, a_4$ verschiedenen Wert ein $S(r)$ ist.

Ist $a_4 = \infty$, dann bleiben (1) und (2) natürlich richtig (man wende eine geeignete Möbiustransformation an). (3) bleibt aber auch richtig! Denn ist $b \neq a_j$ und $F = \frac{1}{f-b}$, $G = \frac{1}{g-b}$, dann teilen F und G vier Werte aus $\mathbf{C}$, wir haben (3) für F und G und wissen wegen der eben gemachten Bemerkung, daß $m(r,F) + m(r,G) = S(r)$ gilt. Wegen

$$\frac{1}{f-g} = \frac{FG}{G-F}$$

folgt

$$m\left(r, \frac{1}{f-g}\right) \leq m\left(r, \frac{1}{F-G}\right) + m(r,F) + m(r,G) = S(r).$$

Um $N^*(r)$ abzuschätzen, setzen wir jetzt o.B.d.A. voraus, daß 0, 1, ∞ und c die von f und g geteilten Werte sind. Es sei

$$\psi = \frac{f'g'(f-g)^2}{f(f-1)(f-c)g(g-1)(g-c)}. \tag{4}$$

Es ist $\psi(z) \not\equiv 0$, sonst wäre $f = g$, oder eine der beiden Funktionen wäre konstant. Wir haben

$$\begin{aligned} m(r,\psi) &\le m\left(r, \frac{f'f}{(f-1)(f-c)}\right) + m\left(r, \frac{f'}{(f-1)(f-c)}\right) \\ &+ m\left(r, \frac{f'}{f(f-1)(f-c)}\right) + m\left(r, \frac{g'g}{(g-1)(g-c)}\right) \\ &+ m\left(r, \frac{g'}{(g-1)(g-c)}\right) + m\left(r, \frac{g'}{g(g-1)(g-c)}\right) + O(1) \\ &= S(r,f) + S(r,g) = S(r), \end{aligned}$$

denn es treten nur Linearkombinationen von logarithmischen Ableitungen auf.

Ist $f(z^*) = 0,\ 1,\ \infty$ oder c mit Vielfachheit p und $g(z^*) = 0,\ 1,\ \infty$ oder c mit Vielfachheit q, dann ist

$$\psi(z) = O((z - z^*)^s) \text{ mit } s = 2\min(p,q) - 2.$$

Da Pole von ψ höchstens an den Stellen z^* auftreten können, sieht man, daß ψ eine ganze Funktion ist. Damit ist

$$T(r,\psi) = m(r,\psi) = S(r). \tag{5}$$

Weiter sieht man, daß jede in $N^*(r)$ gezählte Stelle als Nullstelle von ψ auftritt mit mindestens der in $N^*(r)$ gezählten Vielfachheit. Also ist

$$N^*(r) \le N\left(r, \frac{1}{\psi}\right) \le T(r,\psi) + O(1) = S(r).$$

Damit ist der Hilfssatz bewiesen.

Wir benötigen weiter

Hilfssatz 2. *Die meromorphen Funktionen f und g, $f \neq g$, mögen vier Werte* IM *teilen. Dann ist*

$$\begin{aligned} & m\left(r, \frac{f}{f-g}\right) + m\left(r, \frac{g}{f-g}\right) + m\left(r, \frac{f'}{f-g}\right) \\ & + m\left(r, \frac{g'}{f-g}\right) + m\left(r, \frac{f'g'}{f-g}\right) = S(r). \end{aligned} \tag{6}$$

Beweis: Die Funktionen $F = \frac{1}{f}$ und $G = \frac{1}{g}$ teilen vier Werte IM. Es ist

$$\frac{fg}{f-g} = \frac{1}{G-F}.$$

Hilfssatz 1 (3) auf F und G angewandt liefert

$$m\left(r, \frac{fg}{f-g}\right) = S(r). \tag{7}$$

Nun ist

$$\left(\frac{f}{f-g}\right)^2 = \frac{f}{f-g} + \frac{fg}{(f-g)^2}.$$

Es folgt

$$2m\left(r, \frac{f}{f-g}\right) \leq m\left(r, \frac{f}{f-g}\right) + m\left(r, \frac{fg}{f-g}\right) + m\left(r, \frac{1}{f-g}\right) + O(1)$$

und damit

$$m\left(r, \frac{f}{f-g}\right) = S(r) \tag{8}$$

wegen (3) und (7). Also ist der erste Summand in (6) ein $S(r)$ und damit auch der zweite, wenn man f und g vertauscht. Weiter ist

$$m\left(r, \frac{f'}{f-g}\right) \leq m\left(r, \frac{f'}{f}\right) + m\left(r, \frac{f}{f-g}\right) = S(r)$$

wegen (8). Damit ist der dritte Summand in (6) ein $S(r)$ und analog auch der vierte. Schließlich ist

$$m\left(r, \frac{f'g'}{f-g}\right) \leq m\left(r, \frac{f'}{f}\right) + m\left(r, \frac{g'}{g}\right) + m\left(r, \frac{fg}{f-g}\right) = S(r)$$

wegen (7). Damit ist (6) bewiesen.

4. Beweis von Satz 1

Wir führen den Beweis indirekt und nehmen an, es gebe zwei nichtkonstante ganze Funktionen f und g, die drei Werte DM teilen. Es muß dann $f \not\equiv g$ sein und wir können annehmen, daß 0 und 1 zwei dieser Werte sind. Der dritte geteilte Wert sei dann c. Es sei

$$\chi = \frac{f'^2 g'^2 (f-g)}{f(f-1)(f-c)g(g-1)(g-c)}.$$

Wir bemerken, daß $\chi(z) \not\equiv 0$ ist. Ist z^* eine Stelle, in der f und g einen der geteilten Werte annehmen, und zwar f mit Vielfachheit p, g mit Vielfachheit q, dann ist

$$\chi(z) = O((z-z^*)^t) \text{ mit } t = p + q - 4 + \min(p, q). \tag{9}$$

Wegen $p \neq q$ sei etwa $p > q$, und damit ist

$$t \geq 3q + 1 - 4 = 3(q-1) \geq 0.$$

Also ist χ eine ganze Funktion, denn Pole von χ können höchstens an den Stellen z^* auftreten. Nun ist

$$\chi = \frac{f'g'}{f-g} \cdot \psi,$$

wobei ψ in (4) definiert ist. Also hat man

$$T(r,\chi) = m(r,\chi) \leq m\left(r, \frac{f'g'}{f-g}\right) + m(r,\psi) = S(r)$$

wegen (5) und (6).

Diejenigen Stellen z^*, für die $p > 1$ und $q > 1$ ist, werden in $N^*(r)$ gezählt, treten also nur $S(r)$ oft auf. Diejenigen Stellen z^*, für die $p \geq 3$ und $q = 1$ bzw. $q \geq 3$ und $p = 1$ ist, sind wegen (9) Nullstellen von χ. Wegen $N\left(r, \frac{1}{\chi}\right) \leq T(r,\chi) + O(1) = S(r)$ treten aber auch diese Stellen nur $S(r)$ oft auf.

Es bleiben also nur Stellen z^*, für die $p = 2$ und $q = 1$ bzw. $p = 1$ und $q = 2$ ist. Jede dieser Stellen liefert eine einfache Nullstelle von f' bzw. g'. Weitere Nullstellen von f' und g' treten aber nach Hilfssatz 1 nur $S(r)$ oft auf. Damit ist

$$\overline{N}\left(r, \frac{1}{f}\right) + \overline{N}\left(r, \frac{1}{f-1}\right) + \overline{N}\left(r, \frac{1}{f-c}\right) = N\left(r, \frac{1}{f'}\right) + N\left(r, \frac{1}{g'}\right) + S(r).$$

Wegen $N(r,f) \equiv 0$ folgt daraus zusammen mit (1) und (2), daß

$$\begin{aligned}
2T(r,f) &= N\left(r, \frac{1}{f'}\right) + N\left(r, \frac{1}{g'}\right) + S(r) \\
&= m(r,f') + m(r,g') - m\left(r, \frac{1}{f'}\right) - m\left(r, \frac{1}{g'}\right) + S(r) \\
&\leq m(r,f) + m(r,g) - m\left(r, \frac{1}{f'}\right) - m\left(r, \frac{1}{g'}\right) + S(r) \\
&= 2T(r,f) - m\left(r, \frac{1}{f'}\right) - m\left(r, \frac{1}{g'}\right) + S(r),
\end{aligned}$$

also

$$m\left(r, \frac{1}{f'}\right) + m\left(r, \frac{1}{g'}\right) = S(r).$$

Hieraus folgt unmittelbar, daß

$$m\left(r, \frac{1}{f}\right) + m\left(r, \frac{1}{f-1}\right) + m\left(r, \frac{1}{f-c}\right) \leq m\left(r, \frac{1}{f'}\right) + S(r) = S(r)$$

gilt.

Wir zeigen nun, daß $N_1\left(r,\frac{1}{f}\right)$ kein $S(r)$ sein kann. Wäre $N_1\left(r,\frac{1}{f}\right)=S(r)$, dann sind, bis auf $S(r)$ viele, alle Nullstellen von f einfach und damit, bis auf $S(r)$ viele, alle Nullstellen von g zweifach. Es folgt

$$\begin{aligned}
T(r,f) &= N\left(r,\frac{1}{f}\right)+m\left(r,\frac{1}{f}\right)+O(1)\\
&= N\left(r,\frac{1}{f}\right)+S(r)=\overline{N}\left(r,\frac{1}{f}\right)+S(r)\\
&= \overline{N}\left(r,\frac{1}{g}\right)+S(r)=\frac{1}{2}N\left(r,\frac{1}{g}\right)+S(r)\le\frac{1}{2}T(r,g)+S(r)\\
&= \frac{1}{2}T(r,f)+S(r),
\end{aligned}$$

und das ist nicht möglich.

Analog sieht man, daß auch $N_1\left(r,\frac{1}{f-1}\right)$ und $N_1\left(r,\frac{1}{f-c}\right)$ kein $S(r)$ sein können.

Wir definieren eine Hilfsfunktion Ω durch

$$\Omega=2\frac{f''}{f'}-3\left(\frac{f'}{f}+\frac{f'}{f-1}+\frac{f'}{f-c}\right)-2\frac{g''}{g'}+2\left(\frac{g'}{g}+\frac{g'}{g-1}+\frac{g'}{g-c}\right)+\frac{f'-2g'}{f-g}.$$

Man rechnet nun nach, daß an den gemeinsamen 0-, 1- und c-Stellen z^*, für die $p=2$ und $q=1$ oder $p=1$ und $q=2$ ist, sich Ω regulär verhält. Damit können Pole von Ω nur noch auftreten bei Stellen, die in $N^*(r)$ gezählt werden, oder bei Nullstellen von ψ. Wegen Hilfssatz 1 und (5) ist dann aber

$$N(r,\Omega)=S(r).$$

Weiter ist

$$m(r,\Omega)=S(r),$$

denn Ω ist Linearkombination von logarithmischen Ableitungen bis auf den letzten Summand, und der läßt sich mit Hilfssatz 2 abschätzen. Damit ist

$$T(r,\Omega)=S(r).$$

Es sei jetzt $\hat{z}_0$ eine gemeinsame Nullstelle von f und g mit $p=2$ und $q=1$, also $f(\hat{z}_0)=f'(\hat{z}_0)=0\neq f''(\hat{z}_0)g'(\hat{z}_0)$. Eine Rechnung liefert

$$\Omega(\hat{z}_0)=-2g'(\hat{z}_0)\left(1+\frac{1}{c}\right)$$

und

$$\psi(\hat{z}_0)=\frac{2}{c^2}g'^2(\hat{z}_0).$$

Damit ist

$$\frac{\Omega^2}{2\psi}(\hat{z}_0) = (c+1)^2.$$

Ist nun aber $\frac{\Omega^2}{2\psi} - (c+1)^2 \not\equiv 0$, dann haben wir

$$\begin{aligned} N_1\left(r, \frac{1}{f}\right) - S(r) &\le N\left(r, \frac{1}{\frac{\Omega^2}{2\psi} - (c+1)^2}\right) \le T\left(r, \frac{\Omega^2}{2\psi}\right) + O(1) \\ &\le 2T(r, \Omega) + T(r, \psi) + O(1) = S(r), \end{aligned}$$

also

$$N_1\left(r, \frac{1}{f}\right) = S(r),$$

was aber nicht möglich ist, wie wir oben gesehen haben. Damit ist

$$\frac{\Omega^2}{2\psi} = (c+1)^2. \tag{10}$$

Ist nun $\hat{z}_1$ (bzw. $\hat{z}_c$) eine gemeinsame 1-Stelle (bzw. c-Stelle) von f und g mit $p = 2$ und $q = 1$, dann liefert wieder eine Rechnung

$$\frac{\Omega^2}{2\psi}(\hat{z}_1) = (2-c)^2 \quad \text{und} \quad \frac{\Omega^2}{2\psi}(\hat{z}_c) = (2c-1)^2.$$

Da $\frac{\Omega^2}{2\psi}$ konstant ist, folgt mit (10), daß

$$(c+1)^2 = (2-c)^2 \quad \text{und} \quad (c+1)^2 = (2c-1)^2.$$

Das ist aber nicht möglich. Damit ist Satz 1 bewiesen.

Literatur

[1] G. Gundersen, *Meromorphic functions that share three or four values.* J. London Math. Soc. **20** (1979), 457–465.

[2] G. Gundersen, *Meromorphic functions that share four values.* Amer. Math. Soc. **277** (1983), 545–567.

[3] W.K. Hayman, *Meromorphic functions.* Oxford 1964.

[4] E. Mues, *Meromorphic functions sharing four values.* Erscheint in Complex Variables.

[5] R. Nevanlinna, *Le Théorème de Picard-Borel et la théorie des fonctions méromorphes.* Gauthier-Villars, Paris 1929.

Über die Lösungen der Differentialgleichung

$aw^{(3)} + (bz+c)w'' + dw' - w = 0$

von

Johannes Nikolaus

Gegeben sei die Differentialgleichung

(1) $$aw^{(3)} + (bz+c)w'' + dw' - w = 0$$

mit komplexen a, b, c und d und mit $a \cdot b \neq 0$. Bekanntlich sind sämtliche Lösungen von (1) ganze Funktionen. Nach Perron [2] gibt es ein Fundamentalsystem (w_1, w_2, w_3) mit den Wachstumsordnungen $\lambda(w_1) = \lambda(w_2) = 2$, $\lambda(w_3) = \frac{1}{2}$ und $\lambda(\mu_1 w_1 + \mu_2 w_2) = 2$ für alle komplexen μ_1 und μ_2 mit $\mu_1 w_1 + \mu_2 w_2 \not\equiv 0$. In [1] wurde ein Zusammenhang von w_3 mit den Mittag-Leffler-Funktionen der Ordnung $\frac{1}{2}$

$$E_2(z) = \sum_{k=0}^{\infty} \frac{1}{(2k)!} z^k$$

aufgezeigt.

In der vorliegenden Arbeit werden unter den Voraussetzungen $\frac{-d}{2b} \notin \mathbb{N}$ und $-\frac{1}{2}(1 + \frac{d}{b}) \notin \mathbb{N}_0$ die Differenzengleichungen (4) aufgestellt, die sich aus dem Ansatz (2) ergeben. Man geht also von Funktinen aus, die mit den Mittag-Leffler-Funktionen der Wachstumsordnung 2 zusammenhängen.

Dazu setzen wir

(2) $$w = \sum_{n=0}^{\infty} \left[\frac{C_n S_n}{n!} \left(\frac{b}{2a}\right)^n z^{2n} + \frac{D_n T_n}{\Gamma(n+1+\frac{1}{2})} \left(\sqrt{\frac{b}{2a}}\right)^{2n+1} z^{2n+1} \right]$$

mit

$$C_o = D_o = C_1 = D_1 = 1 \, ,$$

$$C_n := \frac{(-1)^{n+1}}{2n-1} Y_{n-2}$$

$$D_n := \frac{(-1)^{n+1}}{n} R_{n-1} \quad \text{für alle} \quad n \geq 2 \, ,$$

$$R_n := \prod_{j=1}^{n} \left(1 + \frac{d}{2b} \frac{1}{j}\right) \qquad \text{für alle} \quad n \geq 1,$$

$$Y_n := \prod_{j=0}^{n} \left[1 + \frac{d}{b}\,\frac{1}{2j+1}\right] \qquad \text{für alle} \quad n \geq 0$$

in (1) ein. Daraus erhalten wir mit

$$S_n = \sum_{j=1}^{3} s_n^{(j)} E^{(j)} \quad \text{und}$$

(3)

$$T_n = \sum_{j=1}^{3} t_n^{(j)} E^{(j)} \qquad \text{für alle} \quad n \geq 0\ ,$$

und mit den Anfangswerten $E^{(1)}$, $E^{(2)}$, $E^{(3)}$ für $j=1,\ 2,\ 3$ die Differenzengleichungen

$$s_n^{(j)} = s_{n-1}^{(j)} + 2\alpha\,\frac{R_{n-3}}{Y_{n-2}}\,\frac{1}{(n-2)P_{n-2}}\,t_{n-2}^{(j)} +$$

$$+ 2\beta\,\frac{R_{n-2}}{Y_{n-2}}\,\frac{2n-1}{n-1}\,\frac{1}{P_{n-1}}\,t_{n-1}^{(j)} \qquad \text{für alle } n \geq 4,$$

$$t_n^{(j)} = t_{n-1}^{(j)} - \frac{\alpha}{2}\,\frac{Y_{n-3}}{R_{n-1}}\,\frac{P_{n-1}}{(2n-3)(2n-1)}\,s_{n-1}^{(j)} -$$

(4) $$- \frac{\beta}{2}\,\frac{Y_{n-2}}{R_{n-1}}\,\frac{n}{2n-1}\,\frac{P_{n-1}}{n}\,s_n^{(j)} \qquad \text{für alle } n \geq 3,$$

$$s_2^{(j)} = s_1^{(j)} - 2\alpha\,\frac{1}{Y_o P_o}\,t_o^{(j)} + 2\beta\,\frac{3}{Y_o P_1}\,t_1^{(j)}\ ,$$

$$s_3^{(j)} = s_2^{(j)} + 2\alpha\,\frac{1}{Y_1 P_1}\,t_1^{(j)} + 2\beta\,\frac{R_1}{2Y_1}\,\frac{5}{P_2}\,t_2^{(j)}\ ,$$

$$t_2^{(j)} = t_1^{(j)} - \frac{\alpha}{2}\,\frac{1}{R_1}\,\frac{P_1}{1\cdot 3}\,s_1^{(j)} - \frac{\beta}{2}\,\frac{Y_o}{R_1}\cdot\frac{2}{3}\cdot\frac{P_1}{2}\,s_2^{(j)}$$

mit

$$\begin{bmatrix} t_o^{(1)} & t_o^{(2)} & t_o^{(3)} \\ s_1^{(1)} & s_1^{(2)} & s_1^{(3)} \\ t_1^{(1)} & t_1^{(2)} & t_1^{(3)} \end{bmatrix} = \begin{bmatrix} 0 & 1 & 0 \\ 0 & 0 & 1 \\ \alpha\,\frac{\sqrt{\pi}}{2} & \frac{-d}{2b} & -\beta\,\frac{\sqrt{\pi}}{2} \end{bmatrix}\ ,$$

$$P_n := \sqrt{\pi}\,\prod_{j=1}^{n} \left[1 + \frac{1}{2j}\right] \qquad \text{für alle} \quad n \geq 1\ ,$$

$$P_o := \sqrt{\pi}\ ,$$

$$\alpha := \sqrt{\frac{a}{2b^3}} \qquad \text{und}$$

$$\beta := c\sqrt{\frac{b^3}{2a^3}}$$

Wir spezialisieren nun die Differentialgleichung (1) und beweisen dafür folgende Sätze.

Satz 1:

Für $c = 0$ sind die durch (3) definierten Folgen $\left[s_n^{(j)}\right]$ und $\left[t_n^{(j)}\right]$ konvergent.

Satz 2:

Es sei $c = d = 0$, $a, b \in \mathbb{R}_+$ und $0 < \frac{a}{2b^3} < \frac{16}{15}$. Dann gibt es drei linear unabhängige Anfangswertvektoren $\left[E_k^{(1)}, E_k^{(2)}, E_k^{(3)}\right]$ mit $k = 1, 2, 3$ derart, daß für die Folgen

$$S_n^{(k)} := \sum_{j=1}^{3} s_n^{(j)} E_k^{(j)} \quad \text{und}$$

$$T_n^{(k)} := \sum_{j=1}^{3} t_n^{(j)} E_k^{(j)}$$

mit $s_n^{(j)}$ und $t_n^{(j)}$ aus (3) gilt:

$$\left[\lim_{n\to\infty} S_n^{(j)}\right] \cdot \left[\lim_{n\to\infty} T_n^{(j)}\right] \neq 0 \quad \text{für} \quad j = 1, 2 \quad \text{und}$$

$$\lim_{n\to\infty} S_n^{(3)} = \lim_{n\to\infty} T_n^{(3)} = 0$$

Korollar 1:

In der Differentialgleichung (1) sei $c=0$, und es gelte $\frac{-d}{2b} \notin \mathbb{N}$ und $-\frac{1}{2}(1 + \frac{d}{b}) \notin \mathbb{N}_0$. Dann gibt es zwei linear unabhängige Lösungen w_1 und w_2 von (1) mit der Wachstumsordnung 2, deren sämtliche nichttriviale Linearkombinationen wiederum die Ordnung 2 haben und die durch (2) mit (3) darstellbar sind, wobei die Folgen $\left[s_n^{(j)}\right]$ und $\left[t_n^{(j)}\right]$ aus (4) konvergieren.

Korollar 2:

In der Differentialgleichung (1) seien die Voraussetzungen von Satz 1 erfüllt. Mit den in Satz 2 gegebenen Folgen $\left\{S_n^{(k)}\right\}$ und $\left\{T_n^{(k)}\right\}$ und mit den C_n und D_n aus (2) werde definiert

$$w_k = \sum_{n=0}^{\infty} \left[\frac{C_n S_n^{(k)}}{n!} \left(\frac{b}{2a}\right)^n z^{2n} + \frac{D_n \, T_n^{(k)}}{\Gamma(n+1+\frac{1}{2})} \left(\sqrt{\frac{b}{2a}}\right)^{2n+1} z^{2n+1} \right] .$$

Dann bilden die Funktionen w_1, w_2, w_3 ein Fundamentalsystem von (1) mit $\lambda(w_1) = \lambda(w_2) = 2$ und $\lambda(w_3) = \frac{1}{2}$.

Für die Beweise der beiden Sätze und Korollare benötigen wir die Beziehungen (5), (6) und (7).

Aus der bekannten Beziehung

$$\sum_{k=1}^{\infty} \left[\frac{1}{2k+2} \prod_{j=1}^{k} \frac{2j-1}{2j} \right] = \frac{1}{2}$$

folgt

$$\sum_{k=3}^{\infty} \frac{P_k}{(2k-1)(2k+1)} = \frac{3}{8} \sqrt{\pi} . \tag{5}$$

Ferner gilt

$$\sum_{k=2}^{\infty} \frac{1}{kP_k} = \frac{2}{\sqrt{\pi}} \sum_{k=2}^{\infty} \left[\frac{1}{2k+1} \prod_{j=1}^{k-1} \frac{2j}{2j+1} \right] <$$

$$< \frac{2}{\sqrt{\pi}} \sum_{k=2}^{\infty} \left[\frac{1}{2k} \prod_{j=1}^{k-1} \frac{2j+1}{2j+2} \right] = \frac{4}{\sqrt{\pi}} \sum_{k=2}^{\infty} \left[\frac{1}{2k} \prod_{j=1}^{k} \frac{2j-1}{2j} \right] = \tag{6}$$

$$= \frac{4}{\sqrt{\pi}} \left[\log 2 - \frac{1}{4} \right] .$$

Für jedes $k \geq 4$ und für alle $n \geq 0$ und $c=0$ erhält man aus (4):

$$s_{k+n}^{(j)} = s_{k-1}^{(j)} + \sum_{m=0}^{n} 2\alpha \frac{R_{k+m-3}}{Y_{k+m-2}} \frac{1}{(k+m-2)P_{k+m-2}} t_{k+m-2}^{(j)}$$

(7)

$$t_{k+n}^{(j)} = t_{k-1}^{(j)} - \sum_{m=0}^{n} \frac{\alpha}{2} \frac{Y_{k+m-3}}{R_{k+m-1}} \frac{P_{k+m-1}}{(2k+2m-3)(2k+2m-1)} s_{k+m-1}^{(j)}$$

Beweis von Satz 1:

Wegen

$$\frac{Y_{k-1}}{R_k} = \prod_{j=1}^{k} \left[1+ \frac{1}{j^2} \frac{d}{4b\left[1 - \frac{1}{2j}\right]\left[1 + \frac{b}{2dj}\right]} \right]$$

für d≠0 gilt

$$\lim_{k\to\infty} \frac{Y_{k-1}}{R_k} \in \mathbb{C} \setminus \{0\} .$$

Also gibt es ein G>0 mit

$$\left| 2\alpha \frac{R_{k+m-3}}{Y_{k+m-2}} \right| < G$$

(8)

$$\left| \frac{\alpha}{2} \frac{Y_{k+m-3}}{R_{k+m-1}} \right| < G$$

für alle k≥4 und für alle m≥0. Nun wählen wir ein $\eta \in (0,1)$ und ein k≥4 derart, daß

$$\sum_{m=k-2}^{\infty} \frac{G}{mP_m} < \eta \quad \text{und}$$

(9)

$$\sum_{m=k-1}^{\infty} \frac{G\ P_m}{(2m-1)(2m+1)} < \eta$$

gilt. Für dieses k definieren wir

$$M_1 := \max_{j=1}^{3} \left[|s_{k-1}^{(j)}|,\ |t_{k-2}^{(j)}|,\ |t_{k-1}^{(j)}| \right] .$$

Mit der Induktionsannahme

$$|s_{k-1}^{(j)}|,\ \ldots,\ |s_{k+n-1}^{(j)}| < \frac{M_1}{1-\eta}$$

$$|t_{k-2}^{(j)}|,\ \ldots,\ |t_{k+n-1}^{(j)}| < \frac{M_1}{1-\eta}$$

für ein n≥0 ergibt sich dann aus (7), (8) und (9)

$$|s_{k+n}^{(j)}| \le M_1 + \frac{M_1}{1-\eta} \sum_{m=k-2}^{k+n-2} \frac{G}{mP_m} < \frac{M_1}{1-\eta} \quad \text{und}$$

$$|t_{k+n}^{(j)}| \le M_1 + \frac{M_1}{1-\eta} \sum_{m=k-1}^{k+n-1} \frac{G\ P_m}{(2m-1)(2m+1)} < \frac{M_1}{1-\eta}$$

Es gibt also ein M > 0 mit

$$|s_n^{(j)}|,\ |t_n^{(j)}| < M \qquad \text{für alle } n\ge 0.$$

Daraus ergibt sich zusammen mit (7), daß zu jedem $\varepsilon>0$ ein $k\geq4$ gefunden werden kann mit

$$|s_{k+n}^{(j)} - s_{k+m}^{(j)}| \leq M \sum_{j=k+m-1}^{k+n-3} \frac{G}{jP_j} < \varepsilon \quad \text{und}$$

$$|t_{k+n}^{(j)} - t_{k+m}^{(j)}| < \varepsilon \quad \text{für alle } m,n\geq0.$$

Damit ist Satz 1 bewiesen.

<u>Beweis von Satz 2</u>:

Mit der Induktionsannahme

$$0 < \frac{2}{3}\alpha^2 = s_3^{(1)} \leq \ldots \leq s_{n+3}^{(1)} < \frac{5}{2}\alpha^2 \text{ und}$$

$$0 < \frac{\sqrt{\pi}}{2}\alpha\left[1 - \frac{15}{16}\alpha^2\right] < t_{n+3}^{(1)} \leq \ldots \leq t_3^{(1)} = t_2^{(1)} = \frac{\sqrt{\pi}}{2}\alpha$$

für ein $n\geq0$ erhalten wir

$$s_{n+4}^{(1)} = s_{n+3}^{(1)} + 2\alpha \frac{1}{(n+2)P_{n+2}} t_{n+2}^{(1)} > s_{n+3}^{(1)}$$

und aus (6) und (7) erhält man

$$s_{n+4}^{(1)} = s_3^{(1)} + \sum_{m=0}^{n} 2\alpha \frac{1}{(m+2)P_{m+2}} t_{m+2}^{(1)} \leq$$

$$\leq \alpha^2\left[\frac{2}{3} + \sqrt{\pi}\sum_{m=0}^{n}\frac{1}{(m+2)P_{m+2}}\right] < \alpha^2\left[\frac{2}{3} + 4\log 2 - 1\right] <$$

$$< \frac{5}{2}\alpha^2.$$

Ebenso ergibt sich

$$t_{n+4}^{(1)} = t_{n+3}^{(1)} - \frac{\alpha}{2}\frac{P_{n+3}}{(2n+5)(2n+7)} s_{n+3}^{(1)} < t_{n+3}^{(1)}$$

und mit (5)

$$t_{n+4}^{(1)} = t_3^{(1)} - \sum_{m=0}^{n} \frac{\alpha}{2}\frac{P_{m+3}}{(2m+5)(2m+7)} s_{m+3}^{(1)} >$$

$$> \frac{\alpha}{2}\left[\sqrt{\pi} - \frac{5}{2}\alpha^2\sum_{m=0}^{\infty}\frac{P_{m+3}}{(2m+5)(2m+7)}\right] = \frac{\sqrt{\pi}}{2}\alpha\left[1 - \frac{15}{16}\alpha^2\right].$$

Für die Grenzwerte $s^{(1)}$ und $t^{(1)}$ der Folgen $\left(s_n^{(1)}\right)$ und $\left(t_n^{(1)}\right)$ gilt also $s^{(1)} > 0$ und $t^{(1)} > 0$.

Mit der Induktionsannahme

$$\frac{-2\alpha}{\sqrt{\pi}} = s_3^{(2)} \le \dots \le s_{n+3}^{(2)} < \frac{-2\alpha}{\sqrt{\pi}}\left[1 - 2\alpha^2(\log 2 - \tfrac{1}{4})\right] < 0 ,$$

$$0 = t_2^{(2)} < \frac{\alpha^2}{8} = t_3^{(2)} \le \dots \le t_{n+3}^{(2)} < \frac{\alpha^2}{2}$$

für ein n≥0 ergibt sich wiederum

$$s_{n+4}^{(2)} \ge s_{n+3}^{(2)} ,$$

$$t_{n+4}^{(2)} > t_{n+3}^{(2)} ,$$

mit (6)

$$s_{n+4}^{(2)} < 2\alpha\left[\frac{-1}{\sqrt{\pi}} + \frac{\alpha^2}{2} \sum_{m=0}^{n} \frac{1}{(m+2)P_{m+2}} \right] <$$

$$< \frac{-2\alpha}{\sqrt{\pi}}\left[1 - 2\alpha^2(\log 2 - \tfrac{1}{4})\right]$$

und mit (5)

$$t_{n+4}^{(2)} < \alpha^2\left[\frac{1}{8} + \frac{1}{\sqrt{\pi}} \sum_{m=0}^{\infty} \frac{P_{m+3}}{(2m+5)(2m+7)} \right] = \frac{\alpha^2}{2} .$$

Für die Grenzwerte $s^{(2)}$ und $t^{(2)}$ der Folgen $\{s_n^{(2)}\}$ und $\{t_n^{(2)}\}$ gilt also $s^{(2)} < 0$ und $t^{(2)} > 0$.

Es gilt also

$$\det\begin{bmatrix} s^{(1)} & s^{(2)} \\ t^{(1)} & t^{(2)} \end{bmatrix} > 0 .$$

Die Grenzwerte der Folgen $\{s_n^{(3)}\}$ und $\{t_n^{(3)}\}$ seien $s^{(3)}$ und $t^{(3)}$. Dann folgt daraus

$$\operatorname{rang}\begin{bmatrix} s^{(1)} & s^{(2)} & s^{(3)} \\ t^{(1)} & t^{(2)} & t^{(3)} \end{bmatrix} = 2 .$$

Es gibt also drei linear unabhängige Anfangswertvektoren $\{E_k^{(1)}, E_k^{(2)}, E_k^{(3)}\}$ für k = 1, 2, 3 mit

$$\sum_{j=1}^{3} s^{(j)} E_k^{(j)} \ne 0$$

für k=1,2 und

$$\sum_{j=1}^{3} t^{(j)} E_k^{(j)} \ne 0$$

$$\sum_{j=1}^{3} s^{(j)}E_3^{(j)} = \sum_{j=1}^{3} t^{(j)}E_3^{(j)} = 0 \ .$$

Daraus folgt die Behauptung von Satz 2.

Korollar 1 folgt direkt aus Satz 1.

Nach Voraussetzung bilden die Funktionen w_1, w_2, w_3 aus Korollar 2 ein Fundamentalsystem. Die nach Perron existierende Lösung w der Wachstumsordnung $\frac{1}{2}$ kann also dargestellt werden durch $w = \mu_1 w_1 + \mu_2 w_2 + \mu_3 w_3$.
Für $\mu_1\mu_2 \neq 0$ gilt $\lambda(w) = 2$. Folglich gilt $\lambda(w_3) = \frac{1}{2}$

Literatur

1. Nikolaus, J. und Schmidt, M.G:"Die Lösungen mit kleinster Wachstumsordnung der Differentialgleichung
$c_3 w^{(3)} + (b_2 z + c_2)w'' + b_1 w' - w = 0$ " ,
Results in Math.,**10**, 137-142 (1986)

2. Perron, O.: Über lineare Differentialgleichungen mit rationalen Koeffizienten", Acta Math.,**34**, 139-164 (1910)

ADDITIONSFORMELN FÜR RIEMANNFUNKTIONEN UND BERGMANERZEUGENDE

J. Püngel

Abstract. *The paper is concerned with VEKUA's and BERGMAN's integral representations of the set of all holomorphic solutions* u *of differential equations*

$$u_{z\zeta}(z,\zeta) = [f(z+\zeta) - g(z-\zeta)]\, u(z,\zeta)$$

in two complex variables z,ζ. *Canonical choice of variables leads to (i.g. nonseparable) initial value problems for the generating functions of the above mentioned integral operators. Suitable transformations result in separable formal initial value problems. The formal power series solutions can be proved to be factorized in terms of solutions related to the special cases* $g=0$ *and* $f=0$ *respectively. Using inverse transformation, on the one hand a well known addition formula for Riemann functions appears under a new point of view, on the other hand a corresponding addition formula for generating functions of Bergman operators is proved.*

1. EINLEITUNG

Die von B.RIEMANN [3] entwickelte Methode zur Lösung von Anfangswertproblemen bei hyperbolischen Differentialgleichungen wurde von I.N.VEKUA ins Komplexe übertragen und (unter anderem) zur Lösung von Randwertproblemen bei elliptischen Differentialgleichungen herangezogen. Dies basiert im wesentlichen auf der Möglichkeit reelle elliptische Differentialgleichungen mit analytischen Koeffizienten zu komplexen "formal-hyperbolischen" Differentialgleichungen mit (in geeigneten Gebieten des $\mathbb{C}^2$) holomorphen Koeffizienten fortzusetzen. Mittels der, solchen Differentialgleichungen in eindeutiger Weise zuzuordnenden, komplexen Riemannfunktion kann eine Integraldarstellung aller holomorphen Lösungen angegeben werden (vgl.[4],§4,§7,§10).

Eine andere Art Lösungen der erwähnten formal-hyperbolischen Differentialgleichungen durch Integraloperatoren darzustellen, geht auf St.BERGMAN [1] zurück. Sind die Kernfunktionen dieser Integraloperatoren sogenannte Bergmanerzeugende erster Art, so ist auch diese Lösungsdarstellung surjektiv.

In beiden Fällen ergibt geeignete Restriktion auch Integraldarstellungen aller analytischen Lösungen der zugrundeliegenden reellen elliptischen Differentialgleichung.

Die Suche nach "möglichst expliziten" Darstellungen von Riemannfunktionen und Bergmanerzeugenden für möglichst viele konkrete Differentialgleichungen führte zu einigen Konstruktionsprinzipien, deren Anwendbarkeit allerdings nur auf spezielle Gleichungstypen beschränkt zu sein scheint.

Die folgenden Erörterungen beziehen sich ebenfalls auf eine spezielle, in vielen Anwendungen jedoch häufig auftretende Klasse selbstadjungierter formal-hyperbolischer Differentialgleichungen. Zunächst werden einige Vereinbarungen, Definitionen und elementare Ergebnisse aus [4] und [1] vorangestellt.

Für Gebiete $\Gamma \subset \mathbb{C}^m$, $m \in \mathbb{N}$, bezeichne $H(\Gamma)$ die Menge aller, in Γ holomorphen Funktionen von m komplexen Variablen. $G \subset \mathbb{C}$ sei stets ein einfach zusammenhängendes Gebiet und $G^* \subset \mathbb{C}$ das an der reellen Achse gespiegelte Gebiet G.

Jeder, im Gebiet $D := G \times G^*$ holomorphen Funktion $c \in H(D)$ sei vermöge

$$(1.1) \qquad (L_c u)(z,\zeta) := u_{z\zeta}(z,\zeta) - c(z,\zeta)\,u(z,\zeta)$$

(für $u \in H(D)$ und $z, \bar{\zeta} \in G$) ein linearer, selbstadjungierter, *formal-hyperbolischer Differentialoperator* L_c, mit $L_c : H(D) \to H(D)$, zugeordnet.

Die Integralgleichung

$$(1.2) \qquad r(z,\zeta;t,\tau) = 1 + \int_t^z\int_\tau^\zeta c(s,\sigma)\,r(s,\sigma;t,\tau)\,d\sigma\,ds$$

(für $z, \bar{\zeta}, t, \bar{\tau} \in G$) besitzt zu gegebenem $c \in H(D)$ genau eine holomorphe Lösung $r \in H(D \times D)$. Dieses r wird als die (komplexe) *Riemannfunktion* des Operators L_c bzw. der Gleichung $L_c u = o$, dh.

$$(1.3) \qquad u_{z\zeta}(z,\zeta) = c(z,\zeta)\, u(z,\zeta) ,$$

bezeichnet. Äquivalent zur Integralgleichung (1.2) ist das Goursatproblem

$$(1.4) \qquad \begin{aligned} r_{z\zeta}(z,\zeta;t,\tau) &= c(z,\zeta)\, r(z,\zeta;t,\tau) \\ r(t,\zeta;t,\tau) &= r(z,\tau;t,\tau) = 1 \end{aligned}$$

für alle $z,t \in G$ und $\zeta,\tau \in G^*$.

Seien $z_0 \in G$ und $\zeta_0 \in G^*$ beliebige, feste Punkte. Nach I.N.VEKUA ([4],S 23) ist für alle $k \in \mathbb{C}$, $\phi \in H(G)$ und $\psi \in H(G^*)$ durch

$$(1.5) \qquad \begin{aligned} u(z,\zeta) &= k\, r(z_0,\zeta_0;z,\zeta) + \\ &+ \int_{z_0}^{z} \phi(t)\, r(t,\zeta_0;z,\zeta)\, dt + \int_{\zeta_0}^{\zeta} \psi(\tau)\, r(z_0,\tau;z,\zeta)\, d\tau \end{aligned}$$

eine Lösung $u \in H(D)$ von (1.3) gegeben. Zu jeder Lösung $u \in H(D)$ von (1.3) gibt es umgekehrt stets eine Konstante $k \in \mathbb{C}$ und holomorphe Funktionen $\phi \in H(G)$ und $\psi \in H(G^*)$ derart, daß dieses u die Darstellung (1.5) besitzt. Dabei sind k, ϕ und ψ durch

$$k = u(z_0,\zeta_0) \;,\quad \phi(z) = u_z(z,\zeta_0) \;,\quad \psi(\zeta) = u_\zeta(z_0,\zeta)$$

eindeutig bestimmt. Weiters ist für beliebige $h \in H(D)$ durch

$$u_h(z,\zeta) = \int_{z_0}^{z}\int_{\zeta_0}^{\zeta} h(t,\tau)\, r(t,\tau;z,\zeta)\, d\tau\, dt$$

eine Lösung der inhomogenen Differentialgleichung $L_c u_h = h$ gegeben.

Nach St.BERGMAN [1] führt der Ansatz

$$(1.6) \qquad \begin{aligned} u(z,\zeta) &= \int_{-1}^{1} e(z,\zeta;s)\; \Phi[z(1-s^2)/2]\; (1-s^2)^{-1/2}\, ds \;+ \\ &+ \int_{-1}^{1} e^*(z,\zeta;\sigma)\; \Phi^*[\zeta(1-\sigma^2)/2]\; (1-\sigma^2)^{-1/2}\, d\sigma \end{aligned}$$

für beliebige, in geeigneten Gebieten holomorphe Funktionen Φ und Φ^* ebenfalls zu Lösungen $u \in H(D)$ von (1.3), falls e und e^* in $D \times \{z \mid |z| \leq 1\}$ holomorphe Lösungen von

$$(1.7)\qquad \begin{aligned} &(1-s^2)\, e_{\zeta s} - e_\zeta/s + 2zs\, L_c\, e = o \;, \\ &(1-\sigma^2)\, e^*_{z\sigma} - e^*_z/\sigma + 2\zeta\sigma\, L_c\, e^* = o \end{aligned}$$

sind und gewisse Regularitätsbedingungen erfüllen. e und e^* werden als *Erzeugende* der durch (1.6) definierten Bergmanschen Operatoren (*Bergmanerzeugende*) bezeichnet. Erfüllen e und e^* noch die Bedingungen

$$(1.8)\qquad e(o,\zeta;s) = e(z,o;s) = e^*(o,\zeta;\sigma) = e^*(z,o;\sigma) = 1 \;,$$

so werden sie *Erzeugende erster Art* genannt und (1.6) stellt - ebenso, wie (1.5) - alle Lösungen $u \in H(D)$ von (1.3) dar. Die Existenz von Bergmanerzeugenden erster Art wird in [1] nachgewiesen. (o.B.d.A. kann $o \in G$ angenommen werden).

Die Lösungsdarstellungen (1.5) und (1.6) sind nicht auf selbstadjungierte Differentialgleichungen beschränkt. Die folgenden Betrachtungen beziehen sich dagegen auf selbstadjungierte Differentialgleichungen der Form

$$(1.9)\qquad u_{z\zeta}(z,\zeta) = [f(z+\zeta) - g(z-\zeta)]\, u(z,\zeta)$$

mit $f \in H(G_+)$, $g \in H(G_-)$ und $G_\pm := \{z \pm \zeta \mid z, \bar{\zeta} \in G\}$.

2. ZUR RIEMANNFUNKTION

In [2] geben J.S.PAPADAKIS und D.H.WOOD (für reelle hyperbolische Differentialgleichungen) eine Beziehung an, die es (auf komplexe formal-hyperbolische Differentialgleichungen übertragen) ermöglicht, aus den beiden Riemannfunktionen r^+ bzw. r^- der Differentialgleichungen

$$(2.1a)\qquad u^+_{z\zeta}(z,\zeta) = f(z+\zeta)\, u^+(z,\zeta)$$

beziehungsweise

$$(2.1b)\qquad u^-_{z\zeta}(z,\zeta) = -g(z-\zeta)\, u^-(z,\zeta)$$

die Riemannfunktion r von (1.9) explizit zu bestimmen.

Hier wird gezeigt, daß diese "Additionsformel" auf die Lösung eines separierbaren formalen Anfangswertproblems zurückgeführt werden kann.

Zunächst ist festzustellen, daß sich die Riemannfunktionen r^+ bzw. r^- von (2.1a) bzw. (2.1b) als Funktionen R^+ bzw. R^- von je drei Variablen in der Form

$$r^+(z,\zeta;t,\tau) = R^+(\alpha,\alpha^*;\omega) \tag{2.2a}$$

$$r^-(z,\zeta;t,\tau) = R^-(\beta,\beta^*;\omega) \tag{2.2b}$$

mit

$$\begin{matrix} \alpha = z+\zeta \ , & \alpha^* = t+\tau \ , \\ \beta = z-\zeta \ , & \beta^* = t-\tau \ , \end{matrix} \qquad \omega = (z-t)(\zeta-\tau) \ , \tag{2.3}$$

darstellen lassen. Dies folgt z.B. unmittelbar daraus, daß

$$\rho^{\pm} = (r^{\pm}_z \mp r^{\pm}_\zeta) + (r^{\pm}_t \mp r^{\pm}_\tau)$$

Lösung des homogenen Goursatproblems

$$\rho^+_{z\zeta} = f\,\rho^+ \quad \text{bzw.} \quad \rho^-_{z\zeta} = -g\,\rho^-$$

$$\rho^{\pm}(t,\zeta;t,\tau) = \rho^{\pm}(z,\tau;t,\tau) = 0$$

ist. Aus dessen eindeutiger Lösung $\rho^{\pm} = 0$ folgt, daß es Funktionen $R^{\pm} \in H(G^2_{\pm} \times \Omega)$ mit $\Omega := \{(z-t)(\zeta-\tau)\,|\,z,\bar{\zeta},t,\bar{\tau} \in G\}$ gibt, sodaß $r^{\pm}$ die Darstellung (2.2) besitzt.

Ist $R \in H(G^2_+ \times G^2_- \times \Omega)$, $R(\alpha,\alpha^*;\beta,\beta^*;\omega)$, Lösung von

$$\begin{aligned} R_{\alpha\alpha} - R_{\beta\beta} + (\alpha-\alpha^*)R_{\alpha\omega} + (\beta-\beta^*)R_{\beta\omega} + \\ + (\omega R_\omega)_\omega = [f(\alpha) - g(\beta)]\,R \ , \\ \text{mit} \quad R(\alpha,\alpha^*;\beta,\beta^*;0) = 1 \ , \end{aligned} \tag{2.4}$$

so ist die Restriktion

$$r(z,\zeta;t,\tau) = R(\alpha,\alpha^*;\beta,\beta^*;\omega)$$

mit $\alpha,\alpha^*,\beta,\beta^*$ und ω gemäß (2.3) Lösung von (1.4) für $c(z,\zeta) = f(\alpha)-g(\beta)$, also die Riemannfunktion von (1.9). Die (2.4) entsprechenden Anfangswertprobleme für R^+ und R^- sind

$$R^+_{\alpha\alpha} + (\alpha-\alpha^*)\, R^+_{\alpha\omega} + (\omega\, R^+_\omega)_\omega = f(\alpha)\, R^+ ,$$

(2.5)
$$R^-_{\beta\beta} - (\beta-\beta^*)\, R^-_{\beta\omega} - (\omega\, R^-_\omega)_\omega = g(\beta)\, R^- ,$$

$$\text{mit}\quad R^+(\alpha,\alpha^*;0) = R^-(\beta,\beta^*;0) = 1 .$$

Wegen der Holomorphie der Funktionen R, R^+ und R^- konvergieren die Potenzreihen

(2.6) $$R(\alpha,\alpha^*;\beta,\beta^*;\omega) = \sum_{\mu=0}^{\infty} p_\mu(\alpha,\alpha^*;\beta,\beta^*)\ \omega^\mu/\mu!$$

(2.7a) $$R^+(\alpha,\alpha^*;\omega) = \sum_{\mu=0}^{\infty} p^+_\mu(\alpha,\alpha^*)\ \omega^\mu/\mu!$$

(2.7b) $$R^-(\beta,\beta^*;\omega) = \sum_{\mu=0}^{\infty} p^-_\mu(\beta,\beta^*)\ \omega^\mu/\mu!$$

in einer Nullumgebung von ω. Die Anfangswertprobleme (2.4) und (2.5) führen damit zu den Rekursionsbeziehungen

(2.8)
$$\{(\alpha-\alpha^*)\,\partial/\partial\alpha + (\beta-\beta^*)\,\partial/\partial\beta + (\mu+1)\}\ p_{\mu+1} =$$
$$= \{f(\alpha) - g(\beta) - \partial^2/\partial\alpha^2 + \partial^2/\partial\beta^2\}\ p_\mu$$

mit $p_0 = 1$, sowie

(2.9a) $$\{(\alpha-\alpha^*)\,\partial/\partial\alpha + (\mu+1)\}\ p^+_{\mu+1} = \{f(\alpha) - \partial^2/\partial\alpha^2\}\ p^+_\mu$$

(2.9b) $$\{(\beta-\beta^*)\,\partial/\partial\beta + (\mu+1)\}\ p^-_{\mu+1} = \{\partial^2/\partial\beta^2 - g(\beta)\}\ p^-_\mu$$

mit $p^+_0 = p^-_0 = 1$, für die Koeffizienten in (2.6) und (2.7).

Den Funktionen R, R^+ und R^- werden nun Potenzreihen S, S^+ und S^- gemäß

(2.10) $$S(\alpha,\alpha^*;\beta,\beta^*;\omega) := \sum_{\mu=0}^{\infty} p_\mu(\alpha,\alpha^*;\beta,\beta^*)\ \omega^\mu$$

(2.11a) $$S^+(\alpha,\alpha^*;\omega) := \sum_{\mu=0}^{\infty} p^+_\mu(\alpha,\alpha^*)\ \omega^\mu$$

(2.11b) $$S^-(\beta,\beta^*;\omega) := \sum_{\mu=0}^{\infty} p^-_\mu(\beta,\beta^*)\ \omega^\mu$$

zugeordnet. (2.10) und (2.11) sind natürlich i.a. als formale Potenzreihen aufzufassen. Konvergiert jedoch eine dieser Reihen in $|\omega| < \varepsilon$ für ein $\varepsilon > 0$, so stellt die entsprechende Reihe in (2.6) bzw. (2.7) eine in ω ganze Funktion dar.

Aus den Rekursionen (2.8) und (2.9) lassen sich jetzt umgekehrt formale Anfangswertprobleme für S, S^+ und S^- herleiten. Es gilt

$$S_{\alpha\alpha} - S_{\beta\beta} + \frac{\alpha-\alpha^*}{\omega} S_\alpha + \frac{\beta-\beta^*}{\omega} S_\beta +$$

(2.12)
$$+ S_\omega = [f(\alpha) - g(\beta)]\, S ,$$

$$\text{mit} \quad S(\alpha,\alpha^*;\beta,\beta^*;0) = 1 ,$$

und

$$S^+_{\alpha\alpha} + \frac{\alpha-\alpha^*}{\omega} S^+_\alpha + S^+_\omega = f(\alpha)\, S^+ ,$$

(2.13)
$$S^-_{\beta\beta} - \frac{\beta-\beta^*}{\omega} S^-_\beta - S^-_\omega = g(\beta)\, S^- ,$$

$$\text{mit} \quad S^+(\alpha,\alpha^*;0) = S^-(\beta,\beta^*;0) = 1 .$$

Im Gegensatz zu (2.4) ist das Anfangswertproplem (2.12) für S separierbar, dh. es gilt:

Sind S^+ und S^- Lösungen von (2.13), so ist

(2.14)
$$S(\alpha,\alpha^*;\beta,\beta^*;\omega) = S^+(\alpha,\alpha^*;\omega)\, S^-(\beta,\beta^*;\omega)$$

Lösung von (2.12). Dies ist gleichbedeutend damit, daß aus den Rekursionsbeziehungen (2.9) für $p^+_\mu(\alpha,\alpha^*)$ und $p^-_\mu(\beta,\beta^*)$ die Rekursion (2.8) für

(2.15)
$$p_\mu(\alpha,\alpha^*;\beta,\beta^*) = \sum_{\lambda=0}^{\mu} p^+_\lambda(\alpha,\alpha^*)\, p^-_{\mu-\lambda}(\beta,\beta^*)$$

herzuleiten ist. Damit ist die folgende "Additionsformel" für Riemannfunktionen bewiesen.

SATZ 1. *Ist* $r^+(z,\zeta;t,\tau) = R^+(z+\zeta,t+\tau;(z-t)(\zeta-\tau))$ *die Riemannfunktion von (2.1a) und ist* $r^-(z,\zeta;t,\tau) = R^-(z-\zeta,t-\tau;(z-t)(\zeta-\tau))$ *die Riemannfunktion von (2.1b), dann ist*

$$r(z,\zeta;t,\tau) = \sum_{\mu=0}^{\infty} p_\mu(z+\zeta,t+\tau;z-\zeta,t-\tau)\ (z-t)^\mu (\zeta-\tau)^\mu/\mu!$$

mit

$$p_\mu(\alpha,\alpha^*;\beta,\beta^*) = \sum_{\lambda=0}^{\mu} \frac{\partial^\lambda R^+}{\partial\omega^\lambda}(\alpha,\alpha^*;0)\ \frac{\partial^{\mu-\lambda} R^-}{\partial\omega^{\mu-\lambda}}(\beta,\beta^*;0)$$

die Riemannfunktion von (1.9).

3. ZUR BERGMANERZEUGENDEN

Das für Riemannfunktionen angewendete Prinzip führt auch bei Erzeugenden e und e^* Bergman'scher Operatoren (1.6) zu einer entsprechenden Additionsformel. Es genügt dazu die Erzeugende e zu betrachten. Analoge Ergebnisse für e^* sind evident.

Sei also e Bergmanerzeugende für die Gleichung (1.9) und seien e^+ bzw. e^- Bergmanerzeugende für die Gleichung (2.1a) bzw. (2.1b).

Sind die Funktionen $E(\alpha,\beta;\eta)$ und $E^+(\alpha;\eta)$ bzw. $E^-(\beta;\eta)$ Lösungen von

$$E_{\alpha\alpha} - E_{\beta\beta} + E_{\alpha\eta} - E_{\beta\eta} - (E_\alpha - E_\beta)/2\eta = [f(\alpha) - g(\beta)]\ E \tag{3.1}$$

$$E^+_{\alpha\alpha} + E^+_{\alpha\eta} - E^+_\alpha/2\eta = f(\alpha)\ E^+ \tag{3.2a}$$

$$E^-_{\beta\beta} + E^-_{\beta\eta} - E^-_\beta/2\eta = g(\beta)\ E^- \tag{3.2b}$$

so sind die Funktionen

$$e(z,\zeta;s) = E(z+\zeta,z-\zeta;zs^2) \tag{3.3}$$

$$e^\pm(z,\zeta;s) = E^\pm(z\pm\zeta;zs^2) \tag{3.4}$$

Lösungen von (1.7) für $c(z,\zeta) = f(z+\zeta) - g(z-\zeta)$ bzw. $c(z,\zeta) = f(z+\zeta)$ bzw. $c(z,\zeta) = -g(z-\zeta)$. Gilt zudem noch $E(\alpha,\beta;0) = E^+(\alpha;0) = E^-(\beta;0) = 1$, so erfüllen e und $e^\pm$ noch die erste Bedingung in (1.8).

Die Koeffizienten q_μ und $q_\mu^\pm$ der Entwicklungen

(3.5) $$E(\alpha,\beta;\eta) = \sum_{\mu=0}^{\infty} q_\mu(\alpha,\beta)\ \eta^\mu/\mu!$$

(3.6a) $$E^+(\alpha;\eta) = \sum_{\mu=0}^{\infty} q_\mu^+(\alpha)\ \eta^\mu/\mu!$$

(3.6b) $$E^-(\beta;\eta) = \sum_{\mu=0}^{\infty} q_\mu^-(\beta)\ \eta^\mu/\mu!$$

erfüllen $q_0 = q_0^+ = q_0^- = 1$ und die Rekursionsbeziehungen

(3.7) $$\frac{2\mu+1}{2\mu+2}\left\{\frac{\partial}{\partial\alpha} - \frac{\partial}{\partial\beta}\right\} q_{\mu+1}(\alpha,\beta) = \left\{f(\alpha) - g(\beta) - \frac{\partial^2}{\partial\alpha^2} + \frac{\partial^2}{\partial\beta^2}\right\} q_\mu(\alpha,\beta)$$

(3.8a) $$\frac{2\mu+1}{2\mu+2}\frac{\partial}{\partial\alpha} q_{\mu+1}^+(\alpha) = \left\{f(\alpha) - \frac{\partial^2}{\partial\alpha^2}\right\} q_\mu^+(\alpha)$$

(3.8b) $$\frac{2\mu+1}{2\mu+2}\frac{\partial}{\partial\beta} q_{\mu+1}^-(\beta) = \left\{g(\beta) - \frac{\partial^2}{\partial\beta^2}\right\} q_\mu^-(\beta) .$$

Die gemäß

(3.9) $$F(\alpha,\beta;\eta) := \sum_{\mu=0}^{\infty} \frac{(-1)^\mu (2\mu)!}{4^\mu\ \mu!^2} q_\mu(\alpha,\beta)\ \eta^\mu$$

(3.10a) $$F^+(\alpha;\eta) := \sum_{\mu=0}^{\infty} \frac{(-1)^\mu (2\mu)!}{4^\mu\ \mu!^2} q_\mu^+(\alpha)\ \eta^\mu$$

(3.10b) $$F^-(\beta;\eta) := \sum_{\mu=0}^{\infty} \frac{(-1)^\mu (2\mu)!}{4^\mu\ \mu!^2} q_\mu^-(\beta)\ \eta^\mu$$

den Funktionen E, E^+ und E^- zugeordneten formalen Potenzreihen sind wegen (3.7) und (3.8) Lösungen der formalen Anfangswertprobleme

(3.11) $$F_{\alpha\alpha} - F_{\beta\beta} + (F_\alpha - F_\beta)/\eta = [f(\alpha) - g(\beta)]\ F$$
$$\text{mit} \quad F(\alpha,\beta;0) = 1$$

und

$$F^+_{\alpha\alpha} + F^+_\alpha/\eta = f(\alpha)\ F^+$$

(3.12) $$F^-_{\beta\beta} + F^-_\beta/\eta = g(\beta)\ F^-$$

$$\text{mit}\quad F^+(\alpha,0) = F^-(\beta,0) = 1\ .$$

Wieder ist - im Gegensatz zu (3.1) - das formale Anfangswertproblem (3.11) für F separierbar, dh., sind F^+ und F^- Lösungen von (3.12), so ist

(3.13) $$F(\alpha,\beta;\eta) = F^+(\alpha;\eta)\ F^-(\beta;\eta)$$

Lösungen von (3.11). Aus den Rekursionen (3.8) für $q^+(\alpha)$ und $q^-(\beta)$ ist somit die Rekursion (3.7) für

(3.14) $$q_\mu(\alpha,\beta) = \sum_{\lambda=0}^{\mu} \binom{\mu}{\lambda}^2 \binom{2\mu}{2\lambda}^{-1} q^+_\lambda(\alpha)\ q^-_{\mu-\lambda}(\beta)$$

herzuleiten. Demnach gilt der

<u>SATZ 2</u>. *Ist* $e^+(z,\zeta;s) = E^+(z+\zeta;zs^2)$ *Bergmanerzeugende (erster Art) von (2.1a) und ist* $e^-(z,\zeta;s) = E^-(z-\zeta;zs^2)$ *Bergmanerzeugende (erster Art) von (2.1b), dann ist*

$$e(z,\zeta;s) = \sum_{\lambda=0}^{\mu} q_\mu(z+\zeta,z-\zeta)\ z^\mu\sigma^{2\mu}/\mu!$$

mit

$$q_\mu(\alpha,\beta) = \sum_{\lambda=0}^{\mu} \binom{\mu}{\lambda}^2 \binom{2\mu}{2\lambda}^{-1} \frac{\partial^\lambda E^+}{\partial\eta^\lambda}(\alpha;0)\ \frac{\partial^{\mu-\lambda} E^-}{\partial\eta^{\mu-\lambda}}(\beta;0)$$

Bergmanerzeugende(erster Art) von (1.9).

4. BEMERKUNGEN

Die Herleitung von Additionsformeln für Kerne anderer Lösungsdarstellungen für (1.9) oder auch anderer formalhyperbolischer Differentialgleichungen erscheint durch Einführung geeigneter Transformationen bzw. durch sie definierte "Produkte" möglich. Für die hier angegebenen Fälle ist

$$R = R^+ \underset{T}{*} R^- := T^{-1}(TR^+\cdot TR^-)$$

$$E = E^{+} \underset{\Pi}{*} E^{-} := \Pi^{-1}(\Pi E^{+} \cdot \Pi E^{-})$$

mit den, auf den entsprechenden Mengen formaler Potenzreihen definierten Abbildungen T bzw. Π, gemäß $S = TR$ (vgl. (2.6),(2.10)) bzw. $F = \Pi E$ (vgl. (3.5),(3.9)). Auch eine generelle Untersuchung des Begriffs der Separierbarkeit bei formalen Anfangswertproblemen scheint unter diesem verallgemeinerten Gesichtspunkt von Interesse.

LITERATUR

[1] St.BERGMAN. *Integral Operators in the Theory of Linear Partial Differential Equations.* Springer, Berlin 1971.

[2] J.S.PAPADAKIS, D.H.WOOD. An Addition Formula for Riemann Functions. *J.Diff.Equ.24, 397-411 (1977).*

[3] B.RIEMANN. Über die Fortpflanzung ebener Luftwellen von endlicher Schwingungsweite. Gesammelte Mathematische Werke, 145-164, Leipzig 1876. *Abh. Königl. Ges. d. Wiss. Göttingen (1860).*

[4] I.N.VEKUA. *New Methods for Solving Elliptic Equations.* North-Holland Publ. Co., Amsterdam 1968.

Jürgen Püngel
Institut für Mathematik D
Technische Universität Graz
Steyrergasse 17
A-8010 GRAZ
Österreich

Die Differentialgleichungen von Aczél-Jabotinsky, von Briot-Bouquet und maximale Familien konvergenter vertauschbarer Potenzreihen

Ludwig Reich (Graz)

§ 1. Einleitung

In der vorliegenden Arbeit handelt es sich um die Beschreibung der maximalen Familien konvergenter vertauschbarer Potenzreihen der Form

$$F(z) = \rho z + c_2 z^2 + \dots ,$$

deren Multiplikator ρ von Null verschieden ist. Wir studieren also Familien $\mathcal{F}$ solcher Reihen $\mathcal{F} = (F_i)_{i\in I}$, für die, wenn wir mit $\circ$ die Substution bezeichnen,

$$F_i \circ F_j = F_j \circ F_i, \ \forall i,\ j \in I,$$

gilt. Eine solche Familie $\mathcal{F}$ heißt maximal, wenn gilt: Ist $\mathcal{F}^*$ eine weitere Familie vertauschbarer Reihen mit $\mathcal{F} \subseteq \mathcal{F}^*$, so ist $\mathcal{F} = \mathcal{F}^*$ ($\mathcal{F}, \mathcal{F}^*$ hier als Mengen betrachtet). Familien $\mathcal{F}$ formaler Potenzreihen wurden in meiner Arbeit [1] klassifiziert und charakterisiert, deren Ergebnisse, wie auch viele Notationen, wir hier verwenden werden. Wir werden aber jetzt hauptsächlich mit Familien befaßt sein, deren Reihen alle konvergieren. Wir setzen nicht voraus, daß die Reihen der gegebenen maximalen Familie ein gemeinsames Konvergenzgebiet aufweisen, sondern werden eine teilweise, wenn auch nicht abschließende Antwort auf die Frage des Konvergenzgebietes in der Arbeit finden.

In der Arbeit [1] über Familien vertauschbarer formaler Reihen wurden maximale Familien noch nicht ausdrücklich untersucht. Wir werden daher in § 2 dies nachholen. Auf Grund der in [1] vorgenommenen Typeneinteilung und näheren Beschreibung dieser Typen ist jede Familie $\mathcal{F}$ vertauschbarer formaler Reihen (kurz FCPS) in der Lösungsmenge $\mathcal{L}_J$ einer Differentialgleichung von Aczél-Jabotinsky[1]

$$\text{(J)} \qquad G \circ \phi(x) = \frac{d\phi}{dx} \cdot G(x),$$

$$G(x) = x^m + d_{m+1} x^{m+1} + \dots, m \geq 1,$$

enthalten. Dabei ist $G(x)$ gegeben, die Lösungen $\phi(x)$ sind (formale) Reihen der Form

$$\phi(x) = \rho x + \dots \quad , \rho \neq 0.$$

1) Einem wohlbegründeten Vorschlag von Gy. Targonski folgend nenne ich Differentialgleichungen des Typs (J) hier nach J. Aczél und E. Jabotinsky.

Abgesehen von einem Typus der Familien $\mathcal{F}$, der aber bei maximalen Familien nicht auftreten kann, ist die Gleichung (J) durch $\mathcal{F}$ eindeutig bestimmt, weshalb wir $J = J_{\mathcal{F}}$ schreiben können. In [2] ist umgekehrt gezeigt worden, daß die Lösungsmenge einer Gleichung von Aczél-Jabotinsky gegenüber $\circ$ eine abelsche Gruppe, also eine FCPS bildet.

Das Hauptresultat von § 2 wird die Aussage enthalten, daß eine FCPS genau dann maximal ist (eine "MFCPS" ist), wenn sie die Lösungsmenge der zugeordneten Gleichung von Aczél-Jabotinsky ist. Mittels der in [2] gegebenen Resultate über die Lösungsmengen dieser Gleichungen, die auch in [1] wesentlich sind, ist daher die algebraische Struktur der MFCPS bekannt. Darüber hinaus erlauben diese Resultate eine rekursive Konstruktion der MFCPS.

Das Hauptziel der vorliegenden Note ist Untersuchung derjenigen maximalen Familien, die nur aus konvergenten Reihen bestehen. Wir werden beweisen:

Eine maximale Familie vertauschbarer Reihen besteht genau dann nur aus konvergenten Reihen, wenn die Reihe $G = G_{\mathcal{F}}$ in der zugeordneten Differentialgleichung von Aczél-Jabotinsky konvergent ist.

Der Beweis dieses Satzes wird in § 3 und § 4 dargestellt. Setzen wir die Konvergenz aller Reihen der MFCPS voraus (in § 3), so wird sich die Konvergenz der Reihe $G = G_{\mathcal{F}}$ u.a. daraus ergeben, daß G der infinitesimale Generator einer geeigneten analytischen Iterationsgruppe ist. Eine wesentliche Rolle wird ein Ergebnis von I. N. Baker aus [3] über die Existenz infinitesimaler Generatoren spielen.
In § 4 setzen wir die Konvergenz der Reihe $G = G_{\mathcal{F}}$ in (J) voraus, und haben also die Konvergenz aller Reihenlösungen

$$\phi(x) = \rho x + c_2 x^2 + \dots \quad , \rho \neq 0,$$

einer solchen Gleichung, und noch darüber hinausgehend, die analytische Abhängigkeit von einem "inneren Parameter" c_m zu beweisen. Dies gelingt durch Reduktion der Differentialgleichung (J) auf gewisse Briot-Bouquet'sche Differentialgleichungen. Dieser Konvergenzbeweis, in [4] skizziert, soll hier näher ausgeführt werden. Ich danke Herrn Detlef Gronau (Graz) für wertvolle Hinweise.
Dieser Konvergenzbeweis liefert auch zugleich die "natürliche" Parametrisierung der maximalen Familien, und einige Information über die Frage des gemeinsamen Konvergenzgebietes.

In § 5 folgen die Normalformen der MFPCS aus konvergenten Reihen, als einfache Konsequenz der Arbeiten [1], [2] und von § 4.

§ 2. Maximale Familien

In der Arbeit [1] (p. 2) wurden folgende vier Typen von Familien vertauschbarer formaler Potenzreihen unterschieden:

A) In der Familie $\mathcal{F} = (F_i)_{i\in I}$ gibt es eine Reihe $F_{i_0}(x) = \rho_{i_0} x + \ldots$, bei der ρ_{i_0} keine Einheitswurzel ist.

B) In der Familie $\mathcal{F}$ treten nur Reihen $F_i(x) = \rho_i x + \ldots$ auf, deren Multiplikatoren Einheitswurzeln sind; deren Menge ist unendlich.

C) In der Familie $\mathcal{F}$ treten nur Reihen $F_i(x) = \rho_i x + \ldots$ auf, deren Multiplikatoren Einheitswurzeln sind; deren Menge ist endlich, und die Familie ist simultan linearisierbar, d.h. es existiert eine Transformation T, $T(x) = x + t_2x^2 + \ldots$, derart, daß $T^{-1} \circ F_i \circ t(x) = \rho_i x$, für alle $i \in I$.

D) In der Familie $\mathcal{F}$ treten nur Reihen $F_i(x) = \rho_i x + \ldots$, deren Multiplikatoren Einheitswurzeln sind; deren Menge ist endlich, aber die Familie ist nicht simultan linearisierbar.

Es wurde in [1] (Th. 1) gezeigt, daß es zu Familien des Typs A) und B) genau eine Potenzreihentransformation $S: S(x) = x + s_2x^2 + \ldots$, gibt, sodaß $\mathcal{F} = (S^{-1}(\rho_i Sx))_{i\in I}$. $\mathcal{F}$ ist daher enthalten in der Familie $\mathcal{F}^* = (S^{-1}(\rho Sx))_{\rho\in\mathbb{C}^\cdot}$, welche, bis auf die Parametrisierung, eine analytische Iterationsgruppe ist. $\mathcal{F}^*$ bildet nach [1], Th. 2 und [2], Th.1 die Lösungsmenge einer eindeutig bestimmten Gleichung von Aczél-Jabotinsky

$$G_{\mathcal{F}} \circ \phi(x) = G_{\mathcal{F}}(x)\frac{d\phi}{dx}$$

$(\phi(x) = \rho x + \ldots)$,
wo $G_{\mathcal{F}}(x) = x + \gamma_2 x^2 + \ldots$ der infinitesimale Generator (im formalen Sinn) der vorhin erwähnten Iterationsgruppe ist.
Wir zeigen nun

Satz 1.

a) Die FCPS $\mathcal{F} = (S^{-1}(\rho Sx))_{\rho\in\mathbb{C}^\cdot}$ ist maximal, und ist Lösungsmenge einer (eindeutig) bestimmten Aczél-Jabotinsky-Gleichung

$$G_{\mathcal{F}} \circ \phi(x) = G_{\mathcal{F}}(x)\cdot\frac{d\phi}{dx}$$

mit

$$G_{\mathcal{F}}(x) = x + \gamma_2 x^2 + \ldots$$

b) Umgekehrt ist die Lösungsmenge einer solchen Aczél-Jabotinsky-Gleichung eine maximale Familie.

c) Enthält eine MFCPSF eine Reihe $F(\rho_0)x = \rho_0 x + \ldots$, deren Multiplikator ρ_0 keine Einheitswurzel ist, so gilt

$$\mathcal{F} = (S^{-1}(\rho Sx))_{\rho\in\mathbb{C}^\cdot}$$

mit einer eindeutig bestimmten Potenzreihentransformation S.

Beweis:

ad a) Offensichtlich genügt es zu beweisen, daß die Familie $\mathcal{F}_0=(\rho x)_{\rho\in\mathbb{C}^\cdot}$ maximal ist, da dieser Begriff invariant gegenüber simultaner Konjugation ist. Angenommen, es sei $\mathcal{F}$ eine FCPS mit $\mathcal{F}_0 \subsetneq \mathcal{F}$, und

$$H(x) = \sigma x + \gamma_2 x^2 + \ldots$$

in $\mathcal{F}$. Es sei ρ keine Einheitswurzel. Dann ist nach Voraussetzung H(x) mit ρx vertauschbar. Da ρx eine Normalform ist, so folgt aus der Theorie der Normalformen (vgl. die in [1] dazu zitierte Literatur), daß wegen der Vertauschbarkeit auch

$$H(x) = \sigma x,$$

also $H(x) \in \mathcal{F}$, $\mathcal{F}_0 \subsetneq \mathcal{F}$; $\mathcal{F}$ maximal. Die Behauptung über die Gleichung von Aczél-Jabotinsky wurde in [1], Th. 2. bewiesen.

ad b) Folgt aus [2], p.138. Denn die Lösungsmenge ist von der Form $(S^{-1}(\rho Sx)_{\rho\in\mathbb{C}^\cdot}$, also nach a) maximal.

ad c) Es sei $\mathcal{F}$ maximal. Da $\mathcal{F}$ eine Reihe mit einem Multiplikator, der keine Einheitswurzel ist, besitzt, ist sie vom Typ A), also in einer Familie der Form $\mathcal{F}^*=(S^{-1}(\rho Sx))_{\rho\in\mathbb{C}^\cdot}$ enthalten. Diese ist nach a) maximal und somit $\mathcal{F} = \mathcal{F}^*$.

Eine FCPS vom Typ C) kann nicht maximal sein. Denn sie ist nach [1], Th. 3, jedenfalls eine endliche Menge der Form $(S^{-1}(\rho_i Sx))_{i\in I}$.

Eine FCPS vom Typ D) ist nach [1], Th. 6 enthalten in der Lösungsmenge $\mathcal{L}(J_{\mathcal{F}})$ einer durch $\mathcal{F}$ eindeutig bestimmten Aczél-Jabotinsky-Gleichung der Form

(1) $$G_{\mathcal{F}} \circ \phi(x) = G_{\mathcal{F}}(x)\frac{d\phi}{dx},$$

mit

(2) $$G_{\mathcal{F}}(x) = x^m + d_{m+1}x^{m+1}\ldots, m\geq 2.$$

Als Multiplikatoren der Reihen von $\mathcal{L}(J_{\mathcal{F}})$ kommen alle und nur die (m-1)-ten Einheitswurzeln in Frage. $\mathcal{L}(J_{\mathcal{F}})$ ist in diesem Fall selbst vom Typ D). Wir zeigen nun

Satz 2.

a) $\mathcal{F}$ sei eine maximale Familie, deren Multiplikator sämtlich Einheitswurzeln sind. Dann ist $\mathcal{F}$ die Lösungsmenge der zu $\mathcal{F}$ assoziierten Aczél-Jabotinsky-Gleichung

(1) $$G \circ \phi(x) = \frac{d\phi}{dx} \cdot G(x),$$

wobei

(2) $$G(x) = x^m + d_{m+1}x^{m+1} + \ldots,$$

und $m\geq 2$, eine maximale Familie. Sämtliche Multiplikatoren sind (m-1)=te Einheitswurzel.

Beweis.

ad a) Wenn $\mathcal{F}$ maximal ist und sämtliche Multiplikatoren Einheitswurzeln sind, dann kann es nicht vom Typ B)(aus [1] p. 2) sein, da nach [1], Th. 1 eine solche Familie simultan linearisierbar und daher in einer maximalen

Familie der Form $(U^{-1}(\rho Ux))_{\rho\in\mathbb{C}^{\cdot}}$ enthalten wäre, deren Multiplikatoren ρ nicht alle Einheitswurzeln sind, obwohl diese Familie wegen der Maximalität mit $\mathcal{F}$ übereinstimmen müßte. Somit ist $\mathcal{F}$ vom Typus D), und also gibt es nach [1], Th. 6, genau eine Aczél-Jabotinsky-Gleichung

$$(1) \qquad G_{\mathcal{F}} \circ \phi(x) = \frac{d\phi}{dx} \cdot G_{\mathcal{F}}(x),$$

$$(2) \qquad G_{\mathcal{F}}(x) = x^m + \cdot d_{m+1}x^{m+1} + \dots, \; m\geq 2,$$

in deren Lösungsmenge $\mathcal{F}$ enthalten ist. Dieses $\mathcal{L}(J_{\mathcal{F}})$ ist aber nach [2], Th. 3 selbst eine FCPS, also stimmt sie mit $\mathcal{F}$ überein

ad b) Wir gehen hier von einer Aczél-Jabotinsky-Gleichung (J) der Form (1) aus und haben zu beweisen, daß $\mathcal{L}(J) = \mathcal{F}$ maximal ist. Es sei $\mathcal{F}^*$ eine FCPS mit $\mathcal{F} \subseteq \mathcal{F}^*$. $\mathcal{F}^*$ ist dann notwendigerweise vom Typus D), da sonst $\mathcal{F}$ simultan linearisierbar wäre, was aber für ein $\mathcal{L}(J)$ bei einer gegebenen Reihe G(x) einer Ordnung ≥ 2 nicht sein kann. Somit existiert zu $\mathcal{F}^*$ eine Aczél-Jabotinsky-Gleichung J^*, sodaß $\mathcal{F}^* \subseteq \mathcal{L}(J^*)$. Daher haben wir

$$\mathcal{F} \subseteq \mathcal{L}(J) \subseteq \mathcal{F}^* \subseteq \mathcal{L}(J^*),$$

woraus nach der Eindeutigkeitsaussage aus [1], Th. 6 bzgl. (J) bzw. (J^*) $J = J^*$ und

$$\mathcal{F} = \mathcal{L}(J) \subseteq \mathcal{F}^* \subseteq \mathcal{L}(J)$$

folgt. Also ist $\mathcal{F}$ maximal.

Wir fügen diesen algebraischen Vorbereitungen die Bemerkung hinzu, daß wir durch Satz 1 und Satz 2 eine "natürliche" Parametrisierung der (zunächst formalen) maximalen Familien erhalten haben. Wir nennen die in Satz 1 charakteriseirten MFCPS von erster, die in Satz 2 charakterisierten von zweiter Art.

Dann ist bei den maximalen Familien erster Art der Multiplikator $\rho\in\mathbb{C}^{\cdot}$ ein Parameter.

Nach [2], Th. 3 wird die Lösungsgesamtheit einer Aczél-Jabotinsky-Gleichung mit $m\geq 2$ gegeben durch

$$(3) \qquad F(\rho,(c_m,x) = \rho x + c_2x^2 + \dots + c_mx^m + \sum_{\nu>m} P_\nu(\rho,c_m)x^\nu,$$

wobei $\rho^{m-1} = 1$ und $c_m \in \mathbb{C}$ beliebig ist, während alle übrigen Koeffizienten Polynome in c_m sind, welche für die gegebene Differentialgleichung festliegen. Somit ist, bei festem ρ, der Koeffizient c_m ein natürlicher Parameter.

Aus den zitierten Sätzen von [1] folgt zusammen mit den Sätzen 1 und 2 der vorliegenden Note auch, daß jede FCPS in einer maximalen Familie enthalten ist. Das kann auch direkt mit dem Zornschen Lemma bewiesen werden.

§ 3. Der infinitesimale Generator einer maximalen Familie

In diesem Paragraphen beginnen wir mit den Konvergenzbetrachtungen.

Satz 3.

Besteht eine maximale Familie $\mathcal{F}$ vertauschbarer Reihen nur aus konvergenten Potenzreihen, so ist die Reihe $G_{\mathcal{F}}(x)$ in der $\mathcal{F}$ zugeordneten Aczél-Jabotinsky-Gleichung (1) konvergent.

Beweis. Es sei zunächst $\mathcal{F}$ eine maximale Familie erster Art, also $\mathcal{F} = (T^{-1}(\rho Tx))_{\rho\in\mathbb{C}^{\cdot}}$. Nach [1], p.5 konstruiert man die zugeordnete Aczél-Jabotinsky-Gleichung wie folgt. Da $\rho \neq 0$, so können wir $\mathcal{F}$, nach einer einfachen Umparametrisierung auch als

(4) $$\mathcal{F} = (T^{-1}(e^t Tx))_{t\in\mathbb{C}}$$

schreiben. Die Reihen von $\mathcal{F}$ haben also die Form

$$F_t(x) = e^t x + \sum_{\nu\geq 2} Q_\nu(e^t)x^\nu$$

mit Polynomen Q_ν in e^t. $G_{\mathcal{F}}(x)$ wird dann gegeben durch

(5) $$G_{\mathcal{F}}(x) = \frac{d}{dt}F_t(x)\Big|_{t=0} = x + \sum_{\nu\geq 2}\frac{d}{dt}Q_\nu(e^t)\Big|_{t=0}x^\nu$$

sie ist daher der infinitesimale Generator einer analytischen Iterationsgruppe formaler Reihen.

Die konjugierende Transformation T ist aber bereits festgelegt als diejenige Transformation $T(x) = x + t_2x^2 + \ldots$, welche eine Reihe

$$F(\rho)(x) = \rho x + c_2x^2 + \ldots$$

der Familie, für die ρ keine Einheitswurzel ist, auf ihre Normalform, eine lineare Abbildung, transformiert. Dann ist aber bekannt (vgl. z.B. [5], S.162, oder [6]) daß T konvergent ist, wenn wir $|\rho| < 1$ wählen, und wenn $F(\rho)(x)$ konvergiert, was ja nach Voraussetzung zutrifft. Somit ist die Abbildung

$$(\rho,x) \to T^{-1}(\rho T(x)) = F(\rho)(x)$$

holomorph, wenn wir ρ in einem beschränkten, mit seinem Abschluß in $\mathbb{C}^{\cdot}$ liegendem Gebiet K variieren lassen, während $|x| < \delta(K)$ beliebig sein kann, wo $\delta(K) > 0$ geeignet gewählt werden kann. (Dies folgt leicht aus der Konvergenz von T und T^{-1}). Ebenso ist

$$(t,x) \to T^{-1}(e^t T(x)) = F_t(x)$$

holomorph, wenn t in einem beliebigen beschränkten Gebiet der $\mathbb{C}$-Ebene variiert, während $|x| < \delta_0$ ist, wo δ_0 in Abhängigkeit von diesem Gebiete gewählt werden kann.

Die Differentiation und nachfolgende Substitution in (5) ist daher auch im Sinne der Analysis sinnvoll und liefert nach bekannten Regeln für holomorphe Funktionen, daß die Reihe $G_{\mathcal{F}}(x)$ konvergiert, nämlich in einer Umgebung von 0 holomorph ist.

Sodann sei $\mathcal{F}$ eine maximale Familie zweiter Art. Nach [1] Th. 5, Th. 6 konstruiert man die zugeordnete Aczél-Jabotinsky-Gleichung wie folgt. Die Untergruppe $\mathcal{F}_0$ von $\mathcal{F}$ (gegenüber o), bestehend aus allen Reihen von $\mathcal{F}$ mit dem Multiplikator 1, ist eine analytische Iterationsgruppe formaler Reihen, mit dem Gruppenparameter c_m. Es ist $\mathcal{F}_0 \neq \{id\}$, und falls

$$F(1,c_m,x) = x + c_m x^m + \sum_{\nu \geq m+1} P_\nu(1,c_m)x^\nu ,$$

so ist

$$G_{\mathcal{F}}(x) = \frac{d}{dt}F(1,t,x)\Big|_{t=o} = x^m + \sum_{\nu \geq m+1} \frac{d}{dt}P_\nu(1,t)\Big|_{t=o} x^\nu .$$

Nach Baker [3], § 7, ist nun $G_{\mathcal{F}}(x)$ konvergent, wenn alle Reihen der Iterationgruppe konvergieren, was ja vorausgesetzt wird. Daß die Abbildung

$$(c_m,x) \rightarrow F(\rho,c_m,x)$$

bei festem ρ in geeigneten Gebieten von $\mathbb{C}^2$ holomorph ist, könnte auch aus [3] geschlossen werden, wird sich aber auch aus Überlegungen des nächsten Paragraphen ergeben.

§ 4. Briot-Bouquet'sche Differetialgleichungen. Die natürliche Parametrisierung einer maximalen Familie

Wie in [4] p. 159 gezeigt wird, lassen sich die Aczél-Jabotinsky-Gleichungen, auf die ja in x=0 nicht der Satz von Cauchy angewendet werden kann, durch eine einfache Transformation der Funktion ϕ, $\varphi(x) = \rho x + \ldots + c_m x^m + \ldots$, auf gewisse Briot-Bouquet'sche Differentialgleichungen zurückführen, und es kann damit die Holomorphie der in die Singularität (0,0) einmündenden Lösungen $\varphi(x)$ bewiesen werden. In diesem Paragraphen geht es aber insbesondere um die analytische Abhängigkeit vom Parameter c_m, die in [4] nur skizziert wurde. Deshalb sei hier die genannte Untersuchung der Briot-Bouquetschen Differentialgleichungen ausführlich durchgeführt.

Wir betrachten Differentialgleichungen der Form

(6) $$zw'(z) = az + bw(z) + \sum_{\alpha+\beta \geq 2} a_{\alpha\beta} z^\alpha w(z)^\beta ,$$

und untersuchen die Existenz holomorpher Integrale

(7) $$w(z) = c_1 z + c_2 z^2 + \ldots + c_m z^m + \ldots$$

Die Potenzreihe $az + bw + \sum_{\alpha+\beta \geq 2} a_{\alpha\beta} z^\alpha w^\beta$ wird als konvergent vorausgesetzt. Wegen des später herzustellenden Bezuges auf die Differentialgleichung von Aczél-Jabotinsky (im Fall $m \geq 2$) interessieren wir uns insbesondere für den Fall $b = m \in \mathbb{N}$, der in der Lehrbuchliteratur nicht ausführlich behandelt wird, da in diesem Fall i.a. nicht einmal ein formales Integral existiert. Wenn jedoch ein formales Integral existiert, so unendlich viele, und alle sind konvergent. Auf die Differentialgleichung (6) bezieht sich Satz 4. Um Satz 4 formulieren und beweisen zu können, wiederhole ich einige bekannte Tatsachen über Differentialgleichungen (6) im Falle, daß sie unendlich viele Integrale der Form (7) besitzen (vgl. [4] und [7], p. 296). Dieser Fall tritt höchstens dann auf, wenn der Koeffizient b von w(z) auf der rechten Seite von (6) eine natürliche Zahl b = m ist. Der Ansatz (7) zeigt nämlich, daß die Koeffizienten $c_1,\dots,c_{m-1}$ eindeutig bestimmt sind, u. zw. aus Gleichungen der Form

(8) $$(\nu - m)c_\nu = P_\nu(a,a_{\alpha\beta},c_1,\dots,c_{\nu-1})$$

mit Polynomen P_ν mit positiven Koeffizienten in den angeschriebenen Argumenten. Es treten dabei nur solche Koeffizienten $a_{\alpha\beta}$ auf, für die $\alpha + \beta \leq \nu$ ist . Man kann auch, wie man leicht sieht, schreiben

(9) $$c_\nu = Q_\nu(a,a_{\alpha\beta}),\ \nu = 1,\dots,m-1,$$

mit einem Polynom Q_ν.

Ist aber $\nu = m$, so finden wir die Beziehung

(10) $$0 \cdot c_m = P_m(a,a_{\alpha\beta},b,c_1,\dots,c_{m-1}),$$

also notwendigerweise

$$P_m(a,a_{\alpha\beta},b,c_1,\dots c_{m-1}) = 0,$$

Dies kann auch wieder als polynomiale Relation

(R) $$Q_m(a,a_{\alpha\beta},b) = 0$$

geschrieben werden. Diese Beziehung ist aber auch hinreichend für die Existenz von (zunächst formalen) Integralen der Form (7). Denn wie immer wir $c_m \in \mathbb{C}$ wählen, so finden wir wieder Gleichungen der Form

(11) $$c_\nu = \frac{1}{\nu - m} P_\nu(a,a_{\alpha\beta},c_1,\dots,c_m,\dots,c_{\nu-1}).$$

mit Polynomen mit positiven Koeffizienten und $\alpha + \beta \leq \nu$, $\nu > m$. (11) kann auch in der Form

(12) $$c_\nu = Q_\nu(a,a_{\alpha\beta};c_m),\ \nu \geq m+1$$

geschrieben werden, worin wir die Abhängigkeit vom frei wählbaren Parameter c_m hervorgehoben haben. Die Q_ν sind Polynome. Dies sieht man leicht mittels vollständiger Induktion nach ν ein. Somit gilt

<u>Hilfsatz</u>: Es sei in (6) b = m eine natürliche Zahl. Ist die polynomiale Relation (R) erfüllt, dann hat (-und nur dann-) die Differentialgleichung (6) formale Integrale der Form (7). Es gilt genauer: Die Koeffizienten $c_1,\dots,c_{m-1}$ sind durch die Differentialgleichung eindeutig bestimmt, c_m ist frei wählbar, und bei gewähltem c_m hat das Integral (7) die Form

(13) $$w(z) = c_1 z+\dots+c_{m-1} z^{m-1} + c_m z^m + \sum_{\nu \geq m+1} Q_\nu(c_m) z^\nu$$

mit Polynomen Q_ν im Parameter c_m.

Es läßt sich nun beweisen, daß für jedes c_m durch (13) ein holomorphes Integral gegeben ist, sofern natürlich die rechte Seite von (6) konvergiert. (13) ist also ein "holomorph in die Singularität (0,0) einmündendes Integral" von (6), wie es L. Bieberbach ausdrückt (vgl. [8], p. 69). Dies wurde ebenfalls in [4] bewiesen. Wir wollen hier aber gleich beweisen, daß (13) eine in einem Dizylinder $|z| < \delta(\eta)$, $|c_m| < \eta$ holomorphe Funktion von (z,c_m) ist, daß also insbesondere die Integrale (13) analytisch vom Parameter c_m abhängen.

Satz 4: Ist in der Differentialgleichung (6) die rechte Seite holomorph, d.h. konvergent für $|z| < \rho$, $|w| < \sigma$, ist außerdem $b = m$ eine natürlich Zahl und ist die Bedingung (R) erfüllt, so gilt für die formalen Integrale (13): Zu jedem $\eta > o$ existiert ein $\delta(\eta) > o$, so daß die Reihe

(13) $$w(z,c_m) = c_1 z+\ldots+c_m z^m + \sum_{\nu \geq m+1} Q_\nu(c_m) z^\nu$$

für $|z| < \delta(\eta)$, $|c_m| < \eta$ konvergiert und so daß $(z,c_m) \to w(z,c_m)$ in diesem Gebiet eine holomorphe Funktion ist und die Differentialgleichung (6) erfüllt.

Beweis: Da die $Q_\nu(c_m)$ nach dem Hilfssatz Polynome in c_m sind, können wir die Integrale (13) durch formales Umordnen als formale Potenzreihe in z und c_m schreiben:

(14) $$w(z,c_m) = \sum_{\alpha\geq 1,\beta > o} c_{\alpha\beta} z^\alpha c_m^\beta = \sum_{\alpha \geq 1} \left(\sum_{\beta \geq o} c_{\alpha\beta} c_m^\beta\right) z^\alpha .$$

Wir suchen nun allgemeiner Lösungen von (6) der Form (14). Nach der Definition des Potenzreihenringes $\mathbb{C}[[z]]$ können wir die Bestimmung der Koeffizienten $c_{\alpha\beta}$ auf zwei Weisen durchführen:

Einerseits können wir die Reihen $\sum_{\beta\geq o} c_{\alpha\beta} c_m^\beta$ direkt berechnen, andererseits können wir Bestimmungsgleichungen für die $c_{\alpha\beta}$ aufstellen. Der erste Weg verläuft ganz wie im Beweis von Hilfssatz 1. Also sind die Reihen $\sum_{\beta\geq o} c_{\alpha\beta} c_m^\beta$ für $\alpha = 1,\ldots,m-1$ die schon gefundenen Konstanten $c_1,\ldots,c_{m-1}$ und es ist also $c_{\alpha\beta} = 0$ für $\beta > 0$, $\alpha = 1,\ldots,m-1$. Die Reihe $\sum_{\beta\geq o} c_{m\beta} c_m^\beta$ ist frei wählbar, und wir nehmen hier $\sum_{\beta\geq o} c_{m\beta} c_m^\beta = c_m$, also $c_{mo} = 0$, $c_{m1} = c_m$, $c_{m\beta} = 0$ für $\beta > 1$. Die Koeffizienten $\sum_{\beta\geq o} c_{\alpha\beta} c_m^\beta$ für $\alpha > m$ sind dann eindeutig bestimmt, und es sind dies die Polynome $Q_\nu(c_m)$aus dem Hilfssatz 1, d.h. $\sum_{\beta\geq o} c_{\nu\beta} c_m^\beta = Q_\nu(c_m)$ für alle ν, wenn $\sum_{\beta\geq o} c_{m\beta} c_m^\beta = c_m$ gesetzt wird.

Der zweite Weg, die direkte Berechnung der $c_{\alpha\beta}$, führt zu Gleichungen der Form

(15) $$(k-m)c_{ki} = \delta_{ko}\delta_{1i} a + Q_{ik}(a_{\alpha\beta}, c_{\gamma\delta}),$$

$(k \in \mathbb{N})$, mit Polynomen Q_{ik}, die positive Koeffizienten haben. Bei den Argumenten $c_{\gamma\delta}$ ist $\gamma + \delta < i + k$. Das Ergebnis der Rechnung muß natürlich mit dem Vorangehenden übereinstimmen, wenn die c_{mk} wie vorhin gewählt werden, nämlich:

(15a) $$c_{m0} = 0,\ c_{m1} = c_m,\ c_{m\beta} = 0 \text{ für } \beta > 1.$$

Um nun zu (14) eine konvergente Majorante zu konstruieren, betrachten wir die Bestimmung einer impliziten Funktion gemäß dem Hauptsatz über implizite

Funktionen. Es sei, wenn die rechte Seite von (6) als konvergent vorausgesetzt wird, $A = |a|$, $A_{\alpha\beta} = |a_{\alpha\beta}|$.

Die Gleichung

$$W(z,c_m) = Az + c_m z^m + \sum_{\substack{\alpha+\beta>2 \\ (\alpha,\beta)\neq(m,0)}} A_{\alpha\beta} z^\alpha W(z,c_m)^\beta z^\alpha \tag{16}$$

hat dann, nach dem Satz über die impliziten Funktionen im Komplexen (vgl. z.B. [9] N^0. 185) genau eine Lösung

$$W(z,c_m) = \sum_{\alpha\geq 1} C_{\alpha\beta} z^\alpha c_m^\beta, \tag{17}$$

die in Umgebung von (0,0) konvergent ist, also eine holomorphe Funktion der beiden Variablen z und c_m darstellt. Die Bestimmungsgleichungen der Koeffizienten $C_{\alpha\beta}$ lauten hier

$$C_{\alpha\beta} = \delta_{\alpha o}\delta_{1\beta}A + \delta_{\alpha 1}\delta_{\beta m} + Q_{\alpha\beta}(A_{\mu\nu}, C_{\gamma\delta}), \tag{18}$$

mit den gleichen Polynomen $Q_{\alpha\beta}$ wie in (15). Daraus sieht man, daß die $c_{\alpha\beta}$ alle eindeutig bestimmt und nichtnegativ sind. Für $\alpha < m$ folgt durch Vergleich von (18) und (15) rekursiv

$$|c_{\alpha\beta}| = \frac{1}{|\alpha-m|}\, \delta_{\alpha o}\delta_{1\beta}a + Q_{\alpha\beta}(a_{\mu\nu}, c_{\gamma\delta} \tag{20}$$

$$\leq \delta_{\alpha o}\delta_{1\beta}|a| + Q_{\alpha\beta}(|a_{\mu\nu}|, |c_{\gamma\delta}|)$$

$$\leq \delta_{\alpha o}\delta_{1\beta}A + \delta_{\alpha 1}\delta_{\beta m} + Q_{\alpha\beta}(A_{\mu\nu}, C_{\gamma\delta}) = C_{\alpha\beta},$$

da die Polynome $Q_{\alpha\beta}$ positive Koeffizienten haben. Für $\alpha = m$ finden wir $C_{m\beta} \geq \delta_{\beta 1} \geq c_{m\beta}$ nach (16a).

Für $\alpha > m$ gelten wieder die Formeln (12), und im Vergleich mit (9) beweist man z.B. mittels vollständiger Induktion nach $\alpha + \beta$, daß

$$|c_{\alpha\beta}| \leq C_{\alpha\beta} \tag{20}$$

allgemein gilt.

Somit ist die Reihe $\sum_{\alpha\geq 1\ \beta\geq o} c_{\alpha\beta} z^\alpha c_m^\beta$ (absolut) konvergent (etwa für $|z| < r_1$, $|c_m| < r_2$), da dies für die Lösung (17) von (18) zutrifft. Es ist daher die Umordnung $\sum_{\alpha>1\ \beta\geq o} c_{\alpha\beta} z^\alpha c_m^\beta = \sum_{\nu\geq 1} Q_\nu (c_m) z^\nu$, mit $Q_\nu(c_m) = \sum_{\beta\geq o} c_{r\beta} c_m^\beta$ richtig (für $|z| < r_1$, $|c_m| < r_2$) und also ist, zunächst für diese c_m, das Integral $\sum_{r\geq 1} Q_\nu(c_m) z^\nu$ von (6) holomorph. Es ist aber noch der hier wesentliche Zusatz für die Konvergenz zu beweisen: Zu jedem $\eta > o$ gibt es ein $\delta(\eta)$, sodaß die Reihe (15) für $|z| < \delta(\eta)$, $|c_m| < \eta$ konvergiert.

Zunächst wieder eine formale Betrachtung: Die Lösung (18) von (17) können wir auch erhalten, indem wir (18) umordnen:

$$W(z,c_m) = \sum_{\alpha\geq 1} \Big(\sum_{\beta\geq 0} C_{\alpha\beta} c_m^\beta\Big) z^\alpha$$

und die (formalen) Reihen $\sum_{\beta\geq 0} C_{\alpha\beta} c_m^\beta$ aus einem rekursiven Gleichungssystem, das man aus (17) durch Koeffizientenvergleich bezüglich z gewinnt, berechnen. Es zeigt sich wieder, durch vollständige Induktion nach α, daß diese

Koeffzienten Polynome in c_m sind, etwa mit $\tilde{Q}_\alpha(c_m):=\sum_{\beta\ge 0} C_{\alpha\beta}c_m^\beta$, bezeichnet, und es ist $\tilde{Q}_\nu(c_m)$ wegen (14) eine Majorante von $Q_\nu(c_m)$, das bekanntlich ebenfalls ein Polynom ist. Es sei $\eta > 0$ beliebig. Setzen wir $c_m = \eta$, so läßt sich

$$W_\eta(z) = |a|z + \eta z^m + \sum_{\substack{\alpha+\beta\ge 2\\(\alpha,\beta)\ne(m,0)}} |a_{\alpha\beta}|z^\alpha W_\eta(z)^\beta$$

auf genau eine Weise nach einem holomorphen $W_\eta(z) = \sum_{\nu\ge 1} d_\nu(\eta)z^\nu$ auflösen, und es ist sofort zu sehen, daß sich die Koeffizienten dieser konvergenten Reihe als

$$d_\nu(\eta) = \tilde{Q}_\nu(\eta).$$

berechnen. Es sei nun $x_0 > 0$ beliebig mit $x_0 < \delta(\eta)$, wo $\delta(\eta)$ geeignet gewählt ist. Dann ist die Umordnung

$$\sum_{\nu\ge 1} \tilde{Q}_\nu(\eta)x_0^\nu = \sum_{\nu\ge 1}\sum_{\mu\ge 0} C_{\nu\mu}x_0^\nu\eta^\mu$$

für diese konvergenten Reihen mit positiven Gliedern möglich, und es ist daher auch $\sum_{\nu\ge 1} Q_\nu(c_m)z^\nu = \sum_{\nu\ge 1}\sum_{\mu\ge 0} c_{\nu\mu}z^\nu c_m^\mu$ falls $|z| < \delta(\eta)$, $|c_m| < \eta$. Daher ist die Abbildung $(z,c_m)\to\sum_{\nu\ge 1} Q_\nu(c_m)z^\nu$ in diesem Dizylinder eine holomorphe Funktion, und wenn $\delta(\eta)$ hinreichend klein ist, auch Lösung von (6).

Es sei nun eine Aczél-Jabotinsky-Gleichung

(21) $$G \circ F(x) = \frac{dF}{dx}\cdot G(x)$$

mit

$$G(x) = x^m + d_{m+1}x^{m+1}+\ldots, m\ge 2,$$

vorgelegt, und $G(x)$ sei konvergent. Die Lösungen der Form

$$F(x) = \rho x + c_2x^2+\ldots+c_mx^m+\ldots,$$

wo ρ notwendigerweise eine $(m-1)$-te Einheitswurzel ist, bilden bekanntlich eine maximale Familie. Wir wollen beweisen, daß unter unseren Voraussetzungen alle diese Reihen F konvergieren und wir wollen die Abhängigkeit vom frei wählbaren Parameter $C \in \mathbb{C}$ untersuchen. Es sei ρ fest. Wie dann in [4], p.159, gezeigt wurde, führt die Transformation

(22) $$F(x) = \rho x + xw(x)$$

die Gleichung (21) in eine Briot-Bouquetsche Differentialgleichung (6) über, deren rechte Seite durch eine konvergente Potenzreihe gegeben ist. Da (21) ein Kontinuum von Lösungen $F(x) = \rho x+\ldots c_mx^m+\ldots$ besitzt - bei frei wählbarem c_m -, so ist diese Briot-Bouquet'sche Differentialgleichung notwendigerweise von dem Typus, der in Satz 4 behandelt wird, und man sieht auch leicht aus (22), daß der Parameter c_m in $F(x)$ auch hier wieder als frei wählbarer Parameter, allerdings jetzt als Koeffizient von x^{m-1} in $w(x)$ vorkommt. Deshalb ist eine unmittelbare Konsequenz von Satz 4 der

Satz 5: Es sei $\mathcal{F}$ eine maximale Familie zweiter Art konvergenter vertauschbarer Reihen, deren Multiplikatoren $(m-1)$-te Einheitswurzeln sind, und in der zugeordneten Aczél-Jabotinsky-Gleichung sei die Reihe $G(x) = x^m + d_{m+1}x^{m+1}+\ldots$ konvergent.

Dann sind alle Reihen von $\mathcal{F}$, $F(\rho)(x) = \rho x + \sum_{\nu \geq 2} P_\nu(c_m)x^m (P_m(c_m) \equiv c_m)$, konvergent, (ρ, c_m) ist ein Parameter, und bei festem ρ ist die Abbildung

$$(c_m, x) \to F(\rho)(x)$$

holomorph in $|c_m| < \eta$, $|x| < \delta(\eta)$; wobei $\eta > o$ beliebig und $\delta(\eta) > o$ in Abhängigkeit von η gewählt werden kann.

Sodann sei eine Aczél-Jabotinsky-Gleichung

$$G \circ F(x) = \frac{dF}{dx} G(x) \tag{23}$$

mit

$$G(x) = x + d_2 x^2 + \ldots$$

gegeben, und $G(x)$ konvergent:

$$x\frac{dF}{dx} = (1 + d_2 x + d_3 x^2 + \ldots)^{-1} \cdot G(F(x))$$

ist eine Briot-Bouquet'sche Differentialgleichung mit konvergenter rechter Seite und unendlich vielen Integralen

$$F(x) = \rho x + c_2 x^2 + \ldots$$

wobei hier $\rho \in \mathbb{C}^{\cdot}$ beliebig wählbar ist ($\rho = 0$ entspricht $F \equiv 0$!). Wir können aus Satz 4 sofort den folgenden Satz 6 herleiten.

Satz 6: Es sei $\mathcal{F}$ eine maximale Familie vertauschbarer Reihen der ersten Art, in deren zugeordneter Aczél-Jabotinsky-Gleichung die Reihe $G(x) = x + d_2 x^2 + \ldots$ konvergiert. Dann ist jede Reihe von $\mathcal{F}$

$$F(x) = \rho x + c_2 x^2 + \ldots \quad (\rho \in \mathbb{C}^{\cdot})$$

konvergent, und ρ dient als Parameter der Familie. Die Abbildung

$$(\rho, x) \to F(\rho)(x) = \rho x + \ldots$$

ist holomorph in jedem Gebiet der Form $\rho \in K$, $|x| < \delta(K)$, wobei K ein beliebiges mit seinem Abschluß in $\mathbb{C}^{\cdot}$ liegendes Gebiet ist, während $\delta(K) > 0$ in Abhängigkeit von K gewählt werden kann.

In [4] wurde ein anderer Beweis dafür gegeben.

§ 5. Normalformen maximaler Familien.

Normalformen gegenüber simultaner Konjugation von MFCPS können ebenfalls auf Grund der bisher bewiesenen Sätze z.T. direkt, z.T. aus den Normalformen der zugeordneten Differentialgleichungen von Aczél-Jabotinsky aufgestellt werden.

Für Familien der ersten Art, $\mathcal{F} = (S^{-1}(\rho S x))_{\rho \in \mathbb{C}^{\cdot}}$ ist dies direkt leicht zu sehen. Die Normalform ist hier die Familie $(\rho x)_{\rho \in \mathbb{C}^{\cdot}}$ linearer Abbildungen. Wir haben schon bewiesen, daß die Transformation S konvergiert, wenn alle Reihen von $\mathcal{F}$ konvergent sind. Dies folgt auch aus dem Zusammenhang mit den Gleichungen von Aczél-Jabotinsky, der bei Familien zweiter Art der natürliche Zugang zu den Normalformen ist. Wie in [2] (Lemma 4) ausgeführt wird, sind zwei MFCPS formaler Reihen $\mathcal{F}_1$ und $\mathcal{F}_2$ genau simultan konjugiert (mit der Transformation T), wenn zwischen den Reihen G_1 und G_2 ihrer zugeordneten Differentialgleichungen von Aczél-Jabotinsky folgende Relation besteht:

$$(G_2 \circ T)(x) = \frac{dT}{dx} \cdot G_1(x), \tag{24}$$
$$T(x) = x + t_2 x^2 + \ldots \cdot$$

Ist etwa $G_1(x) = x^m + d_{m+1} x^{m+1} + \ldots$, $m \geq 2$, so existiert nach [2] ein $T(x)$ und genau ein $d \in \mathbb{C}$ sodaß

$$G_2(x) = x^m + dx^{2m-1},$$

also

$$(G_1 \circ T)(x) = (x^m + dx^{2m-1}) \frac{dT}{dx}. \tag{25}$$

(Es gibt nach [2] unendlich viele solche T.)

In [4], p. 165 wurde bewiesen, daß sich (25) durch eine zu (22) analoge Transformation der Unbekannten T auf eine Briot-Bouquet'sche Differentialgleichung (6) mit unendlich vielen formalen Integralen der Form $w(x) = \gamma_1 x + \gamma_2 x^2 + \ldots$ zurückführen läßt. Nach Satz 4 der vorliegenden Arbeit sind diese alle konvergent, und dies trifft, wegen der Form von (22), auch auf alle T zu. Als Normalform, im Sinne der Analysis, der gegebenen MFCPS$\mathcal{F}$ können wir daher eine der Familien $T^{-1} \circ \mathcal{F} \circ T$ wählen, wo T eine Lösung von (25)ist. Wie in [2] gezeigt wird, hat die Lösungsmenge $T^{-1} \circ \mathcal{F} \circ T$ der Aczél-Jabotinsky-Gleichung

$$\phi^m(x) + d\,\phi^{2m-1}(x) = (x^m + dx^{2m-1}) \frac{d\phi}{dx}, \tag{26}$$
$$\phi(x) = \rho x + \ldots,$$

also der Normalform von (21), die Darstellung

$$\phi(d,\rho,c_m,x) = \rho x + c_m x^m + \sum_{\nu > 1} R_\nu(d;\rho;c_m) x^{\nu(m-1)+1}, \tag{27}$$

wo ρ eine beliebige (m-1)-te Einheitswurzel, $c_m \in \mathbb{C}$ beliebig ist, und R_ν universelle Polynome in der Invarianten d, in ρ und im Parameter c_m sind. Nach Satz 4 sind alle Reihen ϕ konvergent, da $x^m + dx^{2m-1}$ trivialerweise konvergent ist. [Außerdem können wir nach [2], pp. 139-140 T z.B. dadurch festlegen, daß wir seinen m-ten Koeffizienten zu 0 wählen.] Bei festem $d \in \mathbb{C}$ bilden die Reihen $\phi(d,\rho,c_m,x)$ die Normalform $T^{-1} \circ \mathcal{F} \circ T$ der gegebenen MFCPS $\mathcal{F}$. Eine einfache formelmäßige Darstellung dieser Normalformen ist mir nicht bekannt.

Literatur

[1] Reich, L.: On families of commuting formal power series. Berichte der math.-stat. Sektion der Forschungsgesellschaft Joanneum-Graz. Bericht Nr.294 (1988) (In D.Gronau-L.Reich (Eds.): Selected Topics in Functional Equations, Graz 1988)

[2] Reich, L.: On a differential equation arising in Iteration theory in rings of formal power series in one variable. In: Iteration Theory and its Functional Equations (Eds R.Liedl, L.Reich, Gy.Targonski), Lecture Notes in Math., vol. 1163, 135-148 Springer-Verlag Berlin 1986

[3] Baker, I.N.: Permutable power series and regular iteration Journ. Australian Math. Society 2, 265-294, (1962)

[4] Reich, L.: Holomorphe Lösungen der Differentialgleichung von E.Jabotinsky (Herrn Prof.E.Hlawka zum 70. Geburtstag gewidmet). Sitzungsberichte der Österr. Akademie der Wissenschaften, Mathem.-Naturw.Klasse, Abt. II, 145, 157-166 (1986)

[5] Siegel, C.L.: Vorlesungen über Himmelsmechanik (Grundlehren der Mathem. Wissenschaften LXXXV). Springer-Verlag, Berlin 1956

[6] Reich, L.: Normalformen biholomorpher Abbildungen mit anziehendem Fixpunkt. Mathematische Annalen 180, 233-255 (1969)

[7] Ince, E.L.: Ordinary Differential Equations. Dover Publications. New York 1956

[8] Bieberbach, L.: Theorie der gewöhnlichen Differentialgleichungen auf funktionentheoretischer Grundlage dargestellt. Springer-Verlag, Berlin 1953

[9] Goursat, E.: Cours d'analyse. Tome 1. 7 ème éd Gauthier-Villars, Paris 1956

Ganze ganzwertige Funktionen: Historische Bemerkungen

von

F. Gramain und F. J. Schnitzer

§ 1. Ch. Hermite (1873, [19]) und F. Lindemann (1882, [25]) haben gezeigt, daß die Exponentialfunktion in jedem algebraischen, von Null verschiedenen Punkt transzendente Werte annimmt. Daher haben in der Folge viele Mathematiker vermutet, daß eine gegebene transzendente Funktion nicht in jedem rationalen Punkt nur rationale Werte annehmen könne. Dies jedoch ist falsch, wie P. Stäckel (1895, [44]) durch ein Beispiel nachgewiesen hat. Dieses Beispiel wurde von F. Gramain ([14]) modern gefaßt und in folgende Form gebracht:

Satz 1. Es sei $\varepsilon > 0$, S eine abzählbare Teilmenge von $\mathbb{C}$ und T eine in $\mathbb{C}$ dichte Menge. Dann existiert eine ganze transzendente Funktion f von der Ordnung höchstens ε derart, daß $f(S)$ ganz in T enthalten ist. Eine ganze Funktion ist höchstens von der Ordnung ε bedeutet dabei, daß die Ungleichung

$$\overline{\lim_{r\to\infty}} \frac{\ln |f|_r}{r^{\varepsilon}} < \infty, \quad \text{wobei} \quad |f|_r = \sup_{|z|\le r} |f(z)| \quad \text{ist, besteht.}$$

Beweis. In einem ersten Schritt wird eine ganze transzendente Funktion der Ordnung höchstens ε angegeben, die die folgende Form hat:

$$F(z) = \sum_{n=0}^{\infty} u_n z^n$$

Dazu genügt es, daß die in der Entwicklung von $f(z)$ auftretenden u_n positiv reell gewählt werden und der Bedingung

$$\overline{\lim_{n\to\infty}} \frac{\ln u_n}{n \ln n} < -\frac{1}{\varepsilon}$$

genügen. Die Menge S ist abzählbar und kann daher in der Form $S = \{x_n\}_{n\in\mathbb{N}}$ geschrieben werden. Nun wird die folgende Polynomfolge definiert:

$$P_0(z) = 1 \quad \text{und} \quad P_n(z) = \prod_{0\le i\le n-1} (z-x_i) \quad \text{für} \quad n \ge 1 .$$

Dann konstruiert man die Funktion $f(z)$ durch die Reihe

$$f(z) = \sum_0^\infty a_n z^{\frac{n(n+1)}{2}} P_n(z)$$

sodaß

$$f(x_n) = \sum_{i=0}^{n} a_i x_n^{\frac{i(i+1)}{2}} P_i(x_n) .$$

Andererseits, wenn $P_n(z)$ in der Form

$$P_n(z) = \sum_{i=0}^{n} c_{n,i} z^i$$

geschrieben wird, hat man

$$f(z) = \sum_{n=0}^{\infty} \sum_{i=0}^{n} a_n c_{n,i} z^{\frac{n(n+1)}{2} + i}$$

wobei die darin auftretenden Potenzen von z alle voneinander verschieden sind. Man wählt $a_0 \in T$ (denn es soll ja $f(x_0) \in T$ sein) und konstruiert die a_k rekursiv. Man nimmt nun an, daß $a_0, a_1, \dots, a_{n-1}$ bereits konstruiert sind, und zwar so, daß $f(x_0) = y_0, \dots, f(x_{n-1}) = y_{n-1}$ Elemente von T sind und man nimmt weiters an, daß die a_k, $0 \le k \le n-1$, rationale Brüche in den x_i und y_i, $0 \le i \le k$, sind. Dann muß a_n der folgenden Bedingung genügen:

$$f(x_n) = y_n = r_n(x_0, \dots, x_{n-1}, x_n, y_0, \dots, y_{n-1}) + a_n x_n^{\frac{n(n+1)}{2}} P_n(x_n) \in T,$$

worin r_n eine rationale Funktion ist. Wenn $0 \in S$ ist, wählt man $x_0 = 0$, sodaß $x_n \neq 0$ für $n \geq 1$ sein muß und a_n als rationaler Bruch in $x_0, \ldots, x_n, y_0, \ldots, y_n$ gegeben ist. Da nach Voraussetzung T in $\mathbb{C}$ dicht ist, kann man y_n in T so wählen, daß

$$a_n = (y_n - r_n) x_n^{-\frac{n(n+1)}{2}} \frac{1}{P_n(x_n)}$$

die Ungleichungen: $0 < |a_n c_{n,k}| \leq u_{\frac{n(n+1)}{2} + k}$ für $0 \leq k \leq n$

erfüllt.

Damit ist die Folge der a_n definiert. Die Taylorschen Koeffizienten der Entwicklung von $f(z)$ um den Ursprung werden durch jene von $F(z)$ majorisiert, sodaß $f(z)$ ebenfalls von einer Ordnung höchstens ε ist und die Koeffizienten von $f(z)$ sind dabei alle ungleich 0. Daher ist $f(z)$ transzendent.

Dieses Ergebnis kann weiter verfeinert werden. Diese Verfeinerung stammt ebenfalls von F. Gramain ([14]) und lautet:

Satz 2. Sei $\varepsilon > 0$, S eine abzählbare Teilmenge von $\mathbb{C}$ und T ein Unterkörper von $\mathbb{C}$, der dicht in $\mathbb{C}$ ist und S enthält. Es gibt dann eine transzendente Funktion $f(z)$ von der Ordnung höchstens ε, derart, daß für jede natürliche Zahl k gilt:

$$f^{(k)}(S) \text{ ist in } T \text{ enthalten.}$$

Beweis. Siehe [14].-

Die beiden letzten Aussagen sind von besonderem Interesse in dem Fall, in dem $S = T = \mathbb{Q}$ ist, worin $\mathbb{Q}$ den Körper der rationalen Zahlen bezeichnet. Die Voraussetzungen der beiden Sätze gestatten es nicht, $T = \mathbb{Q}$ zu wählen. Aber es ist einleuchtend, daß im Falle $S \subset \mathbb{R}$ die gleiche Beweismethode wie für den Beweis von Satz 1 verwendet werden kann, soferne T dicht in $\mathbb{R}$ ist.

An dieses Resultat mag D. Hilbert im Sommer 1900 ([20]) wohl auch gedacht haben, als er in der Liste seiner 23 Probleme das siebente Problem (die Transzendenz von α^β für algebraische $\alpha \neq 0$ und $\neq 1$ und irrationale algebraische β) formulierte und dem, sinngemäß etwa, hinzufügte: "Die Tatsache, daß gewisse transzendente Funktionen in gewissen algebraischen Punkten algebraische Werte annehmen, scheint merkwürdig und beachtenswert und weiterer eingehender Untersuchungen würdig." Er schuf damit das Thema "ganze arithmetische Funktionen".

Bei diesen ganzen arithmetischen Funktionen handelt es sich um ganze Funktionen einer oder mehrerer komplexer Veränderlicher, die gewisse arithmetische Eigenschaften besitzen, wie etwa: Das Bild von $\mathbb{N}$ oder $\mathbb{Z}$ unter einer solchen Funktion ist in $\mathbb{Z}$ oder im Ring der ganzen Zahlen eines Zahlkörpers enthalten, etc..

§2. Im folgenden werden jene ganzen arithmetischen Funktionen besprochen, die $\mathbb{N}$ auf $\mathbb{Z}$ abbilden, wobei auf zwei besonders geeignete Methoden hingewiesen werden soll: Die Methode der Interpolation und die Methode der Transformation von Laplace-Borel.

Das erste Ergebnis über solche arithmetische Funktionen reicht bis ins Jahr 1915 zurück und stammt von G. Pólya ([33]). Es besagt, daß solche Funktionen nicht transzendent sein können, wenn ihr Wachstum nicht ausreichend schnell erfolgt. Wenig später haben Hardy (1917, [18]), Landau (1920, [23]) und Pólya (1920, [35]) dieses Resultat verallgemeinert und präzisiert:

Satz 3. Sei $f: \mathbb{C} \to \mathbb{C}$ eine ganze Funktion mit den Eigenschaften dann ist f ein Polynom.

Dieses Ergebnis ist bestmöglich, da die Funktion $f(z) = 2^z$ eine Funktion vom exponentiellen Typ $\ln 2$ ist, dh. es gilt

$$\overline{\lim_{r\to\infty}} \frac{\ln |2^z|_r}{r} = \ln 2,$$

und die Bedingung $f(\mathbb{N}) \subset \mathbb{Z}$ erfüllt. Was die Polynome P betrifft, die $P(\mathbb{N}) \subset \mathbb{Z}$ erfüllen, so ist unschwer einzusehen, daß sie Linearkombinationen der Binomialausdrücke $\binom{z}{n}$ mit Koeffizienten aus $\mathbb{Z}$ sind.

Die Beweismethode von Pólya, die nun besprochen wird, ist recht einfach. Wenn f eine ganze Funktion ist, die die Voraussetzungen von Satz 3 erfüllt, dann konstruiert man ihre Newtonsche Interpolationsreihe in den Punkten von $\mathbb{N}$ und kann daraus folgern, daß sie ein Polynom sein muß.

Wird $P_n(z) = \prod_{0\le j\le n-1} (z-j)$, $n \ge 1$, gesetzt, dann hat die Interpolationsreihe F von f die Form

$$F(z) = f(0) + \sum_{n=1}^{\infty} a_n P_n(z)$$

wobei

$$a_n = \sum_{0\le k\le n} \frac{f(k)}{\prod_{\substack{0\le j\le n\\ j\ne k}} (k-j)} = \frac{1}{n!} \sum_{0\le k\le n} (-1)^{n-k}\binom{n}{k} f(k) = \frac{1}{2\pi i} \int_{|z|=\theta n} \frac{f(z)}{P_{n+1}(z)}\, dz,$$

worin θ eine beliebige Zahl > 1 ist. Man sieht daraus, daß a_n rational ist und daß $n!\,.\,a_n \in \mathbb{Z}$ sein muß. Wenn $a_n \ne 0$ ist, dann hat man $|a_n| \ge 1/n!$. Aber die Majorisierung von $|f(z)|$ und eine Abschätzung von $|P_{n+1}(z)|$ für $|z| = \theta n$ liefern eine Abschätzung von $|a_n|$ von oben. Diese Majorisierung ist bestmöglich für einen bestimmten Wert von θ (in diesem Fall ist etwa $\theta = 2$); sie zeigt, daß $|a_n| < 1/n!$ für hinreichend großes n gilt. Somit sind die a_n fast alle 0 und F ist ein Polynom. Nun besagt die Formel von Jensen (siehe etwa [24]): ist $h(z)$ ganz, $h(0) \neq 0$ und sind $a_1, \ldots, a_n$ die Nullstellen von $h(z)$ in der Kreisscheibe $|z| < R$, dann gilt:

$$\ln |h(0)| + \ln \frac{R^n}{|a_1 \cdot a_2 \cdot \ldots \cdot a_n|} = \frac{1}{2\pi} \int_0^{2\pi} \ln|h(re^{i\varphi})|d\varphi .$$

Wenn nun $h(z)$ eine ganze Funktion vom exponentiellen Typ < 1 bezeichnet, und wenn $h(\mathbb{N}) = \{0\}$ ist, dann muß $h \equiv 0$ sein Daraus folgt, daß $f - F$ identisch 0 ist und daß daher f ein Polynom sein muß.

Pólya hat noch weiters entdeckt, daß die Existenz einer Konstanten $k > 0$, für die der Ausdruck

$$\frac{M(r)}{2^r r^k}, \quad M(r) = |f|_r ,$$

beschränkt bleibt, bewirkt, daß die ganze arithmetische Funktion $f(z)$ die folgende Form haben muß:

$$f(z) = P_1(z) + 2^z P_2(z) ,$$

worin $P_1(z)$ und $P_2(z)$ Polynome sind.
An dieser Stelle ist auch zu vermerken, daß A. Selberg (1941 [43]) die Entdeckung gemacht hat, daß das Wachstum ganzer arithmetischer Funktionen $f(z)$ mit $f(\mathbb{N}) \subset \mathbb{Z}$ nicht stetig ist. Er zeigte nämlich folgendes: Wenn die ganze arithmetische Funktion $f(z)$ der Beziehung

$$|f(z)| < A \exp((\ln 2 + \frac{1}{1500})|z|)$$

genügt, dann muß sie von der Form $f(z) = P(z) + Q(z).2^z$, $P(z)$, $Q(z)$, Polynome, sein.

In der Theorie der ganzen Funktionen spielt ein Eindeutigkeitssatz von Carlson (1921, [6]) eine beträchtliche Rolle, der viele Jahre später von Rubel (1956, [39]) verfeinert worden ist. Um diesen zu formulieren benötigt man das folgende Maß für das Wachstum einer ganzen Funktion in die verschiedenen möglichen Richtungen, nämlich die Indikatrix

von $f(z)$:

$$h(\varphi) = \overline{\lim_{r\to\infty}} \frac{\ln |f(re^{i\varphi})|}{r} \quad \text{für} \quad 0 \le \varphi < 2\pi .$$

Ist $\mathfrak{A} \subset N$ eine Untermenge der natürlichen Zahlen, dann bezeichnet man als obere Dichte $\Delta(\mathfrak{A})$ die folgende Größe:

$$\Delta(\mathfrak{A}) = \overline{\lim_{t\to\infty}} \frac{1}{t} \sum_{\substack{n\le t\\ n\in\mathfrak{A}}} 1 .$$

Damit läßt sich der Satz von Rubel so formulieren:

Satz 4. Wenn f eine ganze Funktion vom exponentiellen Typus $\tau < \ln 2$ ist und wenn $h(\pm\pi/2) < \pi$ gilt, wenn weiters die Menge $\mathfrak{A} \subset \mathbb{N}$ die Eigenschaft besitzt, daß $f(n) = 0$ für alle $n \in \mathfrak{A}$ gilt, dann ist die Bedingung $\Delta(\mathfrak{A}) = 1$ notwendig und hinreichend dafür, daß f identisch 0 ist.

Dieses Resultat wirft die Frage auf, ob die Bedingung $f(n) \in \mathbb{Z}$ für alle $n \in \mathbb{N}$ beim Studium der ganzen arithmetischen Funktionen nicht möglicherweise abgeschwächt werden kann. In der Tat hat W. Schwarz (1963, [42]) dazu folgendes Ergebnis für sogenannte ganze fast arithmetische Funktionen erhalten:

Satz 5. Wenn f eine ganze Funktion vom exponentiellen Typ $\tau < \ln 2$ ist, wenn $1 \le n_1 < n_2 < n_3 < \dots$ eine Folge natürlicher Zahlen mit der Wachstumseigenschaft

$$\sum_{n_i \le t} 1 = t + O\left(\frac{t}{\ln t}\right)$$

ist und wenn $f(n_i) \in \mathbb{Z}$ gilt, dann ist f ein Polynom. Der Beweis dafür verläuft analog zu dem von Satz 3. Wieder setzt man:

$$F(z) = f(n_1) + \sum_{k=2}^{\infty} a_k S_{k-1}(z)$$

mit

$$S_k(z) = \prod_{\nu=1}^{k} (z-n_\nu)$$

und

$$a_k = \sum_{\nu=1}^{k} \frac{f(n_\nu)}{\prod\limits_{\substack{\mu=1 \\ \mu\neq\nu}}^{k} (n_\nu-n_\mu)} = \frac{1}{2\pi i} \int\limits_{\substack{|z|=r \\ r>n_k}} \frac{f(z)}{S_k(z)}\, dz.$$

Da $f(n_\nu) \in \mathbb{Z}$ vorausgesetzt ist, muß $A_k = a_k . n_k! \in \mathbb{Z}$ gelten. Wählt man $r = 2n_k$, so folgt:

$$|A_k| = |a_k| \;.\; n_k! = O(e^{(\tau+\varepsilon)r} . \frac{1}{2^r}) \;.$$

Wegen $\tau < \ln 2$ muß daher A_k, und somit auch a_k , für hinreichend große k gleich 0 sein. Dh. die Newtonsche Interpolationsreihe $F(z)$ ist ein Polynom. Nun gilt aber:

$$F(n_k) = f(n_k),$$

sodaß die Anwendung des Satzes von Rubel die Aussage des Satzes ergibt.

Hierher gehört auch das folgende, etwas allgemeinere Resultat, das mit gewissen Lückenbedingungen zusammenhängt und gleichfalls von W. Schwarz ([42]) herrührt:

<u>Satz 6:</u> Sei $f(z)$ eine ganze Funktion vom exponentiellen Typ, für deren Indikatrix gilt:

$$h(\varphi) < \begin{cases} \pi|\sin\varphi| & \dots |\varphi| = \frac{\pi}{2} , \\ \infty & \dots \frac{\pi}{2} < |\varphi| < \pi . \end{cases}$$

Weiters sei $\{n_r\}$ eine Folge natürlicher Zahlen mit den Eigenschaften:

$$1 \le n_1 < n_2 < \dots \quad \text{und} \quad \lim_{r\to\infty} \frac{n_r}{n_{r-1}} > 1 .$$

Wenn nun $f(n) \in \mathbb{Z}$ für alle $n \neq n_r$, $r = 1,2,3,\dots$ gilt, dann ist $f(z)$ ein exponentielles Polynom der Gestalt:

$$P_0(z) + \sum_{k=1}^{p-1} P_k(z)\, e^{\frac{2\pi i k}{p} z} ,$$

worin die $P_k(z)$ Polynome sind.

R. C. Buck (1948, [5]) hat ebenfalls Sätze für ganze arithmetische Funktionen durch das Studium der Eigenschaften ihrer Indikatrix erhalten. Er hat etwa u.a. folgendes Resultat hergeleitet: Ist $f(z)$ eine ganze Funktion vom exponentiellen Typ, erfüllt sie die arithmetische Bedingung $f(\mathbb{N}) \subset \mathbb{Z}$ und gilt für ihre Indikatrix $h(\varphi)$:

$$h(\pm \tfrac{\pi}{2}) = 0, \quad h(0) = a, \quad h(\pi) = b, \quad e^a - e^{-b} < \sqrt{5} ,$$

dann hat $f(z)$ die Form:

$$P_0(z) + P_1(z)2^z + P_2(z)3^z + \dots ,$$

worin die $P_n(z)$ Polynome mit ganzrationalen Koeffizienten sind.

Auch eine Arbeit von R. M. Robinson (1971, [37]) ist hier zu erwähnen; er hat Fragen von Pólya und Buck weiter untersucht und interessante Ergebnisse erhalten.

In eine andere Richtung wurde das Pòlyasche Resultat von

A.O. Gelfond (1934, [11]) entwickelt. Er hat dabei das folgende Resultat hergeleitet:

Satz 6a. Es sei f eine ganze Funktion und für die von 1 verschiedene natürliche Zahl m mögen die Werte $f(m^n)$, $n = 0,1,2,\ldots$ ganze Zahlen sein. Weiters möge $f(z)$ der folgenden Ungleichung genügen:

$$\ln|f(z)| < \frac{1}{4 \ln m} \ln^2 r - \frac{1}{2} \ln z - \omega(r)$$

worin $r = |z|$ und $\omega(r)$ eine beliebig langsam wachsende Funktion mit $\lim\limits_{r\to\infty} \omega(r) = \infty$ ist. Dann ist f ein Polynom.
Die Schranke ist scharf, wie durch ein Beispiel nachgewiesen werden kann.
Dieser Satz wurde von R. Wallisser (1985, [49]) verfeinert.

§ 3. Die Methode der Interpolation mit Hilfe der Newtonschen Reihe ist auch auf ganze Funktionen, für die $f(\mathbb{Z}) \subset \mathbb{Z}$ gilt, anwendbar: Ist eine solche Funktion vom exponentiellen Typus kleiner als $\ln \frac{3+\sqrt{5}}{2}$, dann ist sie ein Polynom. Es ist aber anzumerken, daß diese Methode es nicht ermöglicht, ganze Funktionen mit $f(\mathbb{N}) \subset \mathbb{Z}$ zu untersuchen, wenn diese ein exponentielles Wachstum größer als $\ln 2$ besitzen. Der Grund dafür besteht darin, daß die Newtonsche Interpolationsreihe von 2^z nicht gegen $f(z) = 2^z$ konvergiert. Denn diese Reihe hat für $f(z) = 2^z$ die Form

$$F(z) = 1 + \sum_{n=0}^{\infty} a_n P_n(z) ,$$

woraus man, wie früher, $n!.a_n \in \mathbb{Z}$ erhält. Es ergibt sich dann $F(-1)$ als Summe ganzer Zahlen, da $P_n(-1) = (-1)^{n+1}(n+1)!$ ist, woraus natürlich nicht $F(-1) = f(-1) = \frac{1}{2}$ folgt.
Um den Fall von Funktionen schnelleren Wachstums behandeln zu können, bedarf es daher anderer Methoden. Eine solche stammt

von Ch. Pisot (1942, [30] und 1946, [31]), wobei er sich unter anderem folgender Hilfsmittel bediente:

Es sei $f(z) = \sum_{n=0}^{\infty} \frac{a_n}{n!} z^n$ eine ganze Funktion vom exponentiellen Typ α. Deren Laplace-Borel-Transformierte

$$F(z) = \sum_{n=0}^{\infty} \frac{a_n}{z^{n+1}}$$

ist überall holomorph bis auf eine abgeschlossene Kreisscheibe mit Mittelpunkt 0 und Radius α; sie ist 0 im Punkte ∞. Ebenso ist die Funktion $g(z) = \sum_{n=0}^{\infty} f(n)\, z^{-n-1}$ überall holomorph bis auf die Menge $S = \exp\{|z| \le \alpha\}$, und Null im Punkt ∞. Die Beziehungen zwischen diesen drei Funktionen sehen so aus:

$$f(z) = \frac{1}{2\pi i} \int_\Gamma e^{zw} F(w)\,dw \ , \quad g(z) = \frac{1}{2\pi i} \int_\Gamma \frac{F(w)}{z-e^w}\,dw \ ,$$

worin Γ ein einfach geschlossener Weg ist, der die Kreisscheibe $\{|z| \le \alpha\}$ umschließt. Wenn darüber hinaus $\alpha < \pi$ ist und wenn Γ im Ring $\{\alpha < |z| < \pi\}$ verläuft, dann hat man:

$$f(z) = \frac{1}{2\pi i} \int_{\exp\Gamma} w^z g(w)\,dw \ .$$

Dazu ist noch zu bemerken, daß die Kenntnis der $f(n)$ die Funktion g vollständig definiert und daß, wenn $\alpha < \pi$ ist, die letzte Formel zeigt, daß f vollständig durch die Werte $f(n)$ bestimmt wird. Wenn insbesondere f vom exponentiellen Typ kleiner als π ist und wenn $f(\mathbb{N}) = \{0\}$ gilt, dann ist f identisch 0. Dieses Resultat ist bestmöglich, da die Funktion $f(z) = \sin \pi z$ vom exponentiellen Typ π ist und auf $\mathbb{N}$ Null ist. Ist g eine rationale Funktion mit den Polen γ_i, $1 \le i \le n$, dann kann gezeigt werden, daß f ein exponentielles Polynom

$\sum_{i=1}^{n} P_i(z)\gamma_i^z$ ist, worin die P_i Polynome sind. Es kann umgekehrt nachgewiesen werden, daß, wenn f ein exponentielles Polynom der eben angeführten Form ist, g eine rationale Funktion sein muß.

Es sei S eine kompakte Menge in $\mathbb{C}$. Man setzt für $n \geq 2$:

$$M_n(S) = \sup_{(x_i)\in S^n} \prod_{1\leq i<j\leq n} |x_i - x_j|^2 .$$

Dann läßt sich leicht nachweisen, daß $M_n(S)^{\frac{1}{n(n-1)}}$ eine positive,abnehmende und somit konvergente Folge ist. Deren Grenzwert $\tau(s)$ wird als transfiniter Durchmesser von S bezeichnet. Z.B. ist der transfinite Durchmesser einer Kreisscheibe deren Radius.

Unter Verwendung dieser Begriffe, des Rationalitätskriteriums von L. Kronecker und einiger Resultate von M. Fekete und G. Pólya über den transfiniten Durchmesser bewies Ch. Pisot den folgenden

Satz 7: Es sei $\alpha > 0$ und $S = \exp\{|z| \leq \alpha\}$. Wenn $\tau(S) < 1$ (d.h. wenn $\alpha < 0.843\ldots$) ist, dann ist die Menge

$T=\{\gamma \in \mathbb{C} | \gamma$:ganz algebraisch, γ und dessen Konjugierte gehören zu S$\}$

endlich. Wenn f eine ganze Funktion vom exponentiellen Typ $\leq \alpha$ mit $f(\mathbb{N}) \subset \mathbb{Z}$ ist, dann ist f ein exponentielles Polynom, d.h. von der Form

$$f(z) = \sum_{\gamma\in T} P_\gamma(z)\gamma^z ,$$

worin die P_γ Polynome mit Koeffizienten aus $\mathbb{Q}[T]$ sind. Die γ sind ganze algebraische Zahlen folgender Art:

$$\gamma_1 = 1, \quad \gamma_2 = 2, \quad \gamma_3 = \frac{3+i\sqrt{3}}{2}, \quad \gamma_4 = \frac{3-i\sqrt{3}}{2}.$$

Auf den interessanten Fall, daß die ganzen Funktion $f(z)$ die arithmetische Bedingung $f(\mathbb{Z}) \subset \mathbb{Z}$ erfüllt, also ganzwertig in einem weiteren Sinne ist, soll kurz näher eingegangen werden. Nach Teilergebnissen von F. Carlson (1921, [6]) und A. Selberg (1941, [43]) hat Ch. Pisot (1946, [31]) mit seiner Methode der Laplace-Borel-Transformationen das Folgende bewiesen:

Satz 7a. Es möge die ganze Funktion $f(z)$ die Bedingung $f(\mathbb{Z}) \subset \mathbb{Z}$ erfüllen. Gilt nun für das Wachstum von $f(z)$

$$\overline{\lim_{r\to\infty}} \frac{\ln M(r)}{r} < \alpha = 0.9934\ldots, \quad M(r) = |f|_r,$$

dann ist $f(z)$ von der Form

$$f(z) = \sum_{n=1}^{s} \beta_n^z P_n(z)$$

mit ganzen algebraischen β_n und Polynomen $P_n(z)$ mit ganzen algebraischen Koeffizienten. Insbesondere ist

$$\beta_1 = 1, \quad \beta_2 = \frac{3+\sqrt{5}}{2}, \quad \beta_3 = \frac{3-\sqrt{5}}{2}$$

und weiters sind $\beta_4, \beta_5, \beta_6, \beta_7$ die Wurzeln der Gleichung

$$x^4 - 5x^3 + 9x^2 - 5x + 1 = 0.$$

Darin ist $\alpha = 0{,}9934\ldots$ jener Wert, für den das Gebiet:

$$|\log (z + \sqrt{z^2-4})| > \alpha$$

den Abbildungsradius 1 hat.

Die Verallgemeinerung aller dieser und verwandter Resultate auf ganze Funktionen mehrerer Veränderlicher ist nicht leicht. Das Analogon zum Satz von Pólya für ganze Funktionen, die $f(\mathbb{N}^m) \subset \mathbb{Z}$ befriedigen, wurde von A. Baker (1967, [2]) erhalten, der gezeigt hat, daß

$$f(z_1, \ldots, z_m) = 2^{z_1 + \ldots + z_m}$$

jene ganze transzendente Funktion in m Variablen ist, die das schwächste Wachstum mit der erwähnten Abbildungseigenschaft besitzt. Beim Beweis verwendete A. Baker die Methode der Interpolationsreihen für Funktionen mit m Variablen. Das Analogon zum Satz von Pisot wurde 1975 durch V. Avanissian und R. Gay ([1]) erhalten bei ihren Studium der Laplacetransformationen im $\mathbb{C}^m$.

§ 4. Eine weitere Frage, die auch hierhergehört, lautet: welche Aussagen sind möglich, wenn außer der Funktion $f(z)$ auch einige ihrer Ableitungen an "gewissen Stellen" ganzwertig sind? Genauer: wenn $f(z)$ ganz ist und wenn die s Ableitungen $f^{(j)}(z)$, $j = 0,1,\ldots,s-1$ an den m Punkten $\{0,1,\ldots,m-1\}$ ganzwertig sind, was kann über das Wachstum von $f(z)$ ausgesagt werden? Der Fall $m = 1$, $s = \infty$ führt zu den sogenannten Hurwitzfunktionen, - das sind also ganze Funktionen $f(z)$ für die $f^{(n)}(0) \in \mathbb{Z}$, $n = 0,1,2,\ldots$ gilt. Es ist leicht einzusehen, daß eine transzendente ganze Hurwitzfunktion mindestens von exponentieller Ordnung 1 und vom Typ 1 sein muß.

(Beweis: Es sei $f(z) = \sum_{n=0}^{\infty} c_n z^n$ eine solche Hurwitzfunktion, sodaß $f^{(n)}(0) = n!\, c_n \in \mathbb{Z}$ gilt und somit $c_n = \frac{a_n}{n!}$, $a_n \in \mathbb{Z}$, ist. Also ist entweder $c_n = 0$ oder $|c_n| \geq \frac{1}{n!}$. Da $f(z)$ kein Polynom ist, gilt diese letzte Ungleichung für unendlich viele n. Für die Ordnung ρ von $f(z)$ gilt:

$$\rho = \overline{\lim_{r\to\infty}} \frac{n\cdot\ln n}{-\ln|c_n|} \geq \overline{\lim_{n\to\infty}} \frac{n\cdot\ln n}{\ln n!} = 1 .$$

Ist $\rho > 1$, dann ist alles bewiesen. Nun gilt folgende Beziehung

$$(\tau e\rho)^{1/\rho} = \overline{\lim_{n\to\infty}} n^{1/\rho}|c_n|^{1/n} , \quad \tau\text{: Typ von } f(z) .$$

Wenn also $\rho = 1$ ist, so folgt daraus:

$$\tau e = \overline{\lim_{n\to\infty}} n|c_n|^{1/n} \geq \overline{\lim_{n\to\infty}} \frac{n}{(n!)^{1/n}} = e$$

oder aber $\tau \geq 1$. Damit ist alles bewiesen.)

Sowohl S. Kakeya (1916, [22]) als auch G. Pólya (1921, [36]) haben dieses einfache Resultat verschärft. Kakeya hat gezeigt, daß jede ganze Hurwitzfunktion, die der Beziehung

$$\lim_{r\to\infty} \frac{\sqrt{r}\ |f|_r}{e^r} = 0$$

genügt, ein Polynom sein muß. Pólya hat dieses Ergebnis weiter entwickelt: Er zeigte, daß eine transzendente ganze Hurwitzfunktion der Ungleichung

$$\overline{\lim_{r\to\infty}} |f|_r\, e^{-r}\sqrt{r} \geq \frac{1}{\sqrt{2\pi}}$$

genügen muß. Die Funktion

$$\varphi(z) = \sum_{n=0}^{\infty} \frac{z^{2^n}}{(2^n)!}$$

erfüllt die Ungleichung

$$|\varphi|_r\, e^{-r}\sqrt{r} < \frac{1}{\sqrt{2\pi}} + \varepsilon , \quad \varepsilon > 0,\ r > r_0(\varepsilon),$$

was zeigt, daß dieses Ergebnis bestmöglich ist.

Diese Resultate wurden in den Sechzigerjahren von D. Sato und E. G. Straus (1964, [41] und 1965, [40]) in folgender Weise verfeinert. Die Funktion $\varphi(r)$ wird, für alle $r \geq 0$, so definiert:

$$\varphi(r) = \max_n \frac{r^n}{\Gamma(n+1)} \left[= \exp(r - \frac{1}{2}\ln r - \frac{1}{2}\ln 2\pi + \frac{1}{24r} + 0(\frac{1}{r^2})\right].$$

Dann gilt der folgende Satz, wenn, wie schon früher auch, $M(r) = |f|_r$ bezeichnet:

Satz 8: Es sei $\psi(r)$ eine monoton wachsende Funktion derart, daß für jedes n_0 ein r_{n_0} existiert, sodaß $\psi(r) \geq r^{n_0}$ für alle $r > r_{n_0}$ ist. Dann existiert eine überabzählbare Menge von Hurwitzfunktionen, die die Ungleichung $M(r) < \varphi(r) + \psi(r)$ für alle $r > R$ erfüllen, worin R eine geeignete positive Zahl ist, die nur von ψ abhängt.

F. Gross (1962, [16]) hat dieses Ergebnis auf Funktionen mehrerer komplexer Veränderlicher ausgedehnt.

Mit Hilfe der Funktion $\varphi(r)$ ist es leicht, Bedingungen anzugeben, unter denen eine ganze Hurwitzfunktion ein Polynom sein muß. Es gilt nämlich der

Satz 9: Eine ganze Hurwitzfunktion, für die

$$M(r) < \varphi(r) + r^m$$

für ein gewisses m und alle $r > r_0$ gilt, ist ein Polynom.

Daraus läßt sich weiters das folgende Resultat, das als Verbesserung der Ergebnisse von Kakeya und Pólya angesehen werden kann, auf einfache Weise herleiten.

Satz 10 (D. Sato und E. G. Straus [40]): Zu jedem $\varepsilon > 0$ gibt es eine transzendente ganze Hurwitzfunktion, die der Bedingung

$$\overline{\lim_{r\to\infty}} \frac{\sqrt{2\pi r}\ e^{-r} M(r)}{(1+\frac{1+\varepsilon}{24r})} < 1$$

genügt, während jede ganze Hurwitzfunktion für die

$$\overline{\lim_{r\to\infty}} \frac{\sqrt{2\pi r}\ e^{-r} M(r)}{(1+\frac{1-\varepsilon}{24r})} \le 1$$

gilt, ein Polynom sein muß.

Weiters wurden auch, wiederum von E. G. Straus (1950, [45]) aber auch von L. Bieberbach (1953, [3]), ganze Funktionen untersucht, die gemeinsam mit all ihren Ableitungen an "mehreren" ganzzahligen Stellen ganzwertig sind. Es sollen hier, stellvertretend für den allgemeinen Fall, kurz ganze Hurwitzfunktionen in den Punkten 0 und 1 besprochen werden. Die beiden folgenden Sätze stammen von D. Sato und E. G. Straus ([40]).

Satz 11: Es seien $\varphi(r)$, $\psi(r)$ die Funktionen des Satzes 8. Dann gibt es eine überabzählbare Menge von ganzen Hurwitzfunktionen in 0 und 1, für die

$$M(r) < \varphi(r(r+1)) + \psi(r)$$

für $r > R$ gilt, worin R nur von ψ abhängt.

Als Gegenstück dazu besteht der

Satz 12: Es sei $g(z)$ eine ganze Hurwitzfunktion in den Punkten 0 und 1 und es gelte: $M(r) < \varphi(r(r-1))$ für $r > r_0$. Dann ist $g(z)$ ein Polynom.

Das soll bewiesen werden. $g(z)$ kann in eine Reihe der folgenden Art entwickelt werden:

$$g(z) = \sum_{n=0}^{\infty} a_n z^{\left[\frac{n+1}{2}\right]} \cdot (z-1)^{\left[\frac{n}{2}\right]}, \text{ worin } a_n = \frac{1}{2\pi i} \int_{|\xi|=r} \frac{g(\xi)d\xi}{\xi^{\left[\frac{n+2}{2}\right]}(\xi-1)^{\left[\frac{n+1}{2}\right]}} \text{ ist.}$$

Nun wird behauptet, daß $[\frac{n}{2}]!\, a_n$ eine ganze Zahl ist. Dies läßt sich so einsehen.

Es ist

$$\left(g^{([\frac{n}{2}])}(\xi)\right)_{\xi=0,1} = \sum_{j=[\frac{n}{2}]}^{n-1} c_j a_j \pm [\tfrac{n}{2}]!\, a_n \in \mathbb{Z}$$

und c_j ist durch $[\frac{n}{2}]!$ teilbar, sodaß sich

$$\sum_{j=[\frac{n}{2}]}^{n-1} c_j \cdot a_j \in Z$$

ergibt. Also ist $[\frac{n}{2}]!\, a_n$ tatsächlich eine ganze Zahl. Es ist somit $g(z)$ eine Hurwitzfunktion in den Punkten 0 und 1 dann, und nur dann, wenn sich $g(z)$ so darstellen läßt:

$$g(z) = \sum_{n=0}^{\infty} \frac{b_n}{[\frac{n}{2}]!} z^{\left[\frac{n+1}{2}\right]} (z-1)^{[\frac{n}{2}]} ,$$

worin b_n für $n = 0,1,2,...$ eine ganze Zahl ist. Daraus erhält man die folgende Abschätzung:

$$|b_n| < \frac{[\frac{n}{2}]!\, M(r)}{r^{[\frac{n}{2}]} (r-1)^{[\frac{n+1}{2}]}} \le \frac{M(r)}{\varphi(r(r-1))} ,$$

wenn nur r so gewählt wird, daß

$$\varphi(r(r-1)) = \frac{(r(r-1))^{[\frac{n}{2}]}}{[\frac{n}{2}]!}$$

ist. Wenn daher $M(r) < \varphi(r(r-1))$ für $r > r_0$ besteht, dann ist $|b_n| < 1$ und somit folgt für $n > n_0 : b_n = 0$. Das bedeutet jedoch, daß $g(z)$ ein Polynom ist.

Der Vergleich der beiden letzten Sätze zeigt, daß es transzendente ganze Hurwitzfunktionen in den Punkten 0 und 1 mit

$$M(r) < e^{(r^2+r-\ln r+O(1))}$$

gibt, während es solche Funktionen mit

$$M(r) < Ce^{(r^2-r-\ln r)} ,$$

worin C eine positive Konstante ist, nicht gibt.

Daher scheint die Frage nach der besten Konstanten $\sigma_0 : -1 \le \sigma_0 \le 1$ derart, daß alle transzendenten ganzen Hurwitzfunktionen in den Punkten 0 und 1 für beliebig große r die folgende Ungleichung erfüllen müssen:

$$M(r) < \exp(r^2+\sigma_0 r+O(r)) ,$$

offen zu sein.

Ein Resultat von A. O. Gelfond (1929, [9]) bezieht sich auf jene ganzen Funktionen, die an den Stellen $0,1,2,\ldots$ samt den Ableitungen der ersten $p-1$ Ordnungen ganzzahlige Werte annehmen; damit handelt es sich also, in der Bezeichnungsweise von früher, um den Fall $m = \infty$, $s = p$. Gelfond bewies, daß solche Funktionen Polynome sind, falls

$$M(r) < e^{ar} \quad \text{mit} \quad a < p \ln \left[1 + e^{\frac{1-p}{p}}\right]$$

ist, wobei $p = 1$ den Satz von Pólya ergibt. Diese Schranke wurde von A. Selberg (1941, [43]) verbessert.

Ohne näher darauf eingehen zu können sei nur erwähnt, daß weit über das hier Besprochene hinaus E. G. Straus und seinen Mitarbeitern viele weitere wichtige Resultate aus diesem Themenkreis zu verdanken sind. Siehe etwa: [7], [26], [28], [45].

§ 5. Im Jahre 1926 hat S. Fukasawa ([8]) mit Hilfe der Methode der interpolierenden Reihen bewiesen, daß eine ganze Funktion f, die $f(\mathbb{Z}[i]) \subset \mathbb{Z}[i]$ erfüllt und von einer Ordnung $< 1{,}47\ldots$ ist, notwendigerweise ein Polynom sein muß. 1929 hat A. O. Gelfond ([9]) dieses Resultat verfeinert und Folgendes gezeigt:

Satz 13: Es gibt eine Konstante $\omega > 0$ derart, daß alle ganzen Funktionen $f\colon \mathbb{C} \to \mathbb{C}$, die die Bedingungen

$$f(\mathbb{Z}[i]) \subset \mathbb{Z}[i] \quad \text{und} \quad \overline{\lim_{r\to\infty}} \frac{\ln |f|_r}{r^2} < \omega$$

erfüllen, notwendigerweise Polynome sind.

Es sei im Besonderen erwähnt, daß die Polynome P, für die $P(\mathbb{Z}[i]) \subset \mathbb{Z}[i]$ ist, wesentlich schwerer zu bestimmen sind, als jene, die $\mathbb{N}$ auf $\mathbb{Z}$ abbilden. In einer Arbeit von J. Hily findet man deren genaue Bestimmung (1962, [21]).

Nebenbei: Allgemeinere Untersuchungen über ganzwertige Polynome in algebraischen Zahlkörpern K (das sind Polynome f über K, die für R, den Ring der ganzen Zahlen von K, die Beziehung $f(R) \subseteq R$ erfüllen) haben als Erste G. Pólya (1919, [34]) und A. Ostrowski (1919, [29]) angestellt, während in jüngerer Zeit K. Rogers und E. G. Straus (1985, [38]) sich damit eingehend befaßt haben.

Die Hauptschwierigkeit beim Beweis des Gelfondschen Satzes besteht in der Abschätzung des kleinsten gemeinsamen Vielfachen von Elementen aus $\mathbb{Z}[i]$; dieses kleinste gemeinsame Vielfache entspricht dem Nenner $n!$ von a_n, der im Beweis des Satzes von Pólya erscheint. Während jedoch im Pólyaschen Falle eine einfache Abschätzung für die Schlußfolgerung ausreicht, sind im Gelfondschen Falle feinere Überlegungen nötig. Gelfond findet dabei ein konstantes ω, das bei 10^{-45} liegt (der Wert für ω beträgt bei ihm: $\pi(1+\exp \frac{164}{\pi})^{-2}/2$, der $< 10^{-45}$ ist.) Bemerkt sei nebenbei, daß diese Überlegungen eine fundamentale Rolle beim Beweis der Transzendenz von e^{π} spielt, der 1929 Gelfond ([10]) gelungen ist. Dieses ω kann nicht größer als $\frac{\pi}{2}$ sein, denn die σ-Funktion von Weierstraß (diese sieht so aus:

$$\sigma(z) = z \prod_{\omega}{}' \left(1- \frac{z}{\omega}\right)e^{\frac{z}{\omega} + \frac{1}{2}\left(\frac{z}{\omega}\right)^2}, \quad \omega = n + im,\ n,m \in \mathbb{Z})$$

ist vom Typ $\frac{\pi}{2}$ und der Ordnung 2 und sie erfüllt die Beziehung $\sigma(\mathbb{Z}[i]) = \{0\}$. Dieses Weierstraßsche Produkt spielt hier die gleiche Rolle wie im Falle $f(\mathbb{Z}) \subset \mathbb{Z}$ die Funktion $\sin \pi z$.

Die Berechnung des oben erwähnten kleinsten gemeinsamen Vielfachen wurde von L. Gruman (1980, [17]) verbessert, der ein ω angeben konnte, das in der Nähe von 0,039 liegt. D. W. Masser (1980, [27]) hatte (ohne darüber zu publizieren) in den Siebzigerjahren die Interpolationsmethode so weiter entwickelt, daß er damit eine asymptotische Formel für das kleinste gemeinsame Vielfache herleiten konnte. Dazu braucht man allerdings genaue Kenntnisse der Primzahlverteilung in $\mathbb{Z}[i]$ und Weiteres aus der analytischen Zahlentheorie. Masser erhielt damit die beste Konstante ω, die die Interpolationsmethode zu liefern vermag. Der dabei für ω erhaltene Wert liegt nahe bei $1/(2e)$. Masser zeigte auch, daß die Konstante ω nicht größer als $\pi/(2e)$ sein kann; denn er konstruierte eine ganze Funktion f vom Typ $\pi/(2e)$ und der Ordnung 2, die $\mathbb{Z}[i]$ auf sich selbst abbildet. Man kann nun einen wesentlichen Unterschied zwischen den Fällen $\mathbb{N}$ und $\mathbb{Z}[i]$ feststellen: Im ersteren konvergiert die entsprechende Interpolationsreihe nur für Funktionen vom exponentiellen Typ kleiner als $\ln 2$, während im zweiten Fall diese Reihe für Funktionen vom Typ kleiner als $\frac{\pi}{2}$ und der Ordnung 2 gegen diese Funktion konvergieren. Insbesondere kann man ganze Funktionen f konstruiere, deren Typ stets $\geq \frac{\pi}{2e}$ ist, die von der Ordnung 2 sind und die $f(\mathbb{Z}[i]) \subset \mathbb{Z}[i]$ erfüllen.Die Methode der Laplace - Boreltransformation kann auf diesen Fall nicht angewendet werden. Es ist eigenartig, daß es eine Transzendenzmethode ist, die das Resultat $\omega = \pi/2e$ liefert. Interessanterweise berücksichtigt diese Methode aber keineswegs die feinere algebraische Struktur von $\mathbb{Z}[i]$, wie etwa die Tatsache, daß $\mathbb{Z}[i]$ Hauptidealring ist, sodaß sie auch auf beliebige imaginäre quadratische Zahlkörper anwendbar ist. Mit ihrer Hilfe wurde von F. Gramain (1981, [12] und 1982, [13]) das folgende Resultat bewiesen

<u>Satz 14:</u> Sei K ein imaginärer quadratischer Zahlkörper mit der Diskriminante $-\Delta$ und $a = \frac{\sqrt{\Delta}}{2}$ der Inhalt eines Fundamentalparallelogramms des Ringes O_K der ganzen Zahlen von K.

1) Wenn f eine ganze Funktion mit den Eigenschaften

$$f(O_K) \subset O_K \quad \text{und} \quad \overline{\lim_{r\to\infty}} \frac{\ln |f|_r}{r^2} < \frac{\pi}{2ea}$$

ist, dann ist f ein Polynom.

2) Es existiert eine überabzählbare Menge ganzer Funktionen f vom Typ $\frac{\pi}{2ea}$ und der Ordnung 2 derart, daß $f(O_K) \subset O_K$ ist.

Transzendenzmethoden wurden übrigens schon früher auf solche Probleme angewendet; so etwa hat M. Waldschmidt (1978, [46]) auf diese Weise den Satz von Pólya neu bewiesen, allerdings mit einem wesentlich schlechteren Wert der Konstanten, nämlich 0,0035.. (an Stelle von $\ln 2 = 0{,}6931\ldots$). In gleicher Art leitete Waldschmidt die Existenz einer Konstanten $c > 0$ her, die nur von K, einem algebraischen Zahlkörper, abhängt, derart, daß

$$f(O_K) \subset O_K \quad \text{und} \quad \overline{\lim_{r\to\infty}} \frac{\ln |f|_r \cdot \ln r}{r^2} < c$$

zur Folge haben: f ist ein Polynom.

Zum Abschluß sei noch der folgende, aus der letzten Zeit stammende Fortschritt der Theorie der ganzen ganzwertigen Funktionen erwähnt. Ausgehend von der von Waldschmidt entwickelten Methode (dh. also der Schneiderschen Methode) haben F. Gramain und M. Mignotte (1983, [15]) allgemeine Resultate 'Pólyascher Art' für Funktionen von einer und auch mehrerer komplexer Variablen hergeleitet, von denen lediglich eines als Beispiel zitiert werde.

Satz 15: Sei Γ jene additive Untergruppe von $\mathbb{C}$, die durch k algebraische Zahlen γ_j, $1 \le j \le k$, die über $\mathbb{Q}$ linear unabhängig sind, erzeugt wird. Es sei O_K der Ring der ganzen Zahlen eines gegebenen Zahlkörpers K. Dann existiert eine effektiv berechenbare Konstante $c > 0$, die nur von den γ_j und von K abhängt, so daß eine ganze Funktion, die

$$|f(z)| \le e^{c|z|^k}, \quad |z| \ge 1,$$

und für

$$\gamma \in \Gamma(S) = \{\gamma \in \Gamma | \gamma = a_1\gamma_1 + \ldots + a_k\gamma_k;\ a_i \in Z;\ \max|a_i| \le S\}$$

$$f(\Gamma) \subset O_K \quad \text{und} \quad \ln |\overline{f(\gamma)}| \le c\, S^k$$

(worin $|\overline{f(\gamma)}|$ das Maximum der Absolutbeträge der Konjugierten von $f(\gamma)$ bezeichnet) erfüllt, ein Polynom sein muß.

BIBLIOGRAPHIE

[1] Avanissian, V. et Gay, R.: Sur la transformation des fonctionelles analytiques et ses applications aux fonctions entières de plusieurs variables. Bull. Soc. Math. France, 103 (1975), p. 341-84.

[2] Baker, A.: A note on integral integer-valued functions of several variables. Proc. Camb. Phil. Soc., t. 63 (1967), p. 715-720.

[3] Bieberbach, L.: Über einen Satz Pólyascher Art. Archiv der Mathematik, Vol. IV (1953), p. 23-27.

[4] Bieberbach, L.: Analytische Fortsetzung. Springer-Verlag, Berlin-Göttingen-Heidelberg, 1955.

[5] Buck, C. R.: Integral valued entire functions. Duke Math, J., t. 15 (1948), p. 879-891.

[6] Carlson, F.: Über ganzwertige Funktionen. Math. Z., Bd. 11, (1921), 1-23.

[7] Cayford, A. F.: A class of integer-valued entire functions. Transactions Amer. Math. Soc. 141 (1969), p. 415-432.

[8] Fukasawa, S.: Über ganzwertige ganze Funktionen. Tohoku Math. J., 27 (1926) 41-52.

[9] Gel'fond, A.: Sur les propriétés arithmétiques des fonctions entières. Tohoku Math. J., 30 (1929), 280-285.

[10] Gel'fond, A.: Sur les nombres transcendants. C. R. Acad. Sc. Paris, 189 (1929), 1224-1226.

[11] Gel'fond, A.: Über Potenzreihen mit ganzen Koeffizienten. Wiss. Berichte der Univ. Moskau (1934), p. 29-33.

[12] Gramain, F.: Sur le théorème de Fukasawa-Gel'fond. Invent. Math. 63 (1981) 495-506.

[13] Gramain, F.: Sur le théorème de Fukasawa - Gel'fond - Gruman - Masser. Séminaire Delange-Pisot-Poitou 1980-81, 67-85, Progress in Math. n°22, Birkhäuser 1982.

[14] Gramain, F.: Fonctions entières arithmétiques: un aperçu historique. Publ. IRMA-Lille, Vol. VI.(1984).

[15] Gramain, F. et Mignotte M.: Fonctions entières arithmétiques. Approximations Diophantiennes et Nombres Transcendants, Luminy 1982, 99-124, Progress in Math. n°31, Birkhäuser 1983.

[16] Gross, F.: Integer-valued entire functions of several complex variables. Diss., Univ. of California, Los Angeles, 1962.

[17] Gruman, L.: Propriétés arithmétiques des fonctions entières. Bull. Soc. Math. France 108, 421-440 (1980).

[18] Hardy, G. H.: On a theorem of Mr. G. Pólya. Proc. Camb. Phil. Soc., t. 19 (1916-1919), p. 60-63.

[19] Hermite, Ch.: Sur la fonction exponentielle. C. R. 77 (1873), 18-24, 74-9, 226-33, 285-93.

[20] Hilbert, D.: Mathematische Probleme. Gesammelte Abhandlungen, 1935. Dritter Band, p. 290-329.

[21] Hily, J.: Polynomes á valeurs entières. Séminaire Delange-Pisot-Poitou, 4ème année (1962/63) n°1, 11p.

[22] Kakeya, S: Note on the maximum modulus of a function. Tohoku Math. J., Vol. 10 (1916), p. 68-70.

[23] Landau, E.: Note on Mr. Hardy's extension of a theorem of Mr. G. Pólya. Proc. Cambridge Phil. Soc. 20 (1920/21).

[24] Lang, S.: Complex Analysis. Springer-Verlag, Berlin 1985.

[25] Lindemann, F.: Über die Zahl π. Math. Ann. 20 (1882), 213-25.

[26] Lockhart, P. und Straus, E. G.: Entire functions which are infinitely integer valued at a finite number of points. Transactions Amer. Math. Soc. 293 (1986), p. 633-654.

[27] Masser, D. W.: Sur les fonctions entières á valeurs entières, C. R. Acad. Sc. Paris, 291, Ser A (1980), 1-4.

[28] Neidelman, L. D. und Straus, E. G.: Functions whose derivations at one point form a finite set. Transactions Amer. Math. Soc. 140 (1969), p. 411-422.

[29] Ostrowski, A.: Über ganzwertige Polynome in algebraischen Zahlkörpern. Jour. f. reine und angew. Math. 149 (1919), p. 117-124.

[30] Pisot, Ch.: Über ganzwertige ganze Funktionen. Jahresbericht DMV 52 (1942), 95-102.

[31] Pisot, Ch.: Sur les fonctions arithmétiques analytiques á croissance exponentielle. C. R. Acad. Sc. Paris, 22 (1946), 988-990.

[32] Pisot, Ch.: Sur les fonctions analytiques arithmétiques et presque arithmétiques. C. R. Acad. Sci. Paris 222 (1946), 1027-1028.

[33] Pólya, G.: Über ganzwertige ganze Funktionen, Rend. Circ. Math. Palermo, 40 (1915), 1-16.

[34] Pólya, G.: Über ganzwertige Polynome in algebraischen Zahlkörpern. Jour. f. reine und angew. Math. 149 (1919), p. 97-116.

[35] Pólya, G.: Über ganzwertige ganze Funktionen. Nachr. Ges. Wiss. Göttingen (1920), 1-10.

[36] Pólya, G.: Über die kleinsten ganzen Funktionen, deren sämtliche Derivierte im Punkte $z=0$ ganzzahlig sind. Tohoku Math. J., Vol. 19 (1921), p. 65-68.

[37] Robinson, R. M.: Integer-valued entire functions. Transactions Amer. Math. Soc., Vol. 153 (1971), p. 451-68.

[38] Rogers, K. and Straus, E. G.: Infinitely integer-valued polynomials over an algebraic number field. Pacific J. of Math. 118 (1985), p. 507-522.

[39] Rubel, L. A.: Necessary and sufficient conditions for Carlsons theorem on entire functions. Trans. Amer. Math. Soc. 83 (1956), 417-430.

[40] Sato, D. and Straus, E. G.: On the rate of growth of Hurwitz functions of a complex or a p-adic variable. Jour. Math. Soc. of Japan, Vol. 17 (1965), p. 17-29.

[41] Sato, D. and Straus, E. G.: Rate of growth of Hurwitz entire functions and integer-valued entire functions. Bull. Am. Math. Soc,. Vol. 70 (1964), p. 303-307.

[42] Schwarz, W.: Eine Bemerkung über fast-ganzwertige Funktionen. Monatshefte für Mathematik 67 (1963), 129-136.

[43] Selberg, A.: Über ganzwertige ganze transzendente Funktionen. Arch. Math. Naturvid. 44 (1941), 45-52 und 717-181.

[44] Stäckel, P. Über arithmetische Eigenschaften analytischer Funktionen. Math. Annalen 46 (1895), p. 513-520.

[45] Straus, E. G.: On entire functions with algebraic derivatives et certain algebraic points. Ann. of Math. 52 (1950), p.188-198.

[46] Waldschmidt, M.: Pólya's theorem by Schneider's method. Acta Math. Acad. Sci. Hungar, Vol. 31 (1978), p. 21-25.

[47] Wallisser, R.: Verallgemeinerte ganze ganzwertige Funktionen vom Exponentialtypus. J. reine angew. Math., t. 235 (1969) p. 189-206.

[48] Wallisser, R.: Aperçu sur les fonctions entières arithmétiques. Publications Mathématiques de l'Université P. et M. Curie. (1981).

[49] Wallisser, R.: Über ganze Funktionen, die in einer geometrischen Folge ganze Werte annehmen. Monatshefte für Mathematik, Vol. 100 No. 4 (1985), p. 329-335.

F. Gramain
Faculté de Sciences et Techniques
Université de Saint-Etienne
F-42023 Saint-Etienne/France

F. J. Schnitzer
Institut für Mathematik und Angewandte Geometrie
Montanuniversität Leoben
A-8700 Leoben/Österreich

Hornichsche Produkte und verallgemeinerte Lambertsche Reihen in einer und mehreren komplexen Veränderlichen

von

F.J.Schnitzer und J. Schwaiger
(Leoben / Graz)

In [2] untersuchte H.Hornich Produkte der Form $\prod_{n=1}^{\infty}(1+z^n)^{c_n}$ und zeigte, daß sich jede im Einheitskreis holomorphe Funktion, die dort nirgends verschwindet und im Nullpunkt den Wert 1 annimmt, mit geeigneten komplexen Exponenten c_n in dieser Form darstellen läßt. Allerdings war der Konvergenzbeweis ergänzungsbedürftig. Ein schlüssiger Beweis findet sich in [5]. Anlaß und Ausgangspunkt für die hier vorliegenden Untersuchungen war die vom erstgenannten Autor aufgeworfene Frage nach der Verallgemeinerung auf Funktionen mehrerer komplexer Veränderlicher.

Da sich jede im Einheitskreis D holomorphe Funktion f mit $f(0)=1$ und $f(z) \neq 0$ für alle $z \in D$ als $f(z) = \exp(g(z))$ schreiben läßt, wobei g eine in D holomorphe Funktion mit $g(0)=0$ ist, reduziert sich die Frage der Darstellung von f durch $\prod_{n=1}^{\infty}(1+z^n)^{c_n}$ auf die Untersuchung von Reihendarstellung der Gestalt

$$g(z) = \sum_{n=1}^{\infty} c_n \cdot \ln(1+z^n). \tag{1}$$

Eine ähnliche Bauart haben die sogenannten Lambertschen Reihen, deren Bedeutung etwa in [1],p. 161 f. näher untersucht wird:

$$g(z) = \sum_{n=1}^{\infty} c_n \cdot \frac{z^n}{1-z^n} \tag{2}$$

Es hat sich nun gezeigt, daß weitgehende Verallgemeinerungen möglich sind. Davon soll im folgenden die Rede sein. Allerdings sind noch einige Bezeichnungen anzuführen.

Für $\nu = (\nu_1,\nu_2,\ldots,\nu_n) \in \mathbb{N}_0^n$ $(n \geq 1)$ und $z = (z_1,z_2,\ldots,z_n) \in \mathbb{C}^n$ sei

$z^\nu := z_1^{\nu_1} \cdot z_2^{\nu_1} \cdot \ldots \cdot z_n^{\nu_n}$ und $|\nu| := \sum_{i=1}^{n} \nu_i$. Falls $r = (r_1,r_2,\ldots,r_n) \in \mathbb{R}_{++}^n$

($\mathbb{R}_{++}$ die Menge aller positiven reellen Zahlen), so sei P_r der Polyzylinder mit Mittelpunkt 0 und Polyradius r, d.h. P_r ist die Menge alle $z \in \mathbb{C}^n$ mit $|z_j| < r_j$ für $1 \le j \le n$. Weiterhin sei $G \subseteq \mathbb{C}^n$ ein Gebiet, das sich in der Form $G = \bigcup_{r \in R} P_r$ schreiben lassen möge, wobei R eine beliebige Teilmenge der Menge aller Polyradien $s \in \mathbb{R}^n_{++}$ mit $s_j \le 1$ für alle j sei. Dann ist leicht einzusehen, daß G auch geschrieben werden kann als $G = \bigcup_{s \in \tilde{R}} P_s$, wobei $\tilde{R} := \{ s \in \mathbb{R}^n_{++} \mid$ es existiert ein $r \in R$ mit $s < r\}$. Dabei bedeute $s < r$ bzw. $s \le r$, daß $s_j < (\le)\ r_j$ ist für alle $1 \le j \le n$. Außerdem ist unmittelbar einsichtig, daß für $s \in \tilde{R}$ der abgeschlossene Polyzylinder $\overline{P}_s$ ganz in G enthalten ist. Es sei noch angemerkt, daß für jede in G holomorphe Funktion h die Potenzreihenentwicklung $h(z) = \sum_{\nu \in \mathbb{N}_0^n} a_\nu z^\nu$ von h um $z_0 = 0$ in ganz G konvergiert (und dort h darstellt), weil dies für jeden Polyzylinder mit 0 als Mittelpunkt gilt, der in G enthalten ist.

Ferner sei f eine beliebige, aber feste im Einheitskreis $D \subseteq \mathbb{C}$ holomorphe Funktion mit $f(0) = 0$ und $f'(0) \neq 0$. Dann soll gezeigt werden, daß folgendes gilt:

Satz 1: Es sei g eine im Gebiet $G = \bigcup_{r \in R} P_r$ holomorphe Funktion mit $g(0) = g(0,0,\dots,0) = 0$. Dann existiert eine durch g und f eindeutig bestimmte n-fache Folge $(b_\nu)_{\nu \in \mathbb{N}_0^n}$ komplexer Zahlen, sodaß für alle $z \in G$ gilt:

$$g(z) = \sum_{\nu \in \mathbb{N}_0^n,\ |\nu| \ge 1} b_\nu \cdot f(z^\nu). \tag{3}$$

Dabei konvergiert die n-fache Reihe für alle $z \in G$ absolut und gleichmäßig auf allen kompakten Teilmengen von G.

Um zum Beweis dieses Satzes gelangen, müssen einige Hürden genommen werden.

Hilfssatz 1. Es seien G und f wie im Satz 1 gegeben und es sei h eine in G holomorphe Funktion mit $h(0)=0$ und der (in ganz G gültigen) Potenzreihenentwicklung $h(z) = \sum_{|\nu| \ge 1} b_\nu z^\nu$.

Dann ist die Reihe $\sum_{|\nu| \ge 1} b_\nu \cdot f(z^\nu)$ in G absolut summierbar und die Konvergenz ist gleichmäßig auf allen kompakten Teilmengen von G. Außerdem ist $\tilde{h}$ mit $\tilde{h}(z) := \sum_{|\nu| \ge 1} b_\nu \cdot f(z^\nu)$ auf G holomorph und für die Potenzreihenentwicklung von $\tilde{h}$ um $z_0 = 0$ gilt:

$$\tilde{h}(z) = \sum_{|\nu|\geq 1} a_\nu \cdot z^\nu, \quad a_\nu = \sum_{k|\nu} \alpha_k \cdot b_{\frac{1}{k}\cdot\nu}. \tag{4}$$

Dabei sei $f(\zeta) = \sum_{k=1}^{\infty} \alpha_k \zeta^k$ die Potenzreihenentwicklung von f um $\zeta_0 = 0$, $\frac{1}{k}\cdot\nu := (\frac{1}{k}\cdot\nu_1, \frac{1}{k}\cdot\nu_2, \ldots, \frac{1}{k}\cdot\nu_n)$ und es bedeute $k|\nu$, daß k alle Komponententen ν_j von ν teilen möge.

Beweis. Wegen $f(0) = 0$ und $f'(0) = \alpha_1 \neq 0$ existiert ein $\delta > o$, sodaß für alle $|\zeta| \leq \delta$ (<1) die Ungleichung $\frac{\alpha_1}{2}\cdot|\zeta| \leq |f(\zeta)| \leq \frac{3\alpha_1}{2}\cdot|\zeta|$ gilt. Nun sei $z \in G$. Dann ist $a := \max_{1\leq j\leq n} |z_j| < 1$ und $|z^\nu| \leq a^{|\nu|}$, weswegen $|z^\nu| \leq \delta$ sein muß, wenn nur $|\nu|$ hinreichend groß ist. Daraus und aus dem zweiten Teil der obigen Ungleichung folgt die absolute Summierbarkeit.Es gilt dann ja für alle ν mit hinreichend großem Betrag $|\nu|$, daß $|f(z^\nu)| \leq \frac{3\alpha_1}{2}\cdot|z^\nu|$ ist. Nun sei K eine kompakte Teilmenge von G. Für diese existieren dann endlich viele Polyradien $s(1), s(2), \ldots, s(m) \in \tilde{R}$, sodaß K in $\bigcup_{j=1}^{m} P_{s(j)}$ enthalten ist. Somit genügt es zu zeigen, daß die zu untersuchende Reihe auf $\overline{P_{s(j)}}$ gleichmäßig konvergiert. Dazu sei $s := s(j)$ und $z \in \overline{P_s} \subseteq G$. Dann ist $|z^\nu| \leq s^\nu$. Nun schließe man weiter wie oben. Somit ist der erste Teil des Hilfssatzes bewiesen. Der Rest wird folgendermaßen erledigt.

Für $N \in \mathbb{N}$ sei $\tilde{h}_N(z) := \sum_{|\nu|\leq N} b_\nu \cdot f(z^\nu)$. Dann ist $\tilde{h}$ auf G holomorph und die Potenzreihenentwicklung um $z_0 = 0$ hat die Form

$$\tilde{h}_N(z) = \sum_{|\nu|\geq 1} a_\nu^{(N)} \cdot z^\nu \text{ mit } a_\nu^{(N)} = \sum_{\substack{k\geq 1, |\mu|\leq N \\ k\cdot\mu=\nu}} \alpha_k \cdot b_\mu.$$

Aus dem ersten Teil folgt, daß $\tilde{h}_N$ auf G kompakt gegen $\tilde{h}$ konvergiert. Der Satz von Weierstraß liefert dann alles Weitere: Zum einen ist dann $\tilde{h}$ holomorph und zum anderen gilt für die Potenzreihenentwicklung $\tilde{h}(z) = \sum_{|\nu|\geq 1} a_\nu \cdot z^\nu$, daß $a_\nu = \lim_{n\to\infty} a_\nu^{(N)} = \sum_{k|\nu} a_k \cdot b_{\frac{1}{k}\cdot\nu}$ ist.

Hilfssatz 2. Es existiert eine Folge $(\beta_m)_{m\in\mathbb{N}}$, sodaß für je zwei n-fache Folgen $(a_\nu)_{|\nu|\geq 1}, (b_\nu)_{|\nu|\geq 1}$ komplexer Zahlen die Beziehungen

$$a_\nu = \sum_{k|\nu} \alpha_k \cdot b_{\frac{1}{k}\cdot\nu} \quad \text{für alle } |\nu|\geq 1 \tag{5}$$

und

$$b_\nu = \sum_{k|\nu} \beta_k \cdot a_{\frac{1}{k}\cdot\nu} \quad \text{für alle } |\nu| \geq 1 \tag{6}$$

zueinander äquivalent sind.

Beweis. Wir betrachten die Faltung "*" zahlentheoretischer Funktionen (vgl. etwa [4], p. 110 ff.) und definieren $\beta = (\beta_m)_{m\in\mathbb{N}}$ durch $\beta*\alpha$ ($=\alpha*\beta$) $= \delta$, wobei $\alpha := (\alpha_m)_{m\in\mathbb{N}}$ und $\delta := (\delta_{1,m})_{m\in\mathbb{N}} = (1,0,0,\ldots.)$. Genauer heißt dies, daß für alle $m \in \mathbb{N}$ die Beziehung

$\sum_{j|m} \beta_j \cdot \alpha_{\frac{m}{j}} = \delta_{1,m}$ gilt. Wegen $\beta*\alpha = \alpha*\beta = \delta$ ist offensichtlich nur zu zeigen, daß aus (5) die Gleichung (6) folgt. Sei $\nu \in \mathbb{N}_0^n$, $|\nu| \geq 1$. Dann gilt:

$$\sum_{k|\nu} \beta_k \cdot a_{\frac{1}{k}\cdot\nu} = \sum_{k|\nu} \beta_k \sum_{j|\frac{1}{k}\cdot\nu} \alpha_j \cdot b_{\frac{1}{j}\cdot\frac{1}{k}\cdot\nu} = \sum_{k|\nu,\, k\cdot j|\nu} \beta_k \cdot \alpha_j \cdot b_{\frac{1}{k\cdot j}\cdot\nu} =$$

$$\sum_{m|\nu} \Big(\sum_{k\cdot j=m} \beta_k \cdot \alpha_j\Big) \cdot b_{\frac{1}{m}\cdot\nu} = \sum_{m|\nu} \Big(\sum_{j|m} \beta_j \cdot \alpha_{\frac{m}{j}}\Big) \cdot b_{\frac{1}{m}\cdot\nu} = \sum_{m|\nu} \delta_{1,m} \cdot b_{\frac{1}{m}\cdot\nu} = b_\nu;$$

und das war zu zeigen.

Sodann formulieren wir

Satz 2. Es sei $f(\zeta) = \sum_{k=1}^{\infty} \alpha_k \zeta^k$ mit $\alpha_1 \neq 0$ im Einheitskreis D holomorph. Dann gilt, wenn β wie im Beweis des Hilfssatzes 2 gewählt wird, daß auch die Funktion $\tilde{f}$ mit $\tilde{f}(\zeta) := \sum_{k=1}^{\infty} \beta_k \zeta^k$ in D holomorph ist.

Wir verschieben den Beweis von Satz 2 auf später und zeigen nun, wie daraus Satz 1 folgt:

Beweis von Satz 1. Es sei g in G holomorph und es sei

$g(z) = \sum_{|\nu|\geq 1} a_\nu z^\nu$ die Potenzreihenentwicklung von g um $z_0 = 0 \in G$.

Diese konvergiert, wie schon erwähnt, für alle $z \in G$.

Wir betrachten nun die Beziehung (3) als formalen Ansatz zur Bestimmung der b_ν aus den a_ν. Dabei ergeben sich offensichtlich die Relationen aus (5), nämlich

$$a_\nu = \sum_{k|\nu} \alpha_k \cdot b_{\frac{1}{k}\cdot\nu} \quad , |\nu| \geq 1$$

Gemäß Hilfssatz 2 ist dies gleichbedeutend mit (6). Berücksichtigen wir ferner die Aussage von Hilfssatz 1, so bleibt nur zu zeigen, daß $z \longmapsto \sum_{|\nu|\geq 1} b_\nu z^\nu$ auf G holomorph ist. Dazu wiederum genügt es, die Konvergenz der Reihe $\sum_{|\nu|\geq 1} b_\nu z^\nu$ auf P_r, $r \in R$ beliebig aber fest, nachzuweisen.

Es sei $s \in \mathbb{R}^n_{++}$ und $s < r$ fest gewählt. Da $\sum_{|\nu|\geq 1} a_\nu z^\nu$ auf P_r konvergiert, existiert ein $M' > 0$ mit $|a_\nu| \leq M' \cdot \frac{1}{s^\nu}$ für alle $|\nu| \geq 1$. Da außerdem nach Satz 2 die Funktion $\zeta \longmapsto \sum_{k=1}^{\infty} \beta_k \zeta^k$ im Einheitskreis D holomorph ist, existiert zu beliebigem σ mit $0 < \sigma < 1$ ein $M'' > 0$, sodaß $|\beta_k| \leq M'' \cdot \frac{1}{\sigma^k}$ gilt für alle $k \geq 1$.

Sodann schätzen wir ab:

$$|b_\nu| = |\sum_{k|\nu} \beta_k \cdot a_{\frac{1}{k}\cdot\nu}| \leq \sum_{k|\nu} \frac{M''\cdot M'}{\sigma^k \cdot s^{(1/k)\cdot\nu}}.$$

Aus $\sigma < 1$ und $s_j < 1$ für alle $1 \leq j \leq n$,sowie $k|\nu$ folgt $\frac{1}{\sigma^k} \leq \frac{1}{\sigma^{|\nu|}}$, $\frac{1}{s^{(1/k)\cdot\nu}} \leq \frac{1}{s^\nu}$ und $k \leq |\nu| = \nu_1+\nu_2+\ldots+\nu_n$. Mit $M := M''\cdot M'$ und $\sigma\cdot s := (\sigma s_1, \ldots, \sigma s_n)$ ergibt sich dann

$$|b_\nu| \leq \frac{M}{(\sigma\cdot s)^\nu} \cdot \sum_{k|\nu} 1 \leq \frac{M}{(\sigma\cdot s)^\nu} \cdot (\nu_1+\ldots+\nu_n). \tag{7}$$

Betrachten wir nun die Potenzreihe $H(z) := \sum_{|\nu|\geq 1} \frac{M}{(\sigma\cdot s)^\nu} \cdot z^\nu$. Diese ist auf $P_{\sigma s}$ konvergent und hat den Wert

$$H(z) = M \cdot \left(\prod_{j=1}^{n} \left(1 - \frac{z_j}{\sigma s_j}\right)^{-1} - 1\right).$$

Daher ist auch

$$\sum_{j=1}^{n} z_j \cdot \frac{\partial H}{\partial z_j} = \sum_{|\nu|\geq 1} \frac{(\nu_1+\ldots+\nu_n)\cdot M}{(\sigma s)^\nu} \cdot z^\nu$$

auf $P_{\sigma s}$ konvergent; und daraus folgt in Verbindung mit (7) die Konvergenz von $\sum_{|\nu|\geq 1} b_\nu z^\nu$ auf $P_{\sigma s}$. Weil aber $\sigma < 1$ und $s < r$ beliebig waren, ergibt sich, daß die zu untersuchende Reihe für alle $z \in P_r$ konvergiert.

Dem Beweis des Satzes 2 werden jetzt noch einige Hilfssätze vorausgeschickt.

Hilfssatz 3. Es sei $f(\zeta) = \sum_{k=1}^{\infty} \alpha_k \zeta^k$ im Einheitskreis holomorph und es sei $f'(0) = \alpha_1 \neq 0$. Es sei $\alpha = (\alpha_m)_{m\in\mathbb{N}}$ und $\beta = \alpha^{-1}$, d.h. $\alpha * \beta = \delta$.
Dann gilt:

i) Die Faltungsinverse $\tilde{\beta}$ von $\tilde{\alpha} := \frac{1}{\alpha_1} \cdot \alpha$ ist gegeben durch $\tilde{\beta} = \alpha_1 \cdot \beta$ und es ist $\zeta \longmapsto \sum_{k=1}^{\infty} \beta_k \zeta^k$ im Einheitskreis D holomorph genau dann, wenn $\zeta \longmapsto \sum_{k=1}^{\infty} \tilde{\beta}_k \zeta^k$ dort holomorph ist.

ii) Es sei $\alpha_1 = A_1 = 1$ und $|\alpha_m| \le -A_m$ für $m \ge 2$. Weiterhin sei $\beta = \alpha^{-1}$ und $B = A^{-1}$, wobei $A = (A_m)_{m\in\mathbb{N}}$. Dann folgt $\beta_1 = B_1 = 1$ und $|\beta_m| \le B_m$ für alle $m \ge 1$.

Beweis. Teil i) ist offensichtlich.
Nun zu ii): Klarerweise ist $A_1 \cdot B_1 = \alpha_1 \cdot \beta_1 = 1$, woraus wegen $A_1 = \alpha_1 = 1$ folgt, daß $\beta_1 = B_1 = 1$ ist. Wir schließen weiter durch Induktion. Sei $m \ge 2$ und sei $|\beta_j| \le B_j$ für $1 \le j < m$. Dann sind insbesondere diese $B_j \ge 0$. Ferner folgt aus $A*B = \delta$ die Beziehung

$\sum_{j|m} B_j \cdot A_{\frac{m}{j}} = 0$ bzw. $B_m = \sum_{j|m, j\neq m} B_j \cdot (-A_{\frac{m}{j}})$. Gleicherweise folgt aus $\alpha * \beta = \delta$ die Relation $\beta_m = \sum_{j|m, j\neq m} \beta_j \cdot (-\alpha_{\frac{m}{j}})$. Daraus ergibt sich bei Verwendung der Induktionsannahme

$$|\beta_m| \le \sum_{j|m, j\neq m} |\beta_j| \cdot |\alpha_{\frac{m}{j}}| \le \sum_{j|m, j\neq m} B_j \cdot (-A_{\frac{m}{j}}) = B_m.$$

Wir merken an, daß wegen des Teiles i) dieses Hilfssatzes beim Beweis von Satz 2 o.B.d.A vorausgesetzt werden kann, daß $\alpha_1 = 1$ ist. Der Teil ii) wird bei Wahl geeigneter Majoranten $(A_m)_{m\in\mathbb{N}}$ die Hauptlast im Beweis von Satz 2 tragen. Der Bequemlichkeit halber sei aber zuvor ein weiterer Hilfssatz formuliert.

Hilfssatz 4. Es sei $A_1 = 1$ und $A_m = -\frac{M}{r^m}$ für $m \ge 2$, wobei $0 < r < 1$ und $M \ge 1$ vorausgesetzt werde. Weiterhin sei $B = (B_m)_{m\in\mathbb{N}}$ die multiplikative Inverse von A ($A*B = \delta$). Dann ist der Konvergenzradius von $\sum_{m=1}^{\infty} B_m \zeta^m$ mindestens r^2.

Beweis. Für $k \in \mathbb{N}$ sei $m = m(k) := [\ln_2 k]$, d.h. es gelte

$2^{m(k)} \le k < 2^{m(k)+1}$, und es sei $\mu(k) := \max_{m \le k} B_m$. Dann gilt für alle $k \ge 1$:

$$\mu(k) \le \varkappa(k) := \frac{(M \cdot k)^{m(k)}}{r^{2k}} . \tag{8}$$

Wir beweisen (8) durch Induktion nach k. Für k = 1 hat man $\mu(1) = 1 = \varkappa(1)$. Nun sei $k \ge 2$ und (8) gelte für alle $1 \le m < k$. Es bleibt zu zeigen, daß für alle $1 \le m \le k$ der Koeffizient $B_m \le \varkappa(k)$ ist. Da offensichtlich ($M \ge 1$, $r < 1$) $\varkappa$ monoton steigt, gilt zunächst $B_1 \le \varkappa(1) \le \varkappa(k)$. Sei also $2 \le m \le k$. Weil $B = A^{-1}$ ist, hat man die Beziehung $B_m = \sum_{d|m, d \ne m} B_d(-A_{\frac{m}{d}}) = \sum_{d|m, d \ne m} B_d \cdot \frac{M}{r^{(m/d)}}$. Dabei sind

außerdem (vgl. Hilfssatz 3) alle B_m nichtnegativ. Aus $d|m, d \ne m$ folgt

$d \le \left[\frac{m}{2}\right]$ und $\frac{1}{r^{(m/d)}} \le \frac{1}{r^m}$ und, bei Verwendung der Induktionsvoraus-

setzung,

$$B_m \le \sum_{d \le [m/2]} \varkappa([m/2]) \cdot \frac{M}{r^m} \le \frac{M}{r^k} \cdot \varkappa([k/2]) \cdot [k/2] .$$

Da aber $m([k/2]) = m(k)-1$ (es ist ja $2^{m(k)-1} \le \left[\frac{k}{2}\right] < 2^{m(k)}$), ergibt sich

endlich

$$B_m \le \frac{M}{r^k} \cdot \frac{(M \cdot [k/2])^{m(k)-1}}{r^{2 \cdot [k/2]}} \cdot \left[\frac{k}{2}\right] \le \frac{M^{m(k)}}{r^{2k}} \cdot \left[\frac{k}{2}\right]^{m(k)} \le \frac{(M \cdot k)^{m(k)}}{r^{2k}} = \varkappa(k) .$$

Aus (8) folgt insbesondere $B_k \le \frac{(M \cdot k)^{m(k)}}{r^{2k}} \le \frac{(M \cdot k)^{\ln_2 k}}{r^{2k}}$ für $k \ge 1$. Weil

außerdem $\frac{\ln_2 k}{k} \longrightarrow 0$ und $\frac{(\ln_2 k)^2}{k} \longrightarrow 0$ für $k \longrightarrow \infty$, ergibt sich

$\sqrt[k]{B_k} \le \frac{1}{r^2} \cdot (M \cdot k)^{\frac{\ln_2 k}{k}}$ und $\overline{\lim_{n \to \infty}} \sqrt[k]{B_k} \le \frac{1}{r^2} \cdot 1 = \frac{1}{r^2}$, was aber heißt das

der Konvergenzradius von $\sum_{k=1}^{\infty} B_k \zeta^k$ tatsächlich mindestens r^2 ist.

Damit gestaltet sich der Beweis von Satz 2 äußerst einfach.

<u>Beweis von Satz 2</u>. Wie man dem Hilfssatz 3 entnimmt, kann o.E.d.A. $\alpha_1 = 1$ angenommen werden. Die Potenzreihe von f, nämlich $\sum_{k=1}^{\infty} \alpha_k \zeta^k$ konvergiert nach Voraussetzung für alle $|\zeta| < 1$. Sei $0 < r < 1$ fest. Dann existiert ein $M > 0$, sodaß $|\alpha_k| \le \frac{M}{r^k}$ für alle $k \ge 1$ ist. Somit gilt mit $A_1 = 1$ und $A_k = -\frac{M}{r^k}$ für $k \ge 2$ die Voraussetzung von Hilfssatz 3. Folglich ist $|\beta_k| \le B_k$. Aus Hilfssatz 4 folgt aber, daß $\sum_{k=1}^{\infty} B_k \zeta^k$ mindestens für $|\zeta| < r^2$ konvergiert. Daher konvergiert auch $\sum_{k=1}^{\infty} \beta_k \zeta^k$ zumindest für $|\zeta| < r^2$. $r < 1$ war aber beliebig. Somit konvergiert diese Reihe für alle $|\zeta| < 1$. Damit ist alles gezeigt.

Abschließend seien einige Bemerkungen angeführt, die die Tragfähigkeit der allgemeinen Sätze anhand von Beispielen erläutern.

1) Die betrachteten Gebiete G sind sternförmig bezüglich des Ursprungs und deswegen auch einfach zusammenhängend. Beispiele für zulässige Gebiete sind

i) der Einheitspolyzylinder $P_1 := \{ z \in \mathbb{C}^n \mid |z_j| < 1 \text{ für } 1 \le j \le n \}$,

ii) die n-dimensionale Einheitskugel $B_1 := \{ z \in \mathbb{C}^n \mid \sum_{j=1}^{n} |z_j|^2 < 1 \}$

und allgemeiner

iii) die Einheitskugeln $B_1^{(p)} := \{ z \in \mathbb{C}^n \mid \sum_{j=1}^{n} |z_j|^p < 1 \}$, wobei $p > 0$.

2) Wählt man $f(\zeta) = \frac{\zeta}{1-\zeta}$, so liefert Satz 1 Konvergenzaussagen für Lambertsche Reihen in mehreren Veränderlichen, die unseres Wissens bisher in der Literatur nicht behandelt worden sind.

3) Wählt man $f(\zeta) = \ln(1+\zeta)$, so ergibt sich aus Satz 1, daß sich jede in G holomorphe Funktion g mit $g(0) = 0$ in der Form $g(z) = \sum_{|\nu| \ge 1} a_\nu \cdot \ln(1+z^\nu)$ schreiben läßt. Da G einfach zusammenhängend ist, kann jede in G holomorphe Funktion h mit $h(0) = 1$, die auf G nirgends verschwindet, mit einem g der soeben betrachteten Gestalt in der Form $h(z) = \exp(g(z))$ geschrieben werden (vgl. [6] p. 23 f.). Folglich erhält man

Satz 3. Jede in G holomorphe Funktion h mit $h(0) = 1$ und $h(z) \neq 0$ für alle $z \in G$ läßt sich als unendliches Produkt der Form

$$h(z) = \prod_{|\nu| \geq 1} (1+z^{\nu})^{a_{\nu}}$$

darstellen.

4) Analoges gilt, wenn man $f(\zeta) = \ln(\frac{1}{1-\zeta})$ wählt. Dabei wird man auf unendliche Produkte $\prod_{|\nu| \geq 1} (\frac{1}{1-z^{\nu}})^{b_{\nu}}$ geführt, die als formale Reihen in [3] eingehender untersucht werden.

5) Die Konvergenzaussage des Satzes 1 ist scharf im folgenden Sinn: Es existieren ganze Funktionen f und h, wobei $f(0) = 0$, $f'(0) \neq 0$, sodaß die Darstellung $h(\zeta) = \sum_{k=1}^{\infty} a_k f(\zeta^k)$ nur für $|\zeta| < 1$ gilt. Beispielsweise kann $f(\zeta) = \zeta + \zeta^2$ und $h(\zeta) = \zeta$ gewählt werden. Dann gilt $h(\zeta) = \sum_{j=0}^{\infty} (-1)^j \cdot f(\zeta^{2^j})$, d.h. $h(\zeta) = \sum_{k=0}^{\infty} a_k \cdot f(\zeta^k)$ mit $a_k = 0$ für $k \neq 2^j$ und $a_k = (-1)^j$, falls $k = 2^j$. Offensichtlich ist aber der Konvergenzradius von $\sum_{k=1}^{\infty} a_k \cdot \zeta^k$ genau 1 (und nicht etwa größer)!

LITERATUR

[1] Comtet,L.: Advanced Combinatorics, D.Reidel Publishing Company, Dordrecht/Boston, 1974.

[2] Hornich,H.: Eine Klasse unendlicher Produkte in der Funktionentheorie, Anzeiger der math.-naturw. Klasse der Österr. Akad. d. Wiss. 1973, 10, S 122-126.

[3] Metropolis,N./ Rota,G.C.: Witt Vectors and the Algebra of Necklaces, Advances in Mathematics 50, 95-125 (1983).

[4] Niven,I./ Zuckerman,H.S.: Einführung in die Zahlentheorie I, Bibliographisches Institut, Mannheim, 1976.

[5] Schwaiger,J.: Über einen Satz von H.Hornich in der Theorie der unendlichen Produkte, Anzeiger der math.-naturw. Klasse der Österr. Akad. d. Wiss. 1977, 9, S 168-175.

[6] Siegel,C.L.: Topics in Complex Function Theory, vol. III, Abelian Functions and Modular Forms of Several Variables, Wiley-Interscience, New York, 1973.

Algebraische Differentialgleichungen erster und zweiter Ordnung

Norbert Steinmetz

1 Der Satz von Malmquist

In einer umfangreichen Arbeit bewies Malmquist [7] den verblüffenden Satz, daß eine Differentialgleichung der Form

$$w' = R(z, w), \qquad R \text{ rational}. \tag{1}$$

nur dann eine in C meromorphe und nichtrationale Lösung besitzen kann, wenn sie eine Riccatische Differentialgleichung ist, d.h. die Form

$$w' = a(z) + b(z)w + c(z)w^2, \ a, b \text{ und } c \text{ rational}. \tag{2}$$

hat. Dieser Satz war der Ausgangspunkt für umfangreiche Untersuchungen anderer Differentialgleichungen unter diesem Gesichtspunkt. die allerdings erst begannen, nachdem ein adäquates Hilfsmittel — die Theorie der meromorphen Funktionen von Nevanlinna — zur Verfügung stand. Diese wurde zuerst von Yosida [20] benutzt, um folgende formale Verallgemeinerung des Malmquistschen Satzes zu beweisen: Notwendig für die Existenz einer in C meromorphen und nichtrationalen Lösung von

$$w'^n = R(z, w), \qquad R \text{ rational}, \tag{3}$$

ist, daß die rechte Seite ein Polynom bezüglich w vom Grad $\leq 2n$ ist.

2 Algebraische Differentialgleichungen

Unter einer algebraischen Differentialgleichung versteht man eine Differentialgleichung der Form

$$\Omega(z, w, w', \ldots, w^{(n)}) = 0, \tag{4}$$

wobei Ω ein Polynom in den w-Veränderlichen ist und rationale, von z abhängige Koeffizienten hat. Ω besteht demnach aus endlich vielen Summanden der Form

$$a_j(z)w^{j_0}(w')^{j_1} \cdots (w^{(n)})^{j_n} \tag{5}$$

$(a_j \not\equiv 0,\ j = (j_0, j_1, \ldots, j_n) \in \mathbb{N}_0^{n+1})$. Grad und Gewicht von Ω sind durch

$$\gamma_\Omega = \max\{j_0 + \cdots + j_n : a_j \not\equiv 0\}$$

und

$$\Gamma_\Omega = \max\{j_0 + 2j_1 + \cdots + (n+1)j_n : a_j \not\equiv 0\}$$

definiert. Eine globale Lösung von (4) ist eine in C meromorphe und nichtrationale Lösung.

Anstelle rationaler Koeffizienten in (4) kann man auch allgemein beliebige meromorphe Koeffizienten betrachten, hat dann aber den Begriff der globalen Lösung zu modifizieren. Hierauf wird nicht eingegangen, da sich methodisch nichts Neues ergibt.

Das nachfolgende Ergebnis erweist sich bei der Untersuchung algebraischer Differentialgleichungen, insbesondere beim Beweis „Malmquistscher" Satz als nützlich.

Satz 1 *Es sei $w = w(z)$ eine globale Lösung von (4) und $Q(z, w)$ ein zu Ω teilerfremdes Polynom von positivem Grad (was bedeutet, daß die algebraische Gleichung $Q(z, y) = 0$ und die algebraische Differentialgleichung $\Omega(z, y, y', \dots, y^{(n)}) = 0$ keine gemeinsamen Lösungen besitzen sollen). Dann gilt*

$$m\left(r, \frac{1}{Q(z, w(z))}\right) = S(r, w),$$

insbesondere hat $Q(z, w(z))$ unendlich viele Nullstellen.

Auf die hier benutzten Notationen und Ergebnisse der Nevanlinnaschen Theorie wird nicht eingegangen, es wird vielmehr auf den Beitrag von G Jank verwiesen.

Für spezielle Gleichungen und lineares Q findet sich Satz 1 bei Wittich [19], für allgemeine algebraische Differentialgleichungen, aber immer noch lineares Q geht er auf Mokhonko-Mokhonko [10] zurück. Es wäre interessant zu wissen, ob und wieweit dieser Satz richtig bleibt, wenn man $Q(z, w, w', \dots, w^{(m)})$ anstelle $Q(z, w)$ betrachtet. Womöglich ist $m < n$ die einzig wesentliche Einschränkung.

Als einfache Anwendung von Satz 1 sei folgendes Ergebnis notiert.

Satz 2 *Es sei $w = w(z)$ eine globale Lösung der algebraischen Differentialgleichung*

$$\Omega(z, w, w', \dots, w^{(n)}) = R(z, w), \qquad R \text{ rational.}$$

Dann ist R notwendig ein Polynom bezüglich w vom Grad $\leq \Gamma_\Omega$.

Es ist klar, daß Satz 2 die Sätze von Malmquist und Yosida als einfache Spezialfälle enthält. Ein Beweis der wichtigeren Aussage ‚R ist ein Polynom' ergibt sich einfach aus Satz 1, wenn man $R = P/Q$ schreibt und diesen Satz auf die Differentialgleichung $Q\Omega - P = 0$ und das Polynom Q anwendet.

3 Algebraische Differentialgleichungen erster Ordnung

Neben der erwähnten Arbeit von Malmquist gibt es zwei weitere Arbeiten gleichen Titels [8, 9], in denen die Gleichung

$$P(z, w, w') = P_n(z, w)w'^n + P_{n-1}(z, w)w'^{n-1} + \cdots + P_0(z, w) = 0 \qquad (6)$$

behandelt wird. Danach soll für die Existenz einer globalen Lösung (Irreduzibilität von (6) vorausgesetzt) notwendig $\deg_w P_\nu \leq 2(n - \nu)$ gelten. Allerdings ist die Meinung über die Gültigkeit der Argumente in [8, 9] geteilt. Immerhin weiß man, daß globale Lösungen von (6) endliche Ordnung haben. Dies wurde zuerst von Goldberg [5] unter Verwendung des erwähnten Malmquistschen Satzes gezeigt, dann von Bank und Kaufman [1] ohne diesen Satz. Den einfachsten Beweis erhält man aus einem allgemeinen Satz von Barsegian [3]: Ist $w = w(z)$ transzendent meromorph und gilt für fünf Werte $\tau_1, \ldots, \tau_5 : \sup\{|w'(z)| : |z| \le r,\ w(z) \in \{\tau_1, \ldots, \tau_5\}\} = O(r^B)$, so hat $w(z)$ Ordnung $\le 2B + 2$.

Bei Riccatischen Differentialgleichungen (1) und allgemeiner bei (4) ergibt sich die Wachstumsordnung der globalen Lösungen unmittelbar aus den Koeffizienten der Differentialgleichung (vgl. Wittich [19], Bank und Kaufman [2] und Steinmetz [12]).

Satz 1 führt auch in einfacher Weise zur Klassifikation derjenigen binomischen Differentialgleichungen (3) mit globalen Lösungen. Anders als im Fall $n = 1$ ist es nicht ausreichend, einfach in (3) Polynomkoeffizienten anzunehmen. Vielmehr treten hier nur ganz spezielle Gleichungen auf.

Satz 3 *Die binomische Differentialgleichung* (3) *sei irreduzibel und habe eine globale Lösung. Dann läßt sich* (3) *durch eine Substitution* $w \mapsto \frac{A \cdot w + B}{C w + D}$ *in eine der nachfolgenden Normalformen überführen:*

(R) $w' = a(z) + b(z)w + c(z)w^2$;

(H) $w'^2 = a(z)w(w + b(z))^2$;

(P) $w'^2 = a(z)(w - c_1)(w - c_2)(w - c_3)$;

(S1) $w'^3 = a(z)(w - c_1)^2(w - c_2)^2$;

(S2) $w'^4 = a(z)(w - c_1)^2(w - c_2)^3$;

(S3) $w'^6 = a(z)(w - c_1)^3(w - c_2)^4$;

Dabei sind a, b, c rationale Funktionen, die c_j sind paarweise verschiedene komplexe Zahlen.

Gleichung (H) wird von Hille [6] als „hyperriccatische" Differentialgleichung bezeichnet. Bei Konstanten $a(z)$ ist (P) im wesentlichen die Differentialgleichung der $\wp$-Funktion und sind (S1-3) die Differentialgleichungen der Schwarzschen Dreiecksfunktionen. Einfache Zusatzvoraussetzungen nur an die auftretenden Koeffizienten a, b, c garantieren, daß sämtliche Lösungen in C meromorph sind (vgl. [12] und, implizit, auch [2]). Satz 3 wurde in einer Aachener Dissertation [11] (v.Rieth) auf den Fall „zulässiger" Lösungen und schwach verzweigter algebroider Lösungen verallgemeinert.

4 Painlevésche Differentialgleichungen

Eine Analogie zum Malmquistschen Satz für Differentialgleichungen zweiter Ordnung

$$w'' = R(z, w, w'), \quad R \text{ rational}, \tag{7}$$

ist nicht bekannt. Dies hat verschiedene Gründe. Einmal ist die Zahl der zu erwartenden Normalformen wesentlich größer (in der Größenordnung 50), andererseits ist zu berücksichtigen, daß man aus Differentialgleichungen erster Ordnung (6) beliebig komplizierte Gleichungen (7) mit globaler Lösung herstellen kann, was bedeutet, daß man die Forderung aufstellen muß, daß wenigstens eine globale Lösung von (7) existiert, die nicht einer Differentialgleichung erster Ordnung genügt.

Deshalb soll die Fragestellung folgendermaßen eingeengt werden: Welches sind die notwendigen (und hinreichenden) Bedingungen dafür, daß die Differentialgleichung

$$w'' = L(z,w)w'^2 + M(z,w)w' + N(z,w) \tag{8}$$

(L, M, N rational) eine globale Lösung besitzt, die nicht einer algebraischen Differentialgleichung (6) genügt? Die einfachsten Fälle sind:

(a) $L = M = 0$: Hier ist N notwendig ein Polynom bezüglich w, $\deg_w N \leq 3$. Diese Schranke ist scharf, wie etwa die zweite Painlevésche Differentialgleichung $w'' = c + zw + 2w^3$ zeigt.

(b) $L = 0$: Sind M und N Polynome bezüglich w, so haben sie den Grad höchstens 1 bzw. 3, beide Schranken sind ebenfalls scharf. Sind allgemeiner M und N rationale Funktionen, so kann noch ein Sonderfall eintreten (vgl. [16]; es ist aber nicht gesichert, daß er wirklich eintritt).

(c) $M = N = 0$: Hier sind solche Lösungen nicht möglich — jede globale Lösung genügt auch einer Differentialgleichung erster Ordnung (vgl. [17]).

Im allgemeinen Fall (8) kann man ausgehen von

$$-D(z,w)w'' + C(z,w)w'^2 + B(z,w)w' + A(z,w) = 0 \tag{9}$$

(A, B, C, D teilerfremde Polynome; D ist der Hauptnenner von L, M und N in (8)). Es ist jedoch zweckmäßiger, die Gleichung (9) in

$$\begin{aligned} C(z,w)(2w'^2 - ww'') &+ (wC(z,w) - 2D(z,w))w'' \\ &+ 2B(z,w)w' + 2A(z,w) = 0 \end{aligned} \tag{10}$$

umzuschreiben. Mittels eines Verfahrens, das man mit „Interpolation der Differentialgleichung (10)“ beschreiben könnte, gelingt es in [18], eine neue Gleichung der Form

$$\begin{aligned} \tilde{C}(z,w)(2w'^2 - ww'') &+ \tilde{D}(z,w)w'' + \tilde{B}(z,w)w' \\ &+ \tilde{A}(z,w) = h(z)\prod_{1}^{6}(w - \tau_j) \end{aligned} \tag{11}$$

zu konstruieren. Dabei sind $\tau_1, \ldots, \tau_6$ im wesentlichen frei wählbare Konstanten, $\tilde{A}, \ldots, \tilde{D}$ sind Polynome bezüglich w mit rationalen Koeffizienten vom Grad höchstens 6, 4, 3, bzw. 4, und h ist eine „kleine“ meromorphe Funktion. Eine Fallunterscheidung, die sich danach richtet, ob h selbst rational ist oder nicht, führt zu folgendem Ergebnis (vgl. [18]).

Satz 4 *Unter den oben angegebenen Voraussetzungen gilt*

$$\deg A \leq 6, \ \deg B \leq 4, \ \deg C \leq 3 \ \ \textit{and} \ \ \deg(wC - 2D) \leq 4. \tag{12}$$

Daß alle angegebenen Schranken simultan scharf sind, zeigt das Beispiel

$$\frac{d^2w}{dz^2} = \frac{1}{2}\left(\sum_{j=1}^{4}\frac{z+e_j}{(z+e_j)w-1}\right)\left(\frac{dw^2}{dz}\right)$$

$$\left(1+\sum_{j=1}^{4}\frac{w}{(z+e_j)w-1}\right)\frac{dw}{dz}+\left(1+\frac{1}{2}\sum_{j=1}^{4}\frac{w}{(z+e_j)w-1}\right)w^2$$

mit der Lösung $w = (v(e^z) + z)^{-1}$. Dabei ist v eine elliptische Funktion als Lösung von

$$\left(\frac{dv}{dz}\right)^2 = \prod_{j=1}^{4}(v-e_j)$$

($e_i \neq e_j$ für $i \neq j$).

Satz 4 ist als erstes Ergebnis zu werten. Es ist anzunehmen, daß wesentlich einschneidendere notwendige Bedingungen gelten müssen. Vielleicht sollten zunächst folgende Fragen untersucht werden:

(a) Hat die algebraische Gleichung $D(z, y(z)) = 0$ nur einfache Wurzeln?

(b) Gilt $L(z, w) = \text{const.}\ D_w(z, w)/D(z, w)$?

Literatur

1. S. Bank, R. Kaufman, On meromorphic solutions of first-order differential equations. Comment. Math. Helvetici **39** (1976), 289–299.

2. S.B. Bank, R. Kaufman, On the growth of meromorphic solutions of the differential equation $(y')^m = R(z, y)$. Acta Math. **144** (1980), 223–248.

3. G. Barsegian, Estimates of derivatives of meromorphic functions on sets of a-points. J. London Math. Soc. **34** (1986), 534–540.

4. A.E. Eremenko, Meromorphic solutions of algebraic differential equations. Uspeki Mat. Nauk. **37** (1982), 53–82.

5. A.A. Goldberg, On single-valued integrals of differential equations of first order (Russian). Ukrain. Mat. Zh. **8** (1956), 254–261.

6. E. Hille, Ordinary differential equations in the complex domain. Wiley & Sons, New York, 1976.

7. J. Malmquist, Sur les fonctions à un nombre fini de branches satisfaisant à une équation différentielle de premier ordre. Acta Math. **36** (1913), 297–343.

8. J. Malmquist, Sur les fonctions à un nombre fini de branches satisfaisant à une équation différentielle de premier ordre. Acta Math. **42** (1920), 59–79.

9. J. Malmquist, Sur les fonctions à un nombre fini de branches satisfaisant à une équation différentielle de premier ordre. Acta Math. **74** (1941), 175–196.

10. A.Z. Mokhonko, V.D. Mokhonko, Estimates for the Nevanlinna characteristics of some classes of meromorphic functions and their applications to differential equations. Sibirsk Mat. Zh. **15** (1974), 1305–1322.

11. J. v.Rieth, Untersuchungen gewisser Klassen algebraischer Differentialgleichungen erster und zweiter Ordnung im Komplexen. Dissertation, Aachen 1986.

12. N. Steinmetz, Zur Theorie der binomischen Differentialgleichungen. Math. Ann. **244** (1979), 263–274.

13. N. Steinmetz, Ein Malmquistscher Satz für algebraische Differentialgleichungen erster Ordnung. J. reine angew. Math. **316** (1980), 44–53.

14. N. Steinmetz, Zur Wertverteilung der vierten Painlevéschen Differentialgleichung. Math. Z. **181** (1982), 553–561.

15. N. Steinmetz, Über eine Klasse von Painlevéschen Differentialgleichungen. Archiv d. Math. **41** (1983), 261–266.

16. N. Steinmetz, Ein Malmquistscher Satz für algebraische Differentialgleichungen zweiter Ordnung. Resultate Math. **10** (1986), 152–167.

17. N. Steinmetz, Meromorphe Lösungen der Differentialgleichung $Q(z,w)\frac{d^2w}{dz^2} = P(z,w)\left(\frac{dw}{dz}\right)^2$. Complex Variables **10** (1988), 31–41.

18. N. Steinmetz, Meromorphic solutions of second order algebraic differential equations. To appear.

19. H. Wittich, Neuere Untersuchungen über eindeutige analytische Funktionen. Springer-Verlag 1968.

20. K. Yosida, A generalization of Malmquist's theorem. Japan J. Math. **9** (1932), 253–256.

Nobert Steinmetz
Universität Karlsruhe
Mathematisches Institut I
Englerstraße 2

D-7500 Karlsruhe

CONSTRUCTIVE METHODS FOR SOLVING HIGHER ORDER FORMALLY HYPERBOLIC DIFFERENTIAL EQUATIONS

by KURT WALTER TOMANTSCHGER

ABSTRACT. The approach used in this paper generalizes Eichler's treatment [8] of second order elliptic equations in two independent variables to n'th order formally hyperbolic equations with n independent complex variables. This method is essentially a function theoretic one. Two integral operators are constructed which map holomorphic functions of k, $1 \leq k \leq n-1$, variables into families of solutions of the partial differential equation.

1980 Mathematics Subject Classification (1985). Primary 35C15; Secondary 35L25.
Key words and phrases. partial differential equation, linear, order n, n complex variables, representation of solutions, integral operator method.

1. INTRODUCTION

Both BERGMAN [1,2] and VEKUA [21] developed integral operators for solving elliptic differential equations in two variables. These theories of integral operators were extended to higher dimensions [e.g. 6,7,13,14] and also to higher order equations with several variables [e.g. 3,4,10,11,12,14,16,18,19,20].

BERGMAN [1] had shown that the general solutions of elliptic equations can always be represented by the real parts of

$$u(x,y) = K(x,y)f(z) + \int_{\mathcal{L}} E(x,y,t) f[n(z,t)]\,dt\,, \tag{1}$$

where $f(z)$ is an arbitrary analytic function of the complex variable $z = x + iy$ and K, E, n as well as the limits of the integral are real or complex functions which have to satisfy certain conditions. Independently of this result EICHLER [8,9] introduced an integral operator which is a special form of (1): $K(x,y) \equiv -1$, $n(z,t) = t$, the integration is taken over $\mathcal{L}$ from the arbitrary constant z_0 to z.

In this paper we are able to introduce two types of new integral operators T_1, T_2 which construct solutions of the formally hyperbolic differential equation

$$Lw = w_{z_1 z_2 \ldots z_n} + C(z_1, \ldots, z_n)w = 0\,, \quad C \text{ holomorphic}, \quad n \geq 2\,, \tag{2}$$

of order n and in n space variables. For that we start from EICHLER's idea.

We shall restrict ourselves to self-adjoint differential equations because the computations to more general partial differential equations are more complicated. It may be noted however that the whole theory can be developed also for these.

In Section 3, the first class of operators T_1 is introduced. That (3) represents partial solutions of $Lw = 0$, sufficient conditions for the kernel E of T_1 are given. The proof of the existence–uniqueness theorem for the kernel in form of a power series is peformed by using Cesari's Banach space method. Also a recursive scheme for calculating the coefficients of (5) is given. It can be shown that we obtain global representations of solutions. Examples are given in Section 4. The second class of operators T_2 is defined in Section 5. By proving a relation of the complex Riemann function to the kernel F of T_2 the existence and holomorphy of this kernel can be shown.

2. PRELIMINARY MATERIAL

Let $\mathcal{N}_m := \{1,2,\ldots,m\}$, $m \in \mathbf{N}$ (We denote by $\mathbf{N}$, $\mathbf{Z}$, $\mathbf{R}$, and $\mathbb{C}$ the set of natural, integer, real and complex numbers. Moreover, we use $\mathbf{N}_0 \cup \{0\}$). $G_j, G_j^* \subset \mathbb{C}$, $j \in \mathcal{N}_n$ (fixed $n \geq 2$) denote simply connected domains. The polycylindrical domains $G := G_1 \times \cdots \times G_n \subset \mathbb{C}^n$, $G^* := G_1^* \times \cdots \times G_n^* \subset \mathbb{C}^n$ resp. $\hat{G} := G_1 \times \cdots \times G_k \subset \mathbb{C}^k$, $1 \leq k \leq n-1$, denote the n resp. k–dimensional complex Euclidean spaces with points specified by the coordinates of the form $z := (z_1,\ldots,z_n)$, $\xi^* := (\xi_1^*,\ldots,\xi_n^*)$ resp. $\hat{z} := (z_1,\ldots,z_k)$. Let $\mathcal{L}_j \in G_j$, $j \in \mathcal{N}_k$, be a rectifiable arc joining $t_j = 0$ to $t_j = z_j$; $t := (t_1,\ldots,t_k) \in \mathcal{L} := \mathcal{L}_1 \times \cdots \times \mathcal{L}_k \subset \hat{G}$.

Let $H(\Omega; a) := \{f : \Omega \to \mathbb{C} \mid f$ holomorphic in the neighborhood of an arbitrary (fixed) point $a := (a_1,\ldots,a_m)\}$ for any domain $\Omega \subset \mathbb{C}^m$.

$\alpha := (\alpha_1,\ldots,\alpha_n)$ is a n–tuple of nonnegative integers and $|\alpha| := \alpha_1 + \cdots + \alpha_n$. Furthermore, we define $D_j := \partial/\partial z_j$, $\tilde{D}_j := \partial/\partial \bar{z}_j$, $j \in \mathcal{N}_n$. As usual D^α denotes $D_1^{\alpha_1}\ldots D_n^{\alpha_n}$.

3. THE INTEGRAL OPERATOR T_1 FOR EQUATION (2)

We first define the operator T_1 with the kernel $E(z,t)$ and the arbitrary holomorphic function $f(\hat{z})$ by

$$(3) \qquad (T_1 f)(z) = f(\hat{z}) - \int_{\mathcal{L}_1} dt_1 \cdots \int_{\mathcal{L}_k} dt_k E(z,t) f(t), \quad 1 \leq k \leq n-1, n \geq 2.$$

In particular we seek solutions $w(z) \in H(G,0)$ of (2) which may be represented in the form $w = T_1 f$. Without loss of generality, we construct solutions in the neighborhood of the origin. Also another reference point $a \neq 0$ could be choosen. Then the lower bounds of the multiple line integrals in (3) would be a_j.

As a first result we state the substantial generalization of the EICHLER representations in [8].

THEOREM 1.

Let $E(z,t)$ be a holomorphic solution of $LE = 0$ for all $t_j \in \mathcal{L}_j \subset G_j$ around the origin in $G \times \hat{G}$. Furthermore, the kernel E has to satisfy

(4a) $D_{k+1}\ldots D_n E(z,t) = C(z)$ *if* $t = \hat{z}$

(4b) $D_{\mu_1}\ldots D_{\mu_p}[D_{k+1}\ldots D_n E(z,t)] = 0$ *if* $t_\nu = z_\nu$ *for all* $\nu \in \mathcal{N}_k \setminus \{\mu_1,\ldots,\mu_p\}$, $\mu_1 < \mu_2 < \cdots < \mu_p$, $\mu_s \in \mathcal{N}_k$, $1 \leq p \leq k-1$.

(4c) *The functions* $E(z,t)$, $D_{\mu_1}\ldots D_{\mu_q}[D_{k+1}\ldots D_n E(z,t)]$, $q, \mu_q \in \mathcal{N}_n$, $\mu_1 < \mu_2 < \cdots < \mu_q$, *are to be continuous on* $\mathcal{L}_j$, $j \in \mathcal{N}_k$, *and holomorphic in the neighborhood of the origin.*

Then $w = T_1 f$ is a solution of $Lw = 0$ for every $f \in H(\hat{G}, 0)$.

REMARK: If $k = 1$ condition (4b) falls away.

The proof of Theorem 1 can be accomplished by substituting (3) into $Lw = 0$.

We must now show that the integral operator T_1 exists; that is, we must show the existence of a function E satisfying the conditions of Theorem 1.

THEOREM 2.

If we formally define

$$(5)\quad E(z,t) = \sum_{m_1 \geq 0} \cdots \sum_{m_k \geq 0} E_{m_1,\dots,m_k}(z) \frac{(z_1 - t_1)^{m_1}}{m_1!} \cdots \frac{(z_k - t_k)^{m_k}}{m_k!}, \quad 1 \leq k \leq n-1,$$

then the sufficient conditions to E are that $E_{m_1,\dots,m_k}$ formally satisfies the following recursive relations

$$(6a)\qquad D_{k+1} \dots D_n E_{0,\dots,0} = C(z)$$

$$(6b)\qquad \begin{array}{l} D_{k+1} \dots D_n \{ \sum\limits_{\substack{0 \leq \epsilon_p \leq 1 \\ 1 \leq p \leq k}} D_1^{\epsilon_1} \dots D_k^{\epsilon_k} E_{m_1 - \epsilon_1, \dots, m_k - \epsilon_k} \} + L E_{m_1 - 1, \dots, m_k - 1} = 0, \\ \epsilon_1 \cdot \epsilon_2 \cdot \ldots \cdot \epsilon_k \neq 1, m_s \geq 0, E_{m_1,\dots,m_s,\dots,m_k} = 0 \quad \text{if} \quad m_s = -1, 1 \leq s \leq k. \end{array}$$

Proof. The formal substitution of (5) into $LE = 0$ and (4a,b) and the equating of the coefficients of $\prod_{1 \leq j \leq k} (z_j - t_j)^{m_j} / m_j!$ to zero yield the recursive scheme. **Q.E.D.**

THEOREM 3.

1) *Suppose that the coefficient $C(z)$ of $LE = DE + CE = 0$ is holomorphic in the neighborhood of the origin. Then for each k, n (fixed), $1 \leq k \leq n-1$, $n \geq 2$, there exists (locally) one and only one kernel $E \in H(G \times \hat{G}, 0)$ which satisfies the conditions (4a,b,c).*
2) *If $C(z)$ is a holomorphic function in the domain G then exists (globally) an uniquely determined kernel E, holomorphic in $G \times \hat{G}$.*

Proof. To show the existence and uniqueness of E we use the following existence theorem (see [5], p. 186 f. and [15], p. 4 f.).

LEMMA 1.

Suppose that for the coefficients of

$$(7)\qquad D^\beta v = \sum_{|\alpha| \leq |\beta|} A_\alpha D^\alpha v + h, \quad A_\alpha, h \in H(G, 0),$$

holds, that $\sum_{|\alpha|=|\beta|} |A_\alpha(0)|$ is sufficiently small and let $\varphi \in H(G,0)$. Then there exists one and only one solution $v \in H(G,0)$ satisfying the initial condition:

$$D_j^r(v-\varphi)\,|_{z_j=0} \equiv 0 \quad \text{for} \quad 0 \le r < \beta_j\,,\; 1 \le j \le n\,. \tag{8}$$

First of all we easily can see that $v \in H(G,0)$ is a solution of (7) and (8) iff $u := v - \varphi$ is a solution of

$$D^\beta u = \sum_{|\alpha|\le|\beta|} A_\alpha D^\alpha u + B\,, \quad B := h - D^\beta \varphi + \sum A_\alpha D^\alpha \varphi$$

$$\text{with} \quad D_j^r u\,|_{z_j=0} \equiv 0 \quad \text{for} \quad 0 \le r < \beta_j\,,\; 1 \le j \le n\,. \tag{9}$$

Then we replace (9) by an operator equation $u := D^{-\beta}\Phi$ in a suitable Banach space and examine whether a fix point exists. The norm of the Banach space is defined to be

$$||u||_{\sigma,r} := \sup_m\{|u_m| \frac{m_1!\ldots m_n!r!}{(m_1+\cdots+m_n+r)!}\delta^{m_1+\cdots+m_n} \mid m \in \mathbf{N}_0^n\,, \delta \in \mathbf{R}^+, r \in \mathbf{N}_0\}$$

for $u \in H(G,0)$ with

$$u = \sum_{m\ge0} u_m \cdot z^m = \sum_{\substack{m_j\ge0\\1\le j\le n}} u_{m_1,\ldots,m_n} \cdot z_1^{m_1} \ldots z_n^{m_n}\,. \tag{10}$$

In this way Cesari could prove the local existence of u. He also could show that there exist only one power series of the solution of (7) and (8). Details of this proof can be found in [5].

For our case we easily see that in (7) $h \equiv 0$, the multi-index $\beta = 1$, $A_0 = -C$ and all other $A_\alpha \equiv 0$ ($\alpha, \beta \in \mathbf{N}_0^n$). So $|A_\alpha(0)| \equiv 0$ if $\alpha \ne 0$ which yields $\sum_{|\alpha|=n} A_\alpha(0) \equiv 0$. Also note that $r = 0$ in (8). If we replace z_j by $z_j - t_j$, $j \in \mathcal{N}_k$, the initial condition becomes $v \equiv \varphi$ if $t_j = z_j$, $1 \le j \le k$, and $z_j = 0$, $k+1 \le j \le n$. At last we have to find a holomorphic function φ which comprises the conditions (4a,b). For our choice we define

$$\varphi(z,t) := \left\{\chi + \sum_{j=1}^{k-1}(-1)^j \int_{t_{\gamma_1}}^{z_{\gamma_1}} d\tilde z_{\gamma_1} \cdots \int_{t_{\gamma_j}}^{z_{\gamma_j}} d\tilde z_{\gamma_j} \tilde D_{\gamma_1} \ldots \tilde D_{\gamma_j}\chi\right\} \exp \prod_{j=1}^{k}(z_j - t_j)\,,$$

$$\gamma_1 < \gamma_2 < \cdots < \gamma_j\,, \quad \gamma_\cdot \in \mathcal{N}_k\,, \quad \text{with}$$

$$\chi := \int_0^{z_{k+1}} d\tilde z_{k+1} \cdots \int_0^{z_n} d\tilde z_n C(\hat z, \tilde z_{k+1}, \ldots, \tilde z_n)\,, \quad \sum_{1\le j\le 0} := 0\,, \; 1 \le k \le n-1\,,$$

for satisfying the initial condition. Finally all conditions of the Lemma are given and the local existence and uniqueness of the kernel are verified.

We now consider the problem of the global existence of v resp. E. To do this we use Theorem 4 and 6 of [15]:

LEMMA 2.
Let $C(z)$ and $\varphi(z,t)$ be two holomorphic functions in G and $G \times \hat G \ni 0$. Then there

exists an uniquely determined solution v of

$$D^{\beta} v = \sum_{\alpha<\beta} A_{\alpha} D^{\alpha} v + h\,, \quad A_{\alpha}, h \ \text{ holomorphic in } G\,,$$

and the initial condition (8) as a holomorphic function in G.

Here $\alpha < \beta$ is defined by $\alpha_j < \beta_j$ for $1 \le j \le n$ and $\alpha \ne \beta$ ($\alpha, \beta \in \mathbb{N}_0^n$). In our case we have $\alpha = 0$ and $\beta = 1$. So all conditions of the previous lemma are satisfied. This completes our proof. **Q.E.D.**

The direct calculation of E results from (5) and (6) with

(11a) $$E_{0,\ldots,0} = \int_0^{z_{k+1}} d\tilde{z}_{k+1} \cdots \int_0^{z_n} d\tilde{z}_n C(\hat{z}, \tilde{z}_{k+1}, \ldots, \tilde{z}_n)$$

$$\sum_{\substack{0 \le \epsilon_p \le 1 \\ 1 \le p \le k}} D_1^{\epsilon_1} \ldots D_k^{\epsilon_k} E_{m_1-\epsilon_1,\ldots,m_k-\epsilon_k} = -\int_0^{z_{k+1}} d\tilde{z}_{k+1} \cdots \int_0^{z_n} d\tilde{z}_n \tilde{L} E_{m_1-1,\ldots,m_k-1}\,,$$

(11b) $$\tilde{L} := D_1 \ldots D_k \tilde{D}_{k+1} \ldots \tilde{D}_n + C(\hat{z}, \tilde{z}_{k+1}, \ldots, \tilde{z}_n)\,, \quad \epsilon_1 \cdot \epsilon_2 \cdot \ldots \cdot \epsilon_k \ne 1\,,$$

$$m_s \ge 0\,, \ E_{m_1,\ldots,m_s,\ldots,m_k} = 0 \text{ if } m_s = -1\,, \ 1 \le s \le k\,.$$

4. SOME SPECIAL CASES OF THE EQUATION $Lw = 0$

In this section we compute, for purpose of illustration, the generating function E for special cases.

(a) For $w_{z_1 \ldots z_n} + \lambda w = 0$, where λ is a complex constant, we obtain

$$E_{m_1,\ldots,m_k} = \begin{cases} (-1)^{m_1} \lambda (z_{k+1} \cdots z_n)^{m_1+1} / [(m_1+1)!]^{n-k}\,, & m_k = m_{k-1} = \cdots = m_1 \\ 0\,, & \text{otherwise} \end{cases}$$

and

$$E = \lambda \left(\prod_{j=k+1}^{n} z_j \right) {}_0F_{n-1} \left(1, \ldots, 1, 2, \ldots, 2; -\lambda \prod_{j=1}^{k} (z_j - t_j) \prod_{j=k+1}^{n} z_j \right)\,.$$

Here ${}_0F_{n-1}\,(1, \ldots, 1, 2, \ldots, 2; x)$ represents the generalized hypergeometric series with 1 appearing $(k-1)$ times and 2 appearing $(n-k)$ times.

REMARK: If we take the equation $L'V = V_{z_1 \ldots z_n} + K_1(z_1) \ldots K_n(z_n) V = 0$ we can reduce it to the form $\partial^n v / \partial K_1 \ldots \partial K_n + v = 0$ on using the transformation $z_j \to K_j(z_j)$. So the solutions of $L'V = 0$ can be represented by $V = T_1 f$ if we replace in (4) z_j resp. t_j by $K_j(z_j)$ resp. $K_j(t_j)$. Note that $0 \in G_1'' \times \cdots \times G_k''$, if G_j'' denotes the range of values of K_j. G_j', $j \in \mathcal{N}_n$, are simply connected domains.
Solutions of $L'V = 0$ are constructed by an operator of Bergman's type in [18]. Connections between the corresponding kernel of the integral operator treated in [18] and $E(K_1(z_1), \ldots, K_n(z_n), K_1(t_1), \ldots, K_k(t_k))$ can be verified.

(b) $L^*w = w_{z_1\zeta_1^*\dots z_n\zeta_n^*} + \lambda\eta_1^{-2}\dots\eta_n^{-2}w = 0\,,\ \lambda \in \mathbb{C}\,,\ \eta_j := z_j + \zeta_j^* \neq 0$ in $G_j \times G_j^*$.

In the case of this differential equation with the even order $2n$ and by using T_1 with $k = n$ we find that

$$E = \prod_{j=1}^{n} \frac{1}{\eta_j} \cdot \sum_{\substack{m_j \geq 0 \\ 1 \leq j \leq n}} P_{m_1,\dots,m_n}(\lambda) \prod_{j=1}^{n} \left(\frac{z_j - t_j}{\eta_j}\right)^{m_j}, \tag{12}$$

where $P_{m_1,\dots,m_n}(\lambda)$ is a polynomial in λ of degree $1 + \min(m_1, \dots, m_n)$. The coefficients of the polynomial can be determined successively.

Another possibility of determining the kernel E can be found if we consider the right-hand side of (12). We now assume E in the form

$$E(z,t) = \prod_{j=1}^{n} \frac{1}{\eta_j} \cdot K(x_1, \dots, x_n) \quad \text{with} \quad x_j = \frac{z_j - t_j}{\eta_j}.$$

Hence equation $L^*E = 0$ and (4a,b) take the form

$$[x_1(1-x_1)\dots x_n(1-x_n)K]_{x_1x_1\dots x_nx_n} + (-1)^n\lambda K = 0$$

$$K(0) = (-1)^n\lambda \tag{13a}$$

$$\begin{aligned} &[x_{\mu_1}(1-x_{\mu_1})\dots x_{\mu_p}(1-x_{\mu_p})K]_{x_{\mu_1}x_{\mu_1}\dots x_{\mu_p}x_{\mu_p}} = 0 \quad \text{if} \quad x_\nu = 0 \quad \text{for all} \\ &\nu \in \mathcal{N}_n \setminus \{\mu_1, \dots, \mu_p\}\,,\ \mu_1 < \mu_2 < \dots < \mu_p\,,\ \mu_s \in \mathcal{N}_n\,,\ 1 \leq p \leq n-1. \end{aligned} \tag{13b}$$

With a function K of the form

$$K = \sum_{\substack{m_j \geq 0 \\ 1 \leq j \leq n}} K_{m_1,\dots,m_n} x_1^{m_1} \dots x_n^{m_n}$$

we obtain by the recursive scheme

$$\sum_{\substack{0 \leq \epsilon_j \leq 1 \\ 1 \leq j \leq n}} (-1)^{\epsilon_1+\dots+\epsilon_n} K_{m_1+\epsilon_1,\dots,m_n+\epsilon_n} + \lambda \left[\prod_{j=1}^{n}(m_j+1)(m_j+2)\right]^{-1} K_{m_1,\dots,m_n} = 0$$

$$\text{with} \quad K_{0,\dots,0,m_j,0,\dots,0} = (-1)^n\lambda\,,\ m_j \in \mathbb{N}_0\,,\ 1 \leq j \leq n.$$

Two other integral representations for solutions of $L^*w = 0$ are given in [12]. If $n = 2$ these representations are treated in [20].

$$\text{(c)}\ w_{z_1\dots z_n} + \frac{\lambda}{\eta^n}w = 0\,,\ \lambda \in \mathbb{C}\,,\ \eta = z_1 + \dots + z_n \neq 0 \quad \text{in} \quad G.$$

As before, the E function may be computed by (11); it is

$$E = \frac{(-1)^{n-k}\lambda\,\eta^{-k}}{k(k+1)\dots(n-1)} \sum_{\substack{m_j \geq 0 \\ 1 \leq j \leq k}} \frac{(k-1+m_1+\dots+m_k)!}{\prod_{s=1}^{k} m_s!} Q_{m_1,\dots,m_k}(\lambda) \times$$

$$\times \prod_{j=1}^{k} \left(\frac{z_j - t_j}{\eta}\right)^{m_j}$$

with

$$Q_{m_1,\dots,m_k}(\lambda) = \lambda \left[1 + \sum_{s=1}^{\min(m_1,\dots,m_k)} q_{m_1,\dots,m_k,s} \cdot \lambda^s\right] .$$

For instance, this polynomial can be calculated successively. Or we introduce the new variables $y_j = (z_j - t_j)/\eta$, $j \in \mathcal{N}_k$, and set

$$E(z,t) = \frac{1}{\eta^k} M(y_1, \dots, y_k) .$$

Finally by a computation similar to the one indicated at example (b) we can continue. In [18] solutions of this differential equation could be represented by another integral operator.

5. THE INTEGRAL OPERATOR T_2 FOR EQUATION (2)

We now proceed to construct an integral operator which maps holomorphic functions of k variables into holomorphic solutions of equation $Lw = 0$. Motivated by [1,17] (take $K(x,y) \equiv 0$, $n(z,t) = t$ in (1)) we now look for particular solutions as line integrals of equation (2) in the form

(14) $$(T_2 g)(z) = \int_{\mathcal{L}_1} dt_1 \cdots \int_{\mathcal{L}_k} dt_k\, F(z,t) g(t) , \quad 1 \leq k \leq n-1, n \geq 2 ,$$

where $g(\hat{z})$ is an arbitrary holomorphic function of k variables in a neighborhood of the origin of $\hat{G} \subset \mathbb{C}^k$, and $F(z,t)$ is the function to be determined. Substituting (14) into equation (2) yields

THEOREM 4.

Let $F(z,t)$ be a holomorphic solution of $LF = 0$ for all $t_j \in \mathcal{L}_j \subset G_j$ around the origin in $G \times \hat{G}$. Furthermore, the kernel F has to satisfy

(15a) $D_{\mu_1} \dots D_{\mu_p}[D_{k+1} \dots D_n F(z,t)] = 0$ *if* $t_\nu = z_\nu$ *for all* $\nu \in \mathcal{N}_k \setminus \{\mu_1, \dots, \mu_p\}$, $\mu_1 < \mu_2 < \dots < \mu_p$, $\mu_s \in \mathcal{N}_k$, $1 \leq p \leq k-1$.

(15b) *The functions* $F(z,t)$, $D_{\mu_1} \dots D_{\mu_q}[D_{k+1} \dots D_n F(z,t)]$, $q, \mu_q \in \mathcal{N}_n$, $\mu_1 < \mu_2 < \dots < \mu_q$, *are to be continuous on* $\mathcal{L}_j$, $j \in \mathcal{N}_k$, *and holomorphic in the neighborhood of the origin.*

Then $w = T_2 g$ is a solution of $Lw = 0$ for every $g \in H(\hat{G}, 0)$.

REMARK: If $k = 1 : \{\mu_1, \dots, \mu_p\}$ is equal to the null set and $D_{\mu_1} \dots D_{\mu_p} := id$.

We now can deal with the basic question connected with $w = T_2 g$, that is, whether a kernel F satisfying $LF = 0$ and (15a,b) exists.

THEOREM 5.

Let $C(z)$ be a holomorphic coefficient of $Lw = 0$ in G. Then a holomorphic kernel of T_2 is given (globally) by

$$F(z,t) = R(z;t,t^*_{k+1}(t),\ldots,t^*_n(t))\,. \tag{16}$$

R represents the complex Riemann function of $Lw = 0$. t^*_j, $k+1 \leq j \leq n$, represent any arbitrary differentiable functions of t. They always should be chosen in such a way that the existence of $C(t,t^*_{k+1},\ldots,t^*_n)$ and so this of R is guaranteed.

Proof. It must be shown that the Riemann function R with the variables z and parameters $t,t^*_{k+1},\ldots,t^*_n$ satisfies $LR = 0$ and (15a,b). To do this we first define $R(z_1,\ldots,z_n;t_1,\ldots,t_n)$ of equation (2) as the unique solution of the initial value problem

$$LR = 0 \quad \text{with} \quad R\,|_{t_j=z_j} = 1 \quad \text{for all} \quad j \in \mathcal{N}_n\,. \text{ (cf.[10],p.25,(3.17))}. \tag{17}$$

R also can be introduced as the unique solution of the integral equation

$$R + \int_{t_1}^{z_1} d\tilde{t}_1 \cdots \int_{t_n}^{z_n} d\tilde{t}_n C(\tilde{t}_1,\ldots,\tilde{t}_n)\, R(\tilde{t}_1,\ldots,\tilde{t}_n;t_1,\ldots,t_n) = 1\,. \tag{18}$$

(All in G holomorphic solutions of (2) can be represented by certain integral operators and R).

R satisfies (2) for all parameters t_j, $j \in \mathcal{N}_n$, (see (17)), thus also for all t_j, $j \in \mathcal{N}_k$, and $t^*_j(t)$, $k+1 \leq j \leq n$.

By showing the validity of (15a) we restrict us to $k = 1$, e.g. we have to demonstrate:

$$D_{k+1}\ldots D_n\; R(z;t,t^*_{k+1}(t),\ldots,t^*_n(t)) = 0 \quad \text{if} \quad t = \hat{z}\,.$$

First we differentiate (18) with respect to $z_{k+1},\ldots,z_n$ and then we set $t_\nu = z_\nu$ for all $\nu \in \mathcal{N}_k$ at our simplified integral equation. This yields

$$D_{k+1}\ldots D_n\; R(z;t_1,\ldots,t_n) = 0 \quad \text{if} \quad t_\nu = z_\nu \quad \text{for all} \quad \nu \in \mathcal{N}_k\,.$$

This relation holds for all t_j, $j \in \mathcal{N}_n$, and so also for all $t, t^*_j(t)$, $k+1 \leq j \leq n$.

The correctness of (15a), $k \neq 1$, can be shown in quite analogous way. **Q.E.D.**

Till now only a very few number of explicit Riemann functions of higher order differential equations are known. It is not easy to calculate them. In [12,20] the Riemann function of example (b), Section 4 is treated. $R(z_1,\ldots,z_n;t_1,\ldots,t_n)$ of equation

$$w_{z_1\ldots z_n} + (-1)^n \frac{\lambda}{(z_1+z_2)^2}\, w = 0\,, \quad \lambda \in \mathbb{C}\,,$$

resp.

$$w_{z_1\ldots z_n} + (-1)^n (a + bz_1 + cz_2 + dz_1z_2)w = 0\,, \quad a,b,c,d \in \mathbb{C}\,,$$

is already determined (see [11]). The authors have obtained the corresponding Riemann function represented by double resp. triple series development with two resp. three complicated variables. We refer the reader to [11] for further details.

REFERENCES

[1] BERGMAN, S. (1945), *Certain Classes of Analytic Functions of Two Real Variables and Their Properties*, Trans. Amer. Math. Soc. **57**, 299–331.

[2] BERGMAN, S. (1971), "Integral Operators in the Theory of Linear Partial Differential Equations," Springer, Berlin, Heidelberg, New York.

[3] BHATNAGAR, S.C. and GILBERT, R.P. (1977), *Bergman Type Operators for Pseudoparabolic Equations in Several Space Variables*, Math. Nachr. **76**, 61–68.

[4] BHATNAGAR, S.C. and GILBERT, R.P. (1977), *Constructive Methods for Solving* $\Delta_4^2 u + A\Delta_4 u_t + Bu_t + C\Delta_4 u + Du = 0$, Math. Nachr. **80**, 105–113.

[5] CESARI, L. (1971), *Functional Analysis and Boundary Value Problems. Analytic Theory of Differential Equations.*, in "Lecture Notes in Mathematics 183," Springer, Berlin, pp. 173–194.

[6] COLTON, D. (1972), *Bergman Operators for Elliptic Equations in Four Independent Variables*, SIAM J. Math. Anal. **3**, 401–412.

[7] COLTON, D. and GILBERT, R.P. (1971), *An Integral Operator Approach to Cauchy's Problem for* $\Delta_{p+2}u + Fu = 0$, SIAM J. Math. Anal. **2**, 113–132.

[8] EICHLER, M.M.E. (1947), *Allgemeine Integration linearer partieller Differentialgleichungen von elliptischem Typ bei zwei Grundvariablen*, Abh. Math. Sem. Univ. Hamburg **15**, 179–210.

[9] EICHLER, M.M.E. (1949), *On the Differential Equation* $u_{xx} + u_{yy} + N(x)u = 0$, Trans. Amer. Math. Soc. **65**, 259–278.

[10] FLORIAN, H., PÜNGEL, J. and WALLNER, H. (1983), *Über die Riemannfunktion für Gleichungen höherer Ordnung, Bericht 203*, Forschungszentrum Graz.

[11] FLORIAN, H., PÜNGEL, J. and WALLNER, H. (1983), *Darstellungen von Riemanfunktionen für* $\partial^n w/\partial z_1 \partial z_2 \ldots \partial z_n + C(z_1, z_2, \ldots, z_n)w = 0$, *Bericht 204*, Forschungszentrum Graz.

[12] FLORIAN, H., PÜNGEL, J. and TOMANTSCHGER, K.W., *On Integral Operators for a Higher Order Formally Hyperbolic Equation, Complex Variables*, in press.

[13] GILBERT, R.P. (1969), "Function Theoretic Methods in Partial Differential Equations," Academic Press, New York.

[14] GILBERT, R.P. (1974), "Constructive Methods for Elliptic Equations," Springer–Verlag, Lecture Notes in Mathematics 356, Berlin.

[15] GRONAU, D. (1985), *Existence and Uniqueness Theorem for Partial Differential Equations in Complex Domains, Bericht 246, Forschungszentrum Graz.*

[16] KUKRAL, D. (1972), *Constructive Methods for Determining the Solutions of Higher Order Elliptic Partial Differential Equations*, Ph.D. Thesis, Indiana University.

[17] LANCKAU, E. (1970), *Konstruktive Methoden zur Lösung von elliptischen Differentialgleichungen mittels BERGMAN-Operatoren*, Schriftreihe der Inst. f. Math. bei der deutschen Akad. d. Wiss., Reihe A, Heft 7, 67–76.

[18] TOMANTSCHGER, K.W. and FOTR. F. (1987), *An Integral Operator Generating Solutions of Partial Differential Equations of Higher Order*, Publicationes Mathematicae Debrecen, 88–91.

[19] TOMANTSCHGER, K.W. (1988), *A Bergman Type Operator to Fourth Order Differential Equations*, in "Colloq. Math. Soc. János Bolyai," North–Holland Publishing Company, pp. 417–427.

[20] TOMANTSCHGER, K.W. (1988), *Solutions of a Fourth Order Partial Differential Equation in Four Independent Variables*, Ber. d. Math.- Statist. Sektion in der Forschungsgesellschaft Joanneum Graz 298.

[21] VEKUA, I.N. (1968), "New Methods for Solving Elliptic Equations," North–Holland Publishing Company, Amsterdam.

Address: K.W. TOMANTSCHGER, TU–Graz, Inst. f. Mathematik, Kopernikusg. 24, A–8010 Graz

LÖSUNGSBIFURKATIONEN BEI OPERATORGLEICHUNGEN IN KOMPLEXEN BANACHRÄUMEN

Johannes Vogel
TH Ilmenau/DDR

1. Einleitung

In dieser Arbeit werden Operatorgleichungen vom Typ

$$T(u,x) = 0 \tag{1.1}$$

betrachtet. Es sind B_i $(i=1,2,3)$ Banachräume über $\mathbb{K}$ ($\mathbb{K} = \mathbb{C}$: Körper der komplexen Zahlen; falls $\mathbb{K} = \mathbb{R}$: reeller Zahlkörper, wird dieses besonders formuliert). Es gilt $T(.,.)|B_1 \times B_2 \to B_3$. Gesucht sind lösende Abbildungen $x(.)|U \subset B_1 \to B_2$ (U Teilmenge des B_1).

Die Anwendung von Ergebnissen über das Lösungsverhalten der Gleichung (1.1) auf ein konkretes Problem erfordert, daß die gegebenen Systemgleichungen als Operatorgleichung (1.1) in konkret zu wählenden Banachräumen geschrieben werden können und die noch zu stellenden Voraussetzungen erfüllen (Anpassungsaufgaben). Es ist dann möglich, u als Steuerparameter und x als Zustandsvariable zu interpretieren.

Bekannt sei ein Lösungselement (LE) $(\mathring{u},\mathring{x})$ der Gleichung (1.1): $T(\mathring{u},\mathring{x}) = 0$. Die lokale Verzweigungstheorie stellt folgende Fragen: Welche Lösungen besitzt die Gleichung (1.1), falls der Parameter u (Steuerung) in einer Umgebung $U(\mathring{u})$ des Wertes $\mathring{u}$ variiert? Liegen diese Lösungen, falls vorhanden, in einer Umgebung von $\mathring{x}$? (Speziell: gibt es stetige Fortsetzungen $x(.)$: $\lim_{u \to \mathring{u}} x(u) = x(\mathring{u}) = \mathring{x}$?) Zur Beantwortung dieser Fragen ist das Bifurkationsdiagramm mit Hilfe der sog. Verzweigungsgleichung (siehe Abschnitte 3., 9. oder z.B. in /16/ oder /11/) zu studieren. Für ein LE $(\mathring{u},\mathring{x})$ sind zwei Fälle möglich (unter noch zu formulierenden Voraussetzungen):

1. Es gibt in einer Vollumgebung $U(\mathring{u})$ genau eine Lösung $x(.)$. Für diese gilt: $x(u) \longrightarrow x(\mathring{u}) = \mathring{x}$, falls $u \to \mathring{u}$.
2. Falls 1. liegt nicht vor, daß heißt es gibt in $U(\mathring{u}) \setminus \{\mathring{u}\}$ keine Lösung, oder es liegt ein anderes, von 1. verschiedenes Lösungsverhalten, vor.

Im Fall 1. sind die Fragen beantwortet. Die einzige Lösung hängt stetig von u ab. Im anderen Fall sind geeignete Parameterdarstellungen zur Konstruktion aller möglicherweise verschiedenen Lösungen in $U(\mathring{u})$, die Verzweigungen des LE $(\mathring{u},\mathring{x})$ (vgl. Definition 2 in 2.) sind, zu finden.

Der Operator T wird mindestens als zweimal stetig differenzierbar vorausgesetzt, und die Linearisierung $T_x(\mathring{u},\mathring{x}) =: \mathring{T}_x$ sei Fredholmoperator mit Index 0.

$\mathring{T}_x$ ist genau dann invertierbar (auf B_3), falls es surjektiv ist. Nach dem Implicit-Function-Theorem ist dann gerade die Nichtsurjektivität von $\mathring{T}_x$ notwendig für das Eintreten des Falles 2. (Bei invertierbarem $\mathring{T}_x$ liegt Fall 1. vor). Für die Untersuchungen zum Fall 2. wird also die Nichtsurjektivität von $\mathring{T}_x$ gefordert.

Ziel dieser Ausführungen ist es, im Fall $1 = \dim N(\mathring{T}_x)$[1] eine Aussage über die Vielfachheit auftretender Verzweigungen (vgl. Bemerkung 2. im Anschluß an Definition 2.) zu erhalten. Dafür wird Analytizität des T in einer Umgebung von $(\mathring{u},\mathring{x})$ verlangt. Die sich aus der Ljapunov-Schmidt-Reduktion ergebende Verzweigungsgleichung wird mit Hilfe des Weierstraßschen Vorbereitungssatzes (WVS) faktorisiert und die Vielfachheit der Nullstellen des Weierstraß-Polynoms in Abhängigkeit vom Parameter $u \in U(\mathring{u})$ diskutiert. Abschließend folgt als Beispiel eine 2-Punktrandwertaufgabe für ein dynamisches System.

2. Definitionen und Voraussetzungen

B_1, B_2, B_3 seien Banachräume über $\mathbb{K}$ ($\mathbb{K} = \mathbb{C}$ oder $\mathbb{R}$). Es sei T ein auf $B_1 \times B_2$ definierter Operator mit Wertevorrat im Raum B_3 . Betrachtet wird die Gleichung (1.1) mit der Eigenschaft

$$T(\mathring{u},\mathring{x}) = 0 \ , \tag{2.1}$$

d.h. $(\mathring{u},\mathring{x}) \in B_1 \times B_2$ ist LE der Gleichung (1.1).

V.1: T sei in einer Vollumgebung von $(\mathring{u},\mathring{x})$ k-fach stetig differenzierbar oder unendlich oft differenzierbar ($k = \infty$) oder analytisch ($k = \omega$):

$$T \in C^k\,[(\mathring{u},\mathring{x})] \ . \tag{2.2}$$

(Im Fall $\mathbb{K} = \mathbb{C}$ folgt aus $T \in C^1\,[(\mathring{u},\mathring{x})]$ die Analytizität; falls $\mathbb{K} = \mathbb{R}$ gilt, liegen verschiedene Voraussetzungen vor. Für die Ljapunov-Schmidt-Reduktion genügt $k = 1$.)

V.2: $\mathring{T}_x \in \mathbb{L}(B_2,B_3)$ sei Fredholmoperator mit Index Null und $n := \dim N(\mathring{T}_x) \geq 1$.[2] Null- und Defektraum von $\mathring{T}_x$ werden dann durch n linear unabhängige Elemente des B_2 bzw. des B_3^* aufgespannt:

[1] $N(\mathring{T}_x)$ bedeutet den Nullraum von $\mathring{T}_x$ (kernel).

[2] $\mathbb{L}(B_2,B_3)$ ist der Raum der stetigen linearen Operatoren mit Definitionsbereich B_2 und Werten in B_3 . Zum Fredholmoperator vgl. /17/, /4/. Aus V.2 folgt für den Wertevorrat $R(\mathring{T}_x)$: $\operatorname{codim} R(\mathring{T}_x) := \dim(B_3/R(\mathring{T}_x)) = \dim N(\mathring{T}_x^*) = n$ ($\mathring{T}_x^*$ adjungierter Operator zu $\mathring{T}_x$) und $N^*(\mathring{T}_x) = N(\mathring{T}_x^*)$. Für die Nichtsurjektivität von $\mathring{T}_x$ ist $n \geq 1$ notwendig und hinreichend.

$$N(\overset{\circ}{T}_x) = \operatorname{lin}\{p_i\}_{i=1}^{n}, \quad N^*(\overset{\circ}{T}_x) = \operatorname{lin}\{q_k^*\}_{k=1}^{n}. \qquad (2.3)$$

Nach bekannten Sätzen der Funktionalanalysis (vgl. zum Beispiel /5/, S. 120, 131) gibt es linear unabhängige Elemente $\{p_j^*\}_{j=1}^n \subset B_2^*$ und $\{q_l\}_{l=1}^n \subset B_3$, so daß

$$\langle p_i, p_j^* \rangle = \delta_{ij}, \quad i,j=1,\ldots,n; \quad \langle q_l, q_k^* \rangle = \delta_{lk}, \quad k,l=1,\ldots,n \qquad (2.4)$$

gelten.

<u>D.1:</u> Es sei D eine (nichtleere) Teilmenge des B_1 und $\overset{\circ}{u}$ ein Häufungspunkt von D. Eine Abbildung f, die auf $D \cup \{\overset{\circ}{u}\}$ erklärt ist, heißt Fortsetzung des LE $(\overset{\circ}{u},\overset{\circ}{x})$ dann und nur dann, wenn die folgenden Aussagen bestehen:

a) $f(\overset{\circ}{u}) = \overset{\circ}{x}$,

b) für alle Folgen $\{u_m\} \subset D$ mit $u_m \to \overset{\circ}{u}$ $(u_m \neq \overset{\circ}{u})$ gilt $f(u_m) \to \overset{\circ}{x}$,

c) für alle $u \in D$ gilt $T(u,f(u)) = 0$, d.h. $(u,f(u))$ sind LEe der Gleichung (1.1).

(f heißt auch lokale oder kleine Lösung auf $D \cup \{\overset{\circ}{u}\}$.)

<u>D.2:</u> Ein LE $(\overset{\circ}{u},\overset{\circ}{x})$ der Gleichung (1.1) heißt Bifurkationselement (BE) dann und nur dann, wenn es eine Folge $\{u_m\} \subset B_1$ und Folgen $\{x_m^r\} \subset B_2$ $(r=1,2)$ mit $u_m \to \overset{\circ}{u}$ und $x_m^r \to \overset{\circ}{x}$ $(r=1,2)$ gibt, für die

a) für alle $m \in \mathbb{N}$ und $r=1,2 : T(u_m, x_m^r) = 0$,

b) für alle $m \in \mathbb{N} : x_m^1 \neq x_m^2$

gelten.

<u>Bemerkungen:</u> 1. Definition 2 läßt den Fall: für alle $m \in \mathbb{N}$ gelten $u_m = \overset{\circ}{u}$, $x_m^1 = \overset{\circ}{x}$ und $x_m^2 \neq \overset{\circ}{x}$ $(x_m^2 \to \overset{\circ}{x})$, zu. Das bedeutet: $(\overset{\circ}{u},\overset{\circ}{x})$ ist ein Schichtbifurkationselement (SBE, "Senkrechtbifurkation"): es gibt unendlich viele LEe $(\overset{\circ}{u}, x_m^2)$ und das LE $(\overset{\circ}{u},\overset{\circ}{x})$.

2. Gibt es zum LE $(\overset{\circ}{u},\overset{\circ}{x})$ zwei Fortsetzungen derart, daß auf einer Folge $\{u_m\} \subset D$ $(u_m \to \overset{\circ}{u}$, $\overset{\circ}{u}$ Häufungspunkt von D) zwei Abbildungen f^1, f^2 definiert sind, für die $f^1(u_m) \neq f^2(u_m)$, $T(u_m, f^r(u_m)) = 0$ und $f^r(u_m) \to f(\overset{\circ}{u}) = \overset{\circ}{x}$ $(r=1,2)$ gelten, dann ist $(\overset{\circ}{u},\overset{\circ}{x})$ ein BE.

3. Eine Schicht (Schar von LEe $(\overset{\circ}{u},\overset{\alpha}{x})_{\alpha \in I}$, I unendliche Indexmenge, die $\alpha = 0$ enthält, und $\overset{\circ}{x}$ ist Häufungspunkt der Menge $\{\overset{\alpha}{x}\}_{\alpha \in I}$) ist

nach Definition 1 keine Fortsetzung von $(\mathring{u},\mathring{x})$, da in diesem Fall eine nur auf $\{\mathring{u}\}$ definierte mehrdeutige Abbildung $\bar{f}$ (mit $\bar{f} = x^{\alpha}$, $\alpha \in I$) vorliegt.

4. In /6/, /9/, /10/, /7/ sind Untersuchungen über Existenz bzw. Nichtexistenz von Schichtbifurkation am LE $(\mathring{u},\mathring{x})$ enthalten.

3. Eine Ljapunov-Schmidt-Reduktion

In der Gleichung (1.1) werden die Substitutionen $u = \mathring{u} + v$, $x = \mathring{x} + y$ und eine Taylorentwicklung nach der zweiten Variablen vorgenommen;

$$0 = T(\mathring{u}+v,\mathring{x}+y) = T(\mathring{u}+v,\mathring{x})+T_x(\mathring{u}+v,\mathring{x})y+\bar{T}(\mathring{u}+v,\mathring{x};y), \quad \bar{T} = o(\|y\|) . \tag{3.1}$$

Aus dem Lemma von E. Schmidt (/12/) und der Stetigkeit der Abbildung $T_x(\mathring{u}+(.),\mathring{x}) \mid U(0) \subset B_1 \longrightarrow \mathbb{L}(B_2,B_3)$ folgt (/5/,/4/): Es existiert r_1, $r_1 > 0$, so daß

$$\tilde{T}_x(\mathring{u}+v,\mathring{x}) := -T_x(\mathring{u}+v,\mathring{x}) + \sum_{i=1}^{n} \langle .,p_i^*\rangle q_i \in \mathbb{L}(B_2,B_3) \tag{3.2}$$

für alle $v \in K_{B_1}(0,r_1)$ bijektiv ist. Werden $T_x(\mathring{u}+v,\mathring{x})$ in (3.1) nach (3.2) ersetzt und die Parameter $z_j := \langle y,p_j^*\rangle$ erklärt, entsteht aus (3.1) das System

$$H(v,z,y) := \tilde{T}_x(\mathring{u}+v,\mathring{x})y- \sum_{j=1}^{n} z_j q_j-T(\mathring{u}+v,\mathring{x})-\bar{T}(\mathring{u}+v,\mathring{x};y) = 0 , \tag{3.3'}$$

$$\bar{V}^j(y,z_j) := \langle y,p_j^*\rangle - z_j = 0 , \quad j=1,\dots,n, \tag{3.3''}$$

mit den Operatoren $H(.,.,.) | K_{B_1}(0,r_1) \times K_{\mathbb{K}^n}(0,r_2) \times K_{B_2}(0,r_3) \longrightarrow B_3$ und

$\bar{V}(.,.) = (\bar{V}^1,\dots,\bar{V}^n) | K_{B_2}(0,r_3) \times K_{\mathbb{K}^n}(0,r_2) \longrightarrow \mathbb{K}^n$.

Der Operator H besitzt die Eigenschaften:

a) $H(0,0,0) = 0$

b) $H \in C^k[(0,0,0)]$

c) $H_y(0,0,0) = \tilde{T}_x(\mathring{u},\mathring{x}) =: \tilde{\mathring{T}}_x$.

(Nach den obigen Ausführungen zu (3.2) existiert $\tilde{\mathring{T}}_x^{-1} \in \mathbb{L}(B_3,B_2)$.)

Es darf das Implicit-Function-Theorem auf (3.3') angewendet werden. Unter Annahme von V.1 und V.2 folgt: Es existieren $d_1,d_2,d_3 > 0$ und genau eine Abbildung $f(.,.) | K_{B_1}(0,d_1) \times K_{\mathbb{K}^n}(0,d_2) \longrightarrow K_{B_2}(0,d_3)$ mit den Eigenschaften:

a) für alle $(v,z) \in K_{B_1}(0,d_1) \times K_{\mathbb{K}^n}(0,d_2)$ gilt $H(v,z,f(v,z)) = 0$, insbesondere $f(0,0) = 0$;

b) f gehört der gleichen Regularitätsklasse wie H an: $f \in C^k[(0,0)]$.

Mit f und $\bar{V}$ wird ein Operator V definiert:

$$V(.,.) = (V^j(.,.)) := (\bar{V}^j(f(.,.),.)) = \bar{V}(f(.,.),.) | K_{B_1}(0,d_1) \times K_{\mathbb{K}^n}(0,d_2) \to \mathbb{K}^n .$$

Seine Anwendungsvorschrift lautet:

$$V(v,z) = (V^j(v,z)) = \bar{V}(f(v,z),z) = (\langle f(v,z),p_j^* \rangle - z_j) .$$

Damit entsteht aus (3.3") die Verzweigungsgleichung

$$V(v,z) = 0 \qquad (3.4')$$

oder das System der Verzweigungsgleichungen

$$V^j(v,z) = \langle f(v,z),p_j^* \rangle - z_j = 0, \quad j=1,\dots,n . \qquad (3.4'')$$

Der Operator V besitzt die Eigenschaften

a) $V(0,0) = 0$,

b) $V \in C^k[(0,0)]$,

c) $V_z(0,0) \in \mathbb{L}(\mathbb{K}^n, \mathbb{K}^n)$ ist Fredholmoperator mit $\dim N(V_z) = n$, Index Null.

c) bedeutet, daß $V_z(0,0)$ der Nulloperator im Raum $\mathbb{L}(\mathbb{K}^n, \mathbb{K}^n)$ ist. Das Implicit-Function-Theorem ist nicht anwendbar, um (3.4") nach den z_j in Abhängigkeit von $v \in K_{B_1}(0,d_1)$ aufzulösen.
Durch das folgende Äquivalenzlemma wird das Problem der Konstruktion der Fortsetzungen des LE $(\mathring{u},\mathring{x})$ der Gleichung $T(u,x) = 0$ auf das Auffinden der Fortsetzungen (kleinen Lösungen) des LE (0,0) der Gleichung (3.4') (endlichdimensionales Problem) zurückgeführt.

<u>L.1:</u> Es gelten V.1 und V.2. Die Menge der Urbilder der 0_{B_3} vermöge der Abbildung T , die in $K_{B_1}(\mathring{u},d_1) \times K_{B_2}(\mathring{x},d_3)$ liegen, ist homöomorph der Menge der Urbilder der $0_{\mathbb{K}^n}$ vermöge der Abbildung V , die außerdem in $K_{B_1}(0,d_1) \times K_{\mathbb{K}^n}(0,d_2)$ liegen:

$$T^{(-1)}(0_{B_3}) \cap (K_{B_1}(\mathring{u},d_1) \times K_{B_2}(\mathring{x},d_3)) \rightleftarrows V^{(-1)}(0_{\mathbb{K}^n}) \cap (K_{B_1}(0,d_1) \times$$

$$\times K_{\mathbb{K}^n}(0,d_2)).^{1)}$$

In /10/ findet sich ein Beweis des Lemmas durch Konstruktion des Homöomorphismus und ebenfalls eine ausführliche Darstellung dieser Ljapunov-Schmidt-Reduktion. Zu den Ausführungen in 4. und 5. vgl. /10/ und /14/.

Folgendes Corollar zu Lemma 1 besteht:

> Sei $(\mathring{u}',\mathring{x}') \in K_{B_1}(\mathring{u},d_1) \times K_{B_2}(\mathring{x},d_3)$ und $T(\mathring{u}',\mathring{x}') = 0$, d.h. $(\mathring{u}',\mathring{x}')$ ist ein beliebiges LE aus der Kugelumgebung von $(\mathring{u},\mathring{x})$. ($(\mathring{u}',\mathring{x}') = (\mathring{u},\mathring{x})$ ist erlaubt.) Eine beliebige Fortsetzung des LE $(\mathring{u}',\mathring{x}')$ (vgl. D.1), die in $K_{B_2}(\mathring{x},d_3)$ liegt, wird durch den Homöomorphismus umkehrbareindeutig auf eine Fortsetzung des LE $(\mathring{v}',\mathring{z}')$, die in $K_{\mathbb{K}^n}(0,d_2)$ liegt ($(\mathring{v}',\mathring{z}')$ ist Bild von $(\mathring{u}',\mathring{x}')$), der Gleichung $V(v,z) = 0$ abgebildet.

4. Eigenschaften der Abbildungen $f(.,.)$ und $V(.,.)$ im Fall $k = \omega$

In den folgenden Darlegungen wird die Analytizität von T in einer Umgebung von $(\mathring{u},\mathring{x})$ benutzt.

1. Die Abbildung $f(.,.)$ (lösender Operator der Gleichung (3.3')) ist auf $K_{B_1}(0,d_1) \times K_{\mathbb{K}^n}(0,d_2)$ analytisch und gestattet die in $K_{B_1}(0,d_1) \times K_{\mathbb{K}^n}(0,d_2)$ absolut konvergente Entwicklung

$$f(v,z) = B_0(v) + \sum_{l=1}^{\infty} \sum_{\sum k_i = l} B_{k_1 \ldots k_n}(v) z_1^{k_1} \ldots z_n^{k_n} =: B_0(v) + h(v,z). \qquad (4.1)$$

Die $B_0(.)$ und $B_{k_1 \ldots k_n}(.)$ sind analytische Abbildungen auf $K_{B_1}(0,d_1)$ in den B_2.

2. Für die oben erklärten V^j, $j=1,\ldots,n$, gilt analog:

$$V^j(v,z) = L_0^j(v) + \sum_{l=1}^{\infty} \sum_{\sum k_i = 1} L^j_{k_1 \ldots k_n}(v) z_1^{k_1} \ldots z_n^{k_n} . \qquad (4.2)$$

---

1) Die Kugelradien r_i, d_i, d_i' und andere sind alle positiv und durch Ordnungsrelationen miteinander verbunden. Auf die Angabe dieser Relationen wird verzichtet.

$v^j(.,.)$ sind analytisch auf $K_{B_1}(0,d_1) \times K_{\mathbb{K}^n}(0,d_2)$, insbesondere sind es die $L_o^j(.), L^j_{k_1\dots k_n}(.) | K_{B_1}(0,d_1) \to \mathbb{K}$.

3. Der Zusammenhang zwischen den Koeffizienten von (4.1) und (4.2) ist durch die folgenden Relationen gegeben:

$$L_o^j(v) = \langle B_o(v), p_j^* \rangle, \quad j=1,\dots,n, \tag{4.3}$$

$$L^j_{\underset{(i)}{o..o1o..o}}(v) = \langle B_{\underset{(i)}{o..o1o..o}}(v), p_j^* \rangle - \delta_{ij}, \quad i,j=1,\dots,n \tag{4.4}$$

$$L^j_{k_1..k_n}(v) = \langle B_{k_1\dots k_n}(v), p_j^* \rangle, \; j=1,\dots,n, \; \sum_{i=1}^n k_i \geqq 2. \tag{4.5}$$

4. Für B_o und h (vgl. (4.1)) können aus (3.3') zwei Gleichungen hergeleitet werden, die nach B_o bzw. h (letzteres in Abhängigkeit von B_o) eindeutig auflösbar sind $((v,z) \in K_{B_1}(0,d_1) \times K_{\mathbb{K}^n}(0,d_2))$:

$$\tilde{T}_x(\mathring{u}+v, \mathring{x})B_o = T(\mathring{u}+v, \mathring{x}) + \bar{T}(\mathring{u}+v, \mathring{x}; B_o), \tag{4.6}$$

$$\tilde{T}_x(\mathring{u}+v, \mathring{x})h = \sum_{i=1}^n z_i q_i + \bar{T}(\mathring{u}+v, \mathring{x}; B_o+h) - \bar{T}(\mathring{u}+v, \mathring{x}; B_o). \tag{4.7}$$

(4.7) enthält auf der rechten Seite der $\bar{T}$-Differenz noch lineare Terme in h. Diese können durch Taylorentwicklung abgespalten werden. Für die Gewinnung einer Rekursion für die $B_{k_1\dots k_n}$ (vgl. /10/, /14/), die auch für praktische Rechnungen Bedeutung hat, ist dieses erforderlich. Hier wird darauf verzichtet.

5. Spezielle Eigenschaften der B_o, L_o^j, $B_{\underset{(i)}{o..o1o..o}}$ und $L^j_{\underset{(i)}{o..o1o..o}}$

Es werden Teilmengen von $K_{B_1}(0,d_1)$ wie folgt definiert

D.3: $U_1 := \{ v \,|\, v \in K_{B_1}(0,d_1) \wedge T(\mathring{u}+v, \mathring{x}) = 0 \} \supset \{0\}$,

$U_2 := \{ v \,|\, v \in K_{B_1}(0,d_1) \wedge T_x(\mathring{u}+v, \mathring{x}) - T_x(\mathring{u}, \mathring{x}) = 0 \} \supset \{0\}$.

Bemerkung: Das Beispiel der verallgemeinerten Hammersteingleichung

$$T(u,x) := x - g(u)KFx = 0 \tag{5.1}$$

mit nichtlinearem Operator $F | B_2 \to B$ (B ebenfalls Banachraum),

$K \in \mathbb{L}(B,B_2)$ und i.a. nichtlinearem Funktional $g | B_1 \to K$, zeigt nichttriviale Mengen U_1, U_2. Wird für eine Gleichung vom Typ (5.1) die Menge $U_g := \{v | v \in K_{B_1}(0,d_1) \wedge g(\mathring{u}+v)-g(\mathring{u}) = 0\}$ definiert, dann kann durch geeignete Wahl von g erreicht werden, daß U_g echte Obermenge der Menge $\{0\}$ ist. Für beliebige LEe (V.2 sei erfüllt) $(\mathring{u},\mathring{x})$ gilt $U_g \subset U_1$, und für LEe $(\mathring{u},\mathring{x})$ mit $\mathring{x} \neq 0$: $U_g = U_1 = U_2$.

Die folgenden Aussagen der Lemmata 2 und 3 sind invariant gegen die Nichtlinearitäten des Operators T und für die Diskussion der Verzweigungsgleichungen erforderlich.

<u>L.2:</u> Es gelten:

$$B_o(v)\Big|_{v \in U_1} = 0 \ , \quad L_o^j(v)\Big|_{v \in U_1} = 0 \ , \quad j=1,\dots,n \ . \tag{5.2}$$

Der Beweis ergibt sich aus der Unität der Lösung von (4.6) und für die L_o^j dann aus (4.3).

<u>L.3:</u> Mit den Abkürzungen $B_i := B_{\underset{(i)}{o..olo..o}}$, $L_i^j := L^j_{\underset{(i)}{o..olo..o}}$ gelten:

$$\text{1a)}\ B_i(0) = p_i, \qquad \text{1b)}\ L_i^j(0) = 0 \ , \quad i,j=1,\dots,n, \tag{5.3}$$

$$\text{2a)}\ B_i(v)\Big|_{v \in U_1} = \tilde{T}_x^{-1}(\mathring{u}+v,\mathring{x})q_i, \qquad \text{2b)}\ L_i^j(v)\Big|_{v \in U_1} = \langle \tilde{T}_x^{-1}(\mathring{u}+v,\mathring{x})q_i, p_j^* \rangle - \delta_{ij},$$

$$i,j=1,\dots,n \ , \tag{5.4}$$

$$\text{3a)}\ B_i(v)\Big|_{v \in U_1 \cap U_2} = p_i \ , \qquad \text{3b)}\ L_i^j(v)\Big|_{v \in U_1 \cap U_2} = 0 \ , \quad i,j=1,\dots,n \ . \tag{5.5}$$

<u>Beweis:</u> Die Aussagen 1a) und 1b) sind in 3a) bzw. 3b) enthalten. $v \in U_1$ ergibt nach L.2 $B_o(v) = 0$. Damit ist der letzte Term in (4.7) gleich Null, und die $\tilde{T}$-Differenz enthält keine in h linearen Terme mehr. Ein unbestimmter Ansatz für h (nach (4.1)) und Koeffizientenvergleich liefern wegen der Existenz von $\tilde{T}_x^{-1}(\mathring{u}+v,\mathring{x})$ die Aussage 2a).
2b) folgt dann aus (4.4).

Gilt $v \in U_1 \cap U_2$, reduziert sich wegen der Stetigkeit der Inversenbildung $\tilde{T}_x^{-1}(\mathring{u}+v,\mathring{x})$ auf $\tilde{T}_x^{-1}(\mathring{u},\mathring{x})$. Aus (3.1) folgt bei Anwendung von

$\tilde{T}_x(\mathring{u},\mathring{x})$ auf p_i: $\tilde{T}_x(\mathring{u},\mathring{x})p_i = T_x(\mathring{u},\mathring{x})p_i + \sum_{j=1}^{n} \langle p_i, p_j^* \rangle\, q_j = q_i$, d.h.

$p_i = \tilde{T}_x^{-1}(\mathring{u},\mathring{x})q_i$, $i=1,\ldots,n$.

3b) folgt dann aus 2b).
Lemmata 2, 3 siehe auch in /10/. Sie bleiben auch bei $T \in C^k[(\mathring{u},\mathring{x})]$ mit $2 \leqq k$ gültig; die Reihen sind dann durch Taylorsche Formeln mit Restglied zu ersetzen.

6. Bemerkungen zur Untersuchung der Verzweigungsgleichung im eindimensionalen Verzweigungsfall

Es gelte $n = 1$.

A) $k = \omega$, $\mathbb{K} = \mathbb{C}$ (T analytisch)

Nach (3.4") gibt es genau eine Verzweigungsgleichung

$$V(v,z) := L_o(v) + L_1(v)z + \sum_{i=2}^{\infty} L_i(v)z^i = 0 \tag{6.1}$$

mit $V(0,0) = 0$ und $V_z(0,0) = 0$. (0,0) ist LE, für das Fortsetzungen $z(v)$ gesucht sind. $V_z(0,0) = 0$ ist genau die Aussage c) nach (3.4"). Für $L_2(0)$ folgt aus der oben zitierten Rekursion

$$L_2(0) = \frac{1}{2}\left\langle T_{xx}(\mathring{u},\mathring{x})p^2, q^* \right\rangle, \quad p_1 = p, \quad q_1^* = q^* . \tag{6.2}$$

Also sind zwei Fälle zu unterscheiden:

A1) $L_i(0) = 0$, $i=0,1,2,\ldots$,

A2) $\exists\, m,\ m \geqq 2$: $L_m(0) \neq 0$, m minimal gewählt.

Der Fall A1) führt für $v = 0$ auf die LEe $(\mathring{u}, x(\mathring{u}))$ mit

$x(\mathring{u}) = \mathring{x} + \sum_{i=1}^{\infty} B_i(0)z^i$, $z \in K_{\mathbb{C}}(0,d_2)$, d.h. $(\mathring{u},\mathring{x})$ ist SBE.

(Für alle $z \in K_{\mathbb{C}}(0,d_2') \setminus \{0\}$, $0 < d_2' \leqq d_2$, gilt nach dem Prinzip der Isoliertheit der Nullstellen $x(\mathring{u}) \neq \mathring{x}$ (da $B_1(0) = p \neq 0$, vgl. /2/, S. 200).)

Ein Hinweis zur Schichtbifurkation erfolgte bereits im Abschnitt 2. Im Fall A2) ist der Weierstraßsche Vorbereitungssatz ein geeignetes Mittel zur Diskussion der Gleichung (6.1) (siehe Abschnitt 7.).

B) $2 \leqq k < +\infty$, $\mathbb{K} = \mathbb{R}$

Es ist eine eindeutige Darstellung von $V(v,z)$ als Taylorpolynom mit Restterm möglich. Für L_o, L_1, L_2 gelten L.2, L.3 und (6.2): Existiert $m \in \{2,\dots,k\}$, $L_m(0) \neq 0$, so können Sätze aus der Singularitätentheorie (z.B. Morse-Lemma, vgl. /3/, /9/, /10/) zum Nachweis, daß $(\mathring{u},\mathring{x})$ BE ist, mit Erfolg angewendet werden.
Praktische Aufgaben sind in der Regel reell, d.h. sie fallen unter B). Läßt sich jedoch das reelle Problem in komplexe Räume einbetten, so können Ergebnisse zum Fall A) von Nutzen sein (Komplexifizierung der Räume, vgl. /4/).

7. Faktorisierung von V(v,z); Vielfachheit der Nullstellen

Es sei $m \geqq 2$ der kleinste Index mit $L_m(0) \neq 0$: Fall A2: $V(0,z) \not\equiv 0$. Der Weierstraßsche Vorbereitungssatz (WVS) ergibt für alle $(v,z) \in K_{B_1}(0,d_1) \times K_{\mathbb{C}}(0,d_2)$ die eindeutige Faktorisierung:

$$V(v,z) = L_m(0)(z^m + a_1(v)z^{m-1} + \dots + a_{m-1}(v)z + a_m(v))G(v,z) \; . \tag{7.1}$$

Die a_l, $l=1,\dots,m$, sind auf $K_{B_1}(0,d_1)$, das G auf $K_{B_1}(0,d_1) \times K_{\mathbb{C}}(0,d_2)$ definierte analytische Abbildungen (Bildmengen in $\mathbb{C}$) mit

$$a_l(0) = 0, \quad l=1,\dots,m; \quad G(0,0) \neq 0 \; . \tag{7.2}$$

$$P_m(v,z) := z^m + a_1(v)z^{m-1} + \dots + a_{m-1}(v)z + a_m(v) \tag{7.3}$$

heißt Weierstraß-Polynom (WP).

L.4: $P_m(v,.)$, als Abbildung von $K_{\mathbb{C}}(0,d_2)$ in den $\mathbb{C}$ betrachtet, besitzt für jedes $v \in K_{B_1}(0,d_1)$ genau m Nullstellen $z_\alpha(v)$, $\alpha = 1,\dots,m$ (Vielfachheiten mitgezählt). Es sind Abbildungen: $z_\alpha(.)|K_{B_1}(0,d_1) \longrightarrow \mathbb{C}$ mit $\lim_{v \to 0} z_\alpha(v) = 0$. Die $z_\alpha(v)$ sind Fortsetzungen des LE (0,0) der Gleichung $V(v,z) = 0$, und sie generieren Fortsetzungen

$$\begin{aligned} x_\alpha(u-\mathring{u}) &= \mathring{x} + B_o(u-\mathring{u}) + \sum_{i=1}^{\infty} B_i(u-\mathring{u})\left[z_\alpha(u-\mathring{u})\right]^i = \\ &= \mathring{x} + f(u-\mathring{u}, z_\alpha(u-\mathring{u})) \end{aligned} \tag{7.4}$$

des LE $(\mathring{u},\mathring{x})$ der Gleichung $T(u,x) = 0$ in die Menge $D := \{u \mid u \in B_1 \wedge \|u-\mathring{u}\| < d_1\} = K_{B_1}(\mathring{u},d_1)$.

Beweis: Er ergibt sich aus dem Äquivalenzlemma nebst Corollar und den Eigenschaften der Fortsetzung eines LE (D.1).

Für die zur Vielfachheitsuntersuchung verwendeten Resultate der klassischen Algebra vgl. /1/, /15/. Es ist

$$D_{P_m}(v) := (a_0)^{2m-2} \prod_{i<j} (z_i(v)-z_j(v))^2, \quad a_0(v) = 1 , \qquad (7.5)$$

die Diskriminante des WP (7.3) an der Stelle $v \in K_{B_1}(0,d_1)$. $z_i(v)$ sind seine Nullstellen. Es gelten:

1. $D_{P_m} := \mathfrak{P}(a_0,...,a_m)$ ist ein Polynom homogen vom Grad 2m-2 in den $a_0,...,a_m$. (Folgt aus dem Darstellungssatz für symmetrische Polynome in m Variablen durch die elementarsymmetrischen Funktionen dieser Variablen. Die Darstellung ist eindeutig.) Für $m = 2,3$ ergeben sich die noch überschaubaren Darstellungen

$$D_{P_2} = (a_1)^2 - 4a_0a_2 ,$$

$$D_{P_3} = (a_1)^2(a_2)^2-4a_0(a_2)^3-4(a_1)^3a_3-27(a_0)^2(a_3)^2+18a_0a_1a_2a_3 .$$

2. Da die a_k , $k=0,1,...,m$ analytische Abbildungen auf $K_{B_1}(0,d_1)$ in den $\mathbb{C}$ sind, und die unter 1. genannte Darstellung besteht, ist D_{P_m} eine analytische Abbildung: $D_{P_m}(.)|K_{B_1}(0,d_1) \longrightarrow \mathbb{C}$ (insbesondere stetig).

3. $D_{P_m}(\mathring{v}) = 0$ ist notwendig und hinreichend für das Auftreten mindestens einer mehrfachen Nullstelle $z_i(\mathring{v})$ des Polynoms P_m . Es gilt $D_{P_m}(0) = 0$, da $P_m(0,z) = z^m$.

L.5: Sei $M := \{v | v \in K_{B_1}(0,d_1) \wedge D_{P_m}(v) \neq 0\}$. Die Menge M der v aus $K_{B_1}(0,d_1)$, für die $D_{P_m} \neq 0$ gilt, ist offen (trivial im Fall $M = \emptyset$) .

Der Beweis folgt aus der Stetigkeit der Abbildung D_{P_m} .

S.1: Es gelten: 1. V.1 mit $k = \omega$ und V.2;

2. $\dim N(\dot{T}_x) = 1$;

3. $L_2(0) = 0 = ... = L_{m-1}(0) = 0, \quad L_m(0) \neq 0$;

4. $M' := \{u | u \in K_{B_1}(\mathring{u},d_1): v = u-\mathring{u} \in M\}$, $M \neq \emptyset$.

Dann bestehen die Aussagen:

a) Für alle $v \in M$ existieren genau m verschiedene LEe $(\mathring{u}+v, \mathring{x}+f(v,z_\alpha(v)))$, $\alpha = 1,\dots,m$, der Gleichung $T(u,x) = 0$. Für alle $u \in M'$ haben diese LEe die Form $(u, x_\alpha(u-\mathring{u}))$ mit x_α nach (7.4).

b) Für die Abbildungen $x_\alpha(.-\mathring{u})$ auf M' gilt $x_\alpha \neq x_{\alpha'}$, falls $\alpha \neq \alpha'$. Auf M' stellen also die durch (7.4) gegebenen Fortsetzungen des LE $(\mathring{u},\mathring{x})$ genau m verschiedene (punktweise) Abbildungen dar.

Der Beweis ergibt sich aus L.4, L.1 und Corollar und der Eigenschaft 3. der Diskriminante.

<u>F.1,S.1:</u> Es sei $B_1 = \mathbb{C}$. D_{P_m} ist dann eine klassische analytische Abbildung auf $K_{\mathbb{C}}(0,d_1)$ in den $\mathbb{C}$. Falls D_{P_m} auf $K_{\mathbb{C}}(0,d_1)$ nicht identisch verschwindet, existiert nach dem Prinzip der Isoliertheit der Nullstellen ein σ_1, $0 < \sigma_1 \leq d_1$, derart, daß $K_{\mathbb{C}}(0,\sigma_1) \setminus \{0\} \subset M$ gilt. Damit ist $(\mathring{u},\mathring{x})$ BE mit genau m verschiedenen Fortsetzungen in $K_{\mathbb{C}}(\mathring{u}, \sigma_1) \setminus \{\mathring{u}\}$.

<u>F.2, S.1:</u> M sei dicht in $K_{B_1}(0,d_1)$. $0 \notin M$ ist dann Häufungspunkt von M und somit $(\mathring{u},\mathring{x})$ BE mit genau m verschiedenen Fortsetzungen in M' (generische Bifurkation).
(Zu F.2,S.1: Auf M gibt es genau m verschiedene Abbildungen $z_\alpha(v)$, die Fortsetzungen des LE (0,0) der Verzweigungsgleichung sind, denn es gelten $\lim_{z \to 0} z_\alpha(v) = 0$, 0 Häufungspunkt von M und für alle $v \in M$: $V(v,z_\alpha(v)) = 0$. Aus L.1 und Corollar folgt die Behauptung.)

<u>Bemerkung:</u> Im Fall des Parameterraumes $B_1 = \mathbb{C}$ (eindimensional!) enthält die Menge M eine bei 0 punktierte Kugel $K_{\mathbb{C}}(0, \sigma_1) \setminus \{0\}$ Beispiele zeigen, daß diese Struktur bei einem 2-dimensionalen Parameterraum nicht vorkommen muß.

Es soll nun noch der Zusammenhang zu den Mengen U_1, U_2 (s.D.3) hergestellt werden. Aus (7.1) folgt für das Weierstraß-Polynom

$$P_m(v,z)=z^m+a_1(v)z^{m-1}+\dots+a_{m-1}(v)z+a_m(v) = L_m^{-1}(0)V(v,z)\left[G(v,z)\right]^{-1} \quad (7.6)$$

Für die Koeffizienten des P_m ergeben sich durch Differentiationen

$$a_{m-l}(v) = L_m^{-1}(0) \sum_{k=0}^{l} \frac{1}{k!} L_{l-k}(v) \left[(G(v,z))^{-1}\right]_{z=0}^{(k)}, \quad l=0,1,\dots,m-1, \qquad (7.7)$$

mit

$$\left[(G(v,z))^{-1}\right]_{z=0}^{(k)} = \frac{\partial^k}{\partial z^k} \left[(G(v,z))^{-1}\right]\Big|_{z=0} .$$

Für $l = 0$ bzw. $l = 1$ entstehen das "Absolutglied" bzw. der Koeffizient des linearen Terms des P_m :

$$\left.\begin{aligned} a_m(v) &= L_m^{-1}(0) L_o(v) \left[(G(v,z))^{-1}\right]\Big|_{z=0}, \\ a_{m-1}(v) &= L_m^{-1}(0) \left\{ L_1(v) \left[(G(v,z))^{-1}\right]\Big|_{z=0} + L_o(v) \left[(G(v,z))^{-1}\right]_{z=0}^{(1)} \right\} . \end{aligned}\right\} \qquad (7.8)$$

Aus Lemmata 2, 3 folgt

<u>L.6:</u> Für die Koeffizienten (7.8) gelten

$$a_m(v)\Big|_{v \in U_1} = 0, \quad a_{m-1}(v)\Big|_{v \in U_1 \cap U_2} = 0 . \qquad (7.9)$$

<u>S.2:</u> Mit den Voraussetzungen des S.1 gelten:

a) Für alle $v \in U_1$ besitzt P_m die Nullstelle $z_\beta(v) = 0$ mindestens mit der Vielfachheit 1. Sie erzeugt in den Punkten $u = \mathring{u}+v$ mit $v \in U_1$ die Lösung $\mathring{x}$, d.h. es gelten $T(\mathring{u}+v,\mathring{x}) = 0$. (Die Untersuchung der Verzweigungsgleichung bestätigt die Annahme, die mit $v \in U_1$ getroffen wurde.)

b) Für alle $v \in U_1 \cap M$ ist unter den $x_\alpha(u-\mathring{u})$ das $\mathring{x} = x_\beta(u-\mathring{u})$ genau einmal vorhanden (Vielfachheit 1).

c) Für alle $v \in U_1 \cap U_2$ besitzt das Weierstraß-Polynom die Nullstelle $z_\beta(v) = 0$ mindestens mit der Vielfachheit 2, d.h. in den Punkten $v \in U_1 \cap U_2$ gilt $D_{P_m}(v) = 0$. Folglich gilt $U_1 \cap U_2 \subset K_{B_1}(0,d_1 \setminus M$: $U_1 \cap U_2$ ist Teilmenge der Menge aus $K_{B_1}(0,d_1)$, auf der die Diskriminante verschwindet.

d) Für alle $v \in U_1 \cap U_2$ sind $(\mathring{u}+v,\mathring{x})$ LEe der Gleichung $T(u,x) = 0$. Unter den auf $u = \mathring{u}+v$ mit $v \in U_1 \cap U_2$ definierten $x_\alpha(u-\mathring{u})$ gibt es $x_\beta = \mathring{x}$ mindestens mit der Vielfachheit 2. Diese LEe erfüllen die notwendige Bedingung (V.2) für ein BE.

Der Beweis benutzt die Lemmata 1, 2, 3, 4, 6 und die Diskriminanteneigenschaft 3. Für d) ist $T_x(\mathring{u}+v,\mathring{x}) = T_x(\mathring{u},\mathring{x}) = \mathring{T}_x$ zu beachten. Am Beispiel werden die Aussagen der Sätze 1 und 2 demonstriert.

8. Bemerkungen zum zweidimensionalen Verzweigungsfall

Es gelten $\mathbb{K} = \mathbb{C}$, $k = \omega$, $n = 2$. Es besteht dann das System von Verzweigungsgleichungen

$$V^j(v,z_1,z_2) := \sum_{l=0}^{\infty} \sum_{k_1+k_2=l} L^j_{k_1k_2}(v) z_1^{k_1} z_2^{k_2} = 0, \quad j=1,2. \tag{8.1}$$

Sind zum Beispiel $L^j_{2o}(0) \neq 0$, $j=1,2$ (Auszeichnung des Parameters z_1), können V^1 und V^2 mit Hilfe des WVS faktorisiert werden. Die beiden Weierstraß-Polynome sind dann vom Grad 2 in z_1 und besitzen Koeffizienten, die von v und z_2 analytisch (lokal) abhängen. Damit ergibt sich für die Resultante der Weierstraß-Polynome (für die Resultante vgl. /15/, /1/) die Analytizität in v und z_2. Sie wird ebenfalls mit dem WVS faktorisiert. Ihr Weierstraß-Polynom ist mindestens vom Grad 4 in z_2 und besitzt analytische Koeffizienten in v. Jede Nullstelle $z_{2\alpha}(v)$ in die Weierstraß-Polynome der V^1, V^2 eingesetzt, erzeugt einen g.g. Teiler der Weierstraß-Polynome vom Grad 1 oder 2 in z_1.

Die kleinen Lösungen des Systems (8.1) sind dann durch die Paare $(z_{1_{\alpha_i}}(v), z_{2_\alpha}(v))$[1] gegeben; $i = 1$ bzw. $i = 1,2$, gelten, je nach Grad des g.g. Teilers. In /10/ ist dieser Fall ausführlich dargestellt, und es werden Aussagen über Bifurkationsmöglichkeiten getroffen. In /9/ werden unter Grenzpunkt-Voraussetzungen an das LE $(\mathring{u},\mathring{x})$ ein anderer Zugang zum zweidimensionalen Fall dargelegt und Bifurkationsaussagen gewonnen.

Es besteht vermutlich die offene Frage nach Untersuchungen über die Abhängigkeit der Vielfachheit der Nullstellen des Weierstraß-Polynoms der Resultante von $v \in K_{B_1}(0,d_1)$ und der Abhängigkeit des Grades des g.g. Teilers der Weierstraß-Polynome der V^j von $v \in K_{B_1}(0,d_1)$.

---

1) $z_{1_{\alpha_i}}(v)$ Nullstellen des g.g. Teilers.

Es ist weiterhin fraglich, ob diese Hilfsmittel der klassischen Algebra (Resultantentheorie, Darstellung des g.g. Teilers zweier Polynome) hier weiterhelfen können, oder ob die Nutzung von Symmetrieeigenschaften des Operators T und Einsatz anderer Faktorisierungsmöglichkeiten der Singularitätentheorie im zwei- und höherdimensionalen Fall (eventuell noch mit der Grenzpunkt-Voraussetzung an das LE $(\mathring{u},\mathring{x})$) effektiver sind (vgl. /9/, /10/, /7/, /8/).

9. Beispiele

Folgende Randwertaufgabe für eine gewöhnliche i.a. nichtlineare Differentialgleichung werde betrachtet:

$$\ddot{x}(t) - g(u)F(x(t)) = 0 \ , \qquad (9.1)$$

$$x(0) = 0 \ , \quad \dot{x}(1) = 0 \ . \qquad (9.2)$$

g ist ein Funktional auf dem Parameterraum B_1 und F eine nichtlineare Abbildung zwischen geeignet gewählten Funktionenräumen, die V.1 genügt, und es gelte

$$F(0) = 0 \ . \qquad (9.3)$$

Es gibt also für alle $u \in B_1$ die triviale Lösung $x \equiv 0$. Gesucht sind nichttriviale Lösungen als Fortsetzungen des LE (0,0). Die Phasenkurven dieser Lösungen im $(x,\dot{x})$-Raum beginnen in Punkten $x = 0$, $\dot{x} \neq 0$ und treffen zur "Zeit" $t = 1$ Punkte $x \neq 0$, $\dot{x} = 0$:

Fig. 1

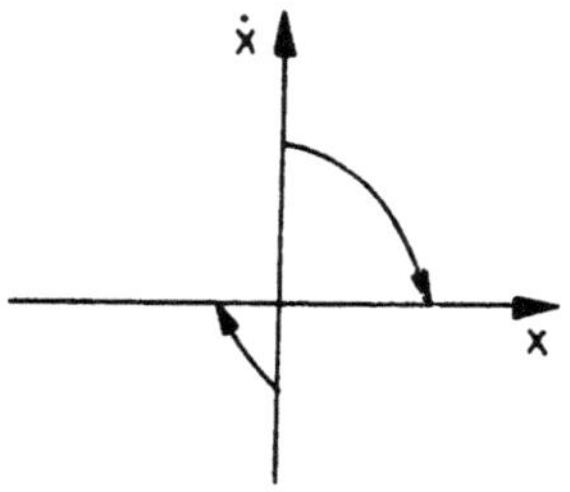

Von der Aufgabenstellung her liegt mit (9.1), (9.2) ein Problem mit reellen Räumen vor, und es sind reelle Lösungen gesucht. Für die Untersuchung von Beispielen mit den bereitgestellten Resultaten kann eine Komplexifizierung des Parameterraumes und der Funktionenräume sinnvoll sein (vgl. /4/).

Für die Aufgabe (9.1), (9.2) werden zunächst Ergebnisse dargelegt, die invariant gegen die Nichtlinearitäten von F sind.

1. Die Randwertaufgabe (9.1), (9.2) ist der Integralgleichung

$$x(s) - g(u) \int_0^1 K(s,t)F(x(t))dt = 0 \tag{9.4}$$

mit dem Kern

$$K(s,t) = \begin{cases} t, & 0 \leq t \leq s \\ s, & s \leq t \leq 1 \end{cases} \tag{9.5}$$

äquivalent. (Jede Lösung der RWA (9.1), (9.2) aus dem $C^2[0,1]$ ist Lösung der IGl, und jede Lösung der IGl, betrachtet im Raum $C[0,1]$ ist zweimal stetig differenzierbar und genügt (9.1), (9.2). F ist dabei eine Abbildung des $C[0,1]$ in sich, vgl. nächsten Abschnitt.)

2. Es sei $d + \sum_{l=2}^{\infty} b_l d^l$ mit $b_l \in \mathbb{K}$ eine für alle $d \in K_{\mathbb{K}}(0,r)$, $r > 0$ beliebig, absolut konvergente Potenzreihe. Für $x \in C[0,1]$ wird die Abbildung

$$x \in C[0,1] \longrightarrow Fx := x + \sum_{l=2}^{\infty} b_l x^l \tag{9.6}$$

erklärt. $Fx(.)$ ist eine auf $[0,1]$ definierte stetige Funktion: $Fx(.) \in C[0,1]$, d.h. $F|C[0,1] \longrightarrow C[0,1]$. F ist außerdem ein analytischer Operator des $C[0,1]$ in sich (vgl. z.B. /13/), unabhängig ob F auf dem reellen oder komplexen $C[0,1]$ betrachtet wird.

3. $K(.,.)$ ist eine stetige Funktion auf $[0,1] \times [0,1]$. Der Operator

$$K(.)(s) := \int_0^1 K(s,t)(.)dt \tag{9.7}$$

gehört dem Raum $\mathbb{L}(C[0,1], C[0,1])$ an (vgl. /5/).

4. $g(.)$ wird konkret vorgegeben: $u = (u_1,u_2) \in \mathbb{R}^2 \longrightarrow g(u) = \frac{\pi^2}{4} + (u_1)^2 - (u_2)^2 \in \mathbb{R}$; $g(.)|\mathbb{R}^2 \longrightarrow \mathbb{R}$. ($g$ kann auch auf dem $\mathbb{C}^2$ mit Werten im $\mathbb{C}$ betrachtet werden. In beiden Fällen ist es analytisch.)

5. Für den Operator $T(.,.) := I(.)-g(.)KF(.)$ gilt: $T(.,.)|\mathbb{R}^2 \times C[0,1] \rightarrow \rightarrow C[0,1]$, und T ist analytisch auf einer Umgebung des Elements $(0,0) \in \mathbb{R}^2 \times C[0,1]$, d.h. $T \in C^{\omega}[(0,0)]$. Die IGl (9.4) kann somit

als Operatorgleichung

$$T(u,x) := x - g(u)KFx = 0 \qquad (9.8)$$

mit $B_1 = \mathbb{R}^2$, $B = B_2 = B_3 = C[0,1]$ aufgefaßt werden. Es liegt eine Gleichung vom Typ (1.1), speziell in der Form (5.1) vor. Wegen $F(0) = 0$ sind alle $(u,0) = ((u_1,u_2),0)$ mit beliebigem $u \in \mathbb{R}^2$ LEe. Im folgenden wird das LE $((0,0),0)$ betrachtet.

6. Für ein $(\mathring{u},\mathring{x})$ aus einer Umgebung von $(0,0)$ gilt:

$$T_x(\mathring{u},\mathring{x}) = I - g(\mathring{u})KF'(\mathring{x}) . \qquad (9.9)$$

Wegen $F'(0) = I$ und $g(0) = \frac{\pi^2}{4}$ folgt

$$\mathring{T}_x := T_x(0,0) = I - \frac{\pi^2}{4} K . \qquad (9.10)$$

Es wird nachgewiesen, daß der Operator $\mathring{T}_x$ Fredholmoperator mit Index 0 ist. Es gelten $\dim N(\mathring{T}_x) = \dim N^*(\mathring{T}_x) = 1$ und $N(\mathring{T}_x)$ bzw. $N^*(\mathring{T}_x) = N(\mathring{T}_x^*)$ werden durch $p_1 = p = \sqrt{2}\sin \frac{\pi}{2} s$ bzw.

$q_1^* = q^*(.) = \sqrt{2} \int\limits_0^1 \sin \frac{\pi}{2} s(.)ds$ aufgespannt. Mit

$p^*(.) = \sqrt{2} \int\limits_0^1 \sin \frac{\pi}{2} s(.)ds$ und $q = \sqrt{2}\sin \frac{\pi}{2} s$ kann das Lemma von E. Schmidt angewendet werden. Die Aufgabe erfüllt V.2.

7. Für die Mengen U_1 und U_2 gelten (vgl. D.3):

$$U_1 := \{v \mid v \in K_{\mathbb{R}}2(0,d_1) \wedge T(v,0) = 0\} = K_{\mathbb{R}}2(0,d_1) , \qquad (9.11)$$

denn $T(v,0) = 0$ für alle v ;

$$U_2 := \{v \mid v \in K_{\mathbb{R}}2(0,d_1) \wedge T_x(v,0)-T_x(0,0) = 0\} = \{v \mid v \in K_{\mathbb{R}}2(0,d_1) \wedge v_1^2-v_2^2 = 0\} , \qquad (9.12)$$

denn:

$$T_x(v,0)-T_x(0,0) = I-g(v)K-I+g(0)K = (-\frac{\pi^2}{4} -(v_1)^2+(v_2)^2+ \frac{\pi^2}{4})K := (v_2^2-v_1^2)K.$$

Für Gleichungen vom Typ (5.1) wurde noch die Menge U_g erklärt:

$$U_g := \{v \mid v \in K_{\mathbb{R}}2(0,d_1) \wedge g(\mathring{u}+v)-g(\mathring{u}) = 0\} = U_2 , \qquad (9.13)$$

denn für $(\mathring{u},\mathring{x}) = (0,0)$ folgt:

$$g(\mathring{u}+v) - g(\mathring{u}) = \frac{\pi^2}{4} + (v_1)^2 - (v_2)^2 - \frac{\pi^2}{4} = (v_1)^2 - (v_2)^2 .$$

Für die Aufgabenklasse besteht also

$$U_1 \cap U_2 = K_{\mathbb{R}^2}(0,d_1) \cap U_g = U_g . \qquad (9.14)$$

8. Nach Lemma 2 ergeben sich (vgl. (9.11))

$$B_0(v) \Big|_{K_{\mathbb{R}^2}(0,d_1)} = 0 , \quad L_0(v) \Big|_{K_{\mathbb{R}^2}(0,d_1)} = 0 . \qquad (9.14)$$

Nach Lemma 3, 2b) gilt

$$L_1(v) \Big|_{K_{\mathbb{R}^2}(0,d_1)} = \langle \tilde{T}_x^{-1}(v,0)q,p^* \rangle - 1 \qquad (9.15)$$

mit (nach (3.2))

$$\tilde{T}_x(v,0) = -T_x(v,0) + \langle \cdot ,p^* \rangle\, q = -I + (\frac{\pi^2}{4} + (v_1)^2 - (v_2)^2)K + \langle \cdot ,p^* \rangle\, q .$$

Nach dem Schmidtschen Lemma existiert $T_x^{-1}(v,0)$. Diese Inverse wird explizit bestimmt und aus (9.15) folgt:

$$L_1(v) \Big|_{K_{\mathbb{R}^2}(0,d_1)} = \frac{(v_1)^2 - (v_2)^2}{\frac{\pi^2}{4} - ((v_1)^2 - (v_2)^2)} \qquad (9.16)$$

Es ist sofort klar, daß

$$L_1(v)_{U_1 \cap U_2 = U_g} = 0$$

gilt (Verifikation von Lemma 3, 3b)). (Aus (9.16) ergibt sich für d_1 die Abschätzung $0 < d_1^2 \leq \frac{\pi^2}{4}$. Dann ist $|v_1^2 - v_2^2| \leq v_1^2 + v_2^2 < d_1^2 = \frac{\pi^2}{4}$.)
Damit sind die Aussagen, die über die Gleichung (9.8) bei dem gewählten g für die Suche nach Fortsetzungen des LE (0,0) getroffen werden müssen und die invariant gegen die Nichtlinearitäten von F sind, vollständig. Es wird nun F vorgegeben.

9. Es sei

$$Fx := \cos x + x - 1 = x + \sum_{l=1}^{\infty} (-1)^l \frac{x^{2l}}{(2l)!} = x - \frac{1}{2}x^2 + \frac{1}{4!}x^4 + \ldots$$

F erfüllt V.1 und die unter 2. festgelegten Eigenschaften. Aus der bereits zitierten Rekursion (/10/, /14/) für die $B_i(v)$ ergibt sich

$$B_2(0) = g(0)\tilde{T}_x^{-1} KF_2(0)(p,p) \tag{9.17}$$

mit $F_2(0)(p,p) = -\frac{1}{2}p^2$. (In dieser Formel ist die Abhängigkeit des $B_2(0)$ von $s \in [0,1]$ enthalten; sie ist ebenfalls aus der Formel für $B_1(0) = p = \sqrt{2}\sin\frac{\pi}{2}s$ (Lemma 3) ersichtlich. Diese Abhängigkeit wird nicht explizit angegeben.)
Für $L_2(0)$ folgt aus (9.17):

$$\begin{aligned} L_2(0) = \langle B_2(0),p^*\rangle &= g(0)\langle \tilde{T}_x^{-1}KF_2(0)(p,p),p^*\rangle = \\ &= g(0)\ \langle KF_2(0)(p,p),\tilde{T}_x^{*-1}p^*\rangle = \\ &= g(0)\ \langle KF_2(0)(p,p),q^*\rangle\ . \end{aligned} \tag{9.18}$$

(Wird im Lemma von E. Schmidt $(v = 0)$ zum adjungierten Operator übergegangen, so folgt bei Anwendung von $\tilde{T}_x^*$ auf die q_j^* $(N(T_x^*)=\mathrm{lin}\{q_j^*\}_{j=1}^n)$ und Beachtung von $(\tilde{T}_x^*)^{-1} = (\tilde{T}_x^{-1})^*$

$$q_j^* = \tilde{T}_x^{*-1}p_j^*\ , \quad j=1,\dots,n\ .$$

Damit ist $\tilde{T}_x^{*-1}$ in (9.18) eliminierbar.)
Aus (9.18) folgt

$$L_2(0) = \frac{\pi^2}{4}\int_0^1\left[\int_0^1 K(s,t)(-\tfrac{2}{2})\sin^2\tfrac{\pi}{2}t\,dt\right]\sqrt{2}\sin\tfrac{\pi}{2}s\,ds = -\frac{4}{3}\frac{\sqrt{2}}{\pi}\ . \tag{9.19}$$

10. Wegen $L_2(0) \neq 0$ besteht nach dem WVS die folgende Faktorisierung des $V(v,z)$:

$$V(v,z) = L_2(0)\left[z^2+a_1(v)z+a_2(v)\right]G(v,z)\ .$$

Nach Lemma 6 gelten.

$$a_2(v)\Big|_{\mathbb{K}_R 2(0,d_1)} = 0,\quad a_1(v)\Big|_{U_1\cap U_2=U_g} = 0\ .$$

Somit ergibt sich

$$D_{P_2}(v) = (a_1)^2-4a_0a_2 = (a_1)^2 \quad \text{für alle} \quad v\in \mathbb{K}_R 2(0,d_1)\ ,$$

d.h. D_{P_2} ist auf U_g gleich Null und verschwindet nicht für $v \in M = \mathbb{K}_R 2(0,d_1)\setminus U_g$ (Folgt aus der Darstellung des $a_1(v)$ mit Hilfe von $L_1(v)$ (7.8) unter Beachtung der Darstellung (9.16) für $L_1(0)$).

Es bestehen die Aussagen:

1. Für alle $v \in K_{\mathbb{R}}2(0,d_1)$ hat $V(v,z)$ die Nullstelle $z_1(v) = 0$ (mindestens mit der Vielfachheit 1). Sie erzeugt die (triviale) Fortsetzung $x_1(v) = 0$ des LE $(0,0)$ der Gleichung (9.8) (S. 2, a)).

2. Für alle $v \in U_1 \cap U_2 = U_g$ besitzt die Nullstelle $z_1(v) = 0$ die Vielfachheit 2. In diesen Punkten hat die triviale Fortsetzung die Vielfachheit 2 (S. 2, c)).

3. Für alle $v \in M = K_{\mathbb{R}}2(0,d_1) \setminus U_g$ gibt es die einfache Nullstelle $z_1(v) = 0$ und die einfache Nullstelle

$$z_2(v) = -a_1(v) = \frac{3\pi[(v_1)^2 - (v_2)^2]}{4\sqrt{2}\left[\frac{\pi^2}{4} - ((v_1)^2-(v_2)^2)\right]} (G(v,z))^{-1} \neq 0 .$$

(Verwendung von (7.8.)

4. Die Nullstelle $z_2(v)$ erzeugt auf M die Fortsetzung $x_2(v) = -\sum_{i=1}^{\infty} B_i(v)(z_2(v))^i$ als einzige nichttriviale des LE $(0,0)$.

5. Die Steueraufgabe (9.1), (9.2) hat also für $v \in M$ die nichttriviale Lösung $x_2(v)$.

6. Die LEe $(v,0)$ mit $v \in U_g$ sind BEe (S. 2, d)).

11. Wird $F(x) = \sin x$ gewählt, ergeben sich in $K_{\mathbb{R}}2(0,d_1)$ für v mit $(v_1)^2-(v_2)^2 > 0$ zwei reelle Fortsetzungen des LE $(0,0)$ und für v mit $(v_1)^2-(v_2)^2 < 0$ zwei komplexe. Die LEe mit $v \in U_g$ sind wieder BEe (vgl. das Beispiel in /14/).

Fig.2 $K_{\mathbb{R}}2(0,d_1)\setminus\dot{U}_g = M$

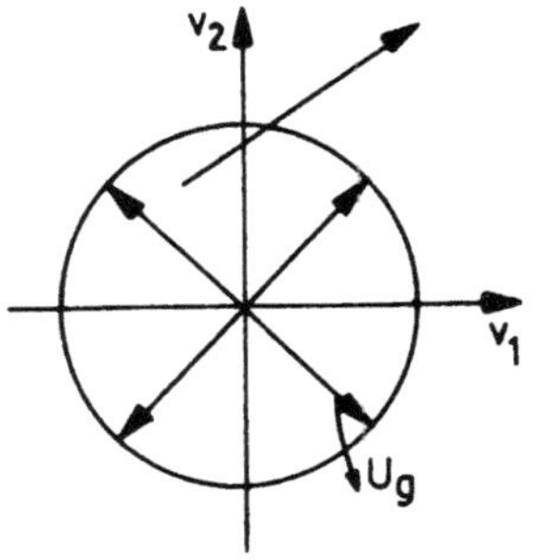

Literatur

/1/ BOCHER, M., Einführung in die höhere Algebra. Leipzig und Berlin: Teubner 1932.

/2/ DIEUDONNE, J., Grundzüge der modernen Analysis. Berlin: DVW 1971.

/3/ GOLUBITSKY, M. und D. SCHAEFFER, Singularities and Groups in Bifurcation Theory I. Springer 1984.

/4/ HEUSER, H., Funktionalanalysis. Stuttgart: Teubner 1975.

/5/ KANTOROWITSCH, L.W. und G.P. AKILOW, Funktionalanalysis in normierten Räumen. Berlin: Akademie-Verlag 1978.

/6/ KNOBLOCH, J., Parameterabhängige nichtlineare Gleichungen in Banachräumen, die kovariant bezüglich Darstellungen einer Gruppe sind. Diss. A, TH Ilmenau 1986.

/7/ KNOBLOCH, J., Ein Bifurkationsresultat für Probleme mit O(2)-kovarianten Operatoren. WZ TH Ilmenau 4, 1989, (im Druck).

/8/ KNOBLOCH, J., Ein hinreichendes Bifurkationskriterium für Operatorgleichungen, die kovariant bezüglich einer Gruppe sind. Berichte der Mathematisch-statistischen Sektion im Forschungszentrum Graz, geplant 1989.

/9/ LORENTZ, R., Grenzpunkte für nichtlineare Gleichungen in Banachräumen und Normalitätskriterien für Optimalsteuerprobleme. Diss. B, TH Ilmenau, 1986.

/10/ MARX, B., Bifurkationsresultate für eine Klasse nichtlinearer Gleichungen in Banach-Räumen. Diss. B, TH Ilmenau, 1987.

/11/ MARX, B., LORENTZ, R. und J. VOGEL, Analytische Methoden in der Bifurkationstheorie. Mitteilungen der MGdDDR, 1989, (im Druck).

/12/ SCHMIDT, E., Zur Theorie der linearen und nichtlinearen Integralgleichungen. III. Teil über die Auflösung der nichtlinearen Integralgleichungen und die Verzweigung ihrer Lösungen. Math. Ann. 65 (1908).

/13/ SPARING, H.-D., Auflösungssätze für implizite analytische Operatorgleichungen in Banach-Räumen und Absenzuntersuchungen für sekundäre Verzweigungslösungen am Beispiel eines Knickstabproblems. Diss. A, TH Ilmenau, 1981.

/14/ VOGEL, J., Lösungsbifurkation bei Hammersteinschen Operatorgleichungen mit vektorwertiger Parameterabhängigkeit. Berichte der Mathematisch-statistischen Sektion im Forschungszentrum Graz, Nr. 210, 1983.

/15/ VAN DER WAERDEN, B.L., Moderne Algebra, 1. Teil. Springer 1950.

/16/ WAINBERG, M.M. und W.A. TRENOGIN, Theorie der Lösungsverzweigung bei nichtlinearen Gleichungen. Berlin: Akademie-Verlag, 1973.

/17/ WLOKA, J., Partielle Differentialgleichungen. Stuttgart: Teubner, 1982.

Verfasser:

Prof.Dr. J. Vogel
Technische Hochschule Ilmenau
Am Ehrenberg, Block G
PSF 327

I l m e n a u

6 3 0 0

D D R

ZUR FORTSETZUNG ANALYTISCHER LÖSUNGEN LINEARER PARTIELLER DIFFERENTIALGLEICHUNGEN

Wolfgang Watzlawek

Abstract. D.V. Widder [8] proved a result on the continuation of analytic solutions of the heat equation in one space variable. It is possible to use the main ideas of his proof for getting analogous results for other linear partial differential equations. In the present paper we describe how this can be done for the two-dimensional heat equation and for certain classes of linear partial differential equations of higher order with one space variable.

1. *Einleitung*

Ausgangspunkt für die Dinge, über die hier berichtet werden soll, ist ein Resultat von D.V. Widder [8] zur eindimensionalen Wärmeleitungsgleichung: Jede in einer Umgebung des Nullpunktes gegebene analytische Lösung von $u_t = u_{xx}$ läßt sich in einen Streifen $\{t\in\mathbb{R}: |t|<\sigma\}\times\mathbb{R}$ fortsetzen. Bei diesem Resultat ist es wesentlich, daß nur eine Raumvariable vorliegt, denn schon im zweidimensionalen Fall $u_t = u_{xx} + u_{yy}$ ist die Behauptung in dieser Form nicht mehr richtig.

In diesem Zusammenhang ist es recht aufschlußreich, den von Widder gegebenen Beweis kurz anzusehen. Er zeigte, daß sich jede in $|t|<\sigma$, $|x|<\rho$ gegebene analytische Lösung u der eindimensionalen Wärmeleitungsgleichung in der Form

$$u(t,x) = \sum_{n=0}^{\infty} a_n h_n(t,x) \tag{1}$$

darstellen läßt, wobei die h_n die als Wärmepolynome bekannten Polynomlösungen von $u_t = u_{xx}$ sind. Dies liefert bereits die Fortsetzbarkeit von u, denn solche Reihen nach Wärmepolynomen sind, wie Rosenbloom und Widder in einer früheren Arbeit [3] gezeigt haben, immer in solchen Streifen parallel zu x-Achse konvergent.

Für die Wärmeleitungsgleichung in höheren Raumdimensionen wurde von Widder [7] durchaus ein zum System der Wärmepolynome analoges System untersucht, nämlich das System der Polynome $h_{m_1,\dots,m_n}(t,x_1,\dots,x_n) = h_{m_1}(t,x_1)\cdot\ldots\cdot h_{m_n}(t,x_n)$, für das Reihenentwicklungen auch ein Konvergenzverhalten in 'Scheiben' $\{t\in\mathbb{R}: |t|<\sigma\}\times\mathbb{R}^n$ zeigen. Für in einem Zylinder $|t|<\sigma$, $|x|<\rho$ gegebene analytische Lösungen der n-dimensionalen Wärmeleitungsgleichung gilt jedoch mit den Polynomen $h_{m_1,\dots,m_n}$ im allgemeinen kein Analogon zu (1). Diese Polynome sind also nicht dazu geeignet, wie im eindimensionalen Fall ein Ergebnis zur Fortsetzung analytischer Lösungen zu erhalten.

In einem ganz anderen Kontext, nämlich in Hinblick auf die Diskussion von speziellen Funktionen, wurde aber von Colton und Wimp [1] für die zweidimensionale Wärmeleitungsgleichung ein System von Polynomlösungen angegeben, das es (in Polarkoordinaten) gestattet, jede in $|t|<\sigma$, $x^2+y^2<\rho^2$ gegebene analytische Lösung durch eine Reihe nach diesen Polynomen darzustellen, wobei die von Colton und Wimp benützte Integraloperatortechnik absolute und gleichmäßige Konvergenz der Reihe auf kompakten Teilmengen von $|t|<\sigma$, $x^2+y^2<\rho^2$ lieferte. Da dies jedoch keine genauen Informationen über mögliche Konvergenzgebiete solcher Reihen beinhaltete, war die Frage naheliegend, ob nicht ausgehend von dieser Reihendarstellung nach dem Muster der Vorgangsweise von Widder auch für den zweidimensionalen Fall ein Fortsetzungsresultat gewonnen werden könnte. Dieser Frage wurde in der unter [6] zitierten Arbeit nachgegangen. Es war tatsächlich möglich, auf der Basis einer genaueren Diskussion der Konvergenzfrage bei solchen Reihenentwicklungen ein dem Widderschen Resultat entsprechendes Fortsetzungsresultat zu beweisen.

Grundlage für die Diskussion der Konvergenzfrage war dabei eine Technik, die eine an die zweidimensionale Situation angepaßte Variante einer Methode war, die in [4] und [5] zur Diskussion von entsprechenden Reihenentwicklungen bei verschiedenen Klassen von Differentialgleichungen in einer Raumvariablen, allerdings von beliebiger Ordnung eingesetzt wurde. Im nächsten Abschnitt soll diese Technik kurz dargestellt werden, es soll jedoch jetzt bereits darauf hingewiesen werden, daß eine Ausdehnung auf den drei- oder allgemeiner den n-dimensionalen Fall nicht in einfacher Weise möglich ist, weil dabei mit einer Familie von Banachräumen gearbeitet wird, die eng mit dem Laplace-Operator in Polarkoordinaten verbunden ist.

Wurde damit in [6] gezeigt, daß, was die wesentlichen Grundgedanken der von Widder bei der Gewinnung des Fortsetzungsresultats angewandten Methode angeht, eine Ausdehnung auf den zweidimensionalen Fall wenigstens bei der Wärmeleitungsgleichung möglich ist, so stellte sich natürlich auch die Frage, wie es — im Fall einer Raumvariablen — mit einer Ausdehnung auf allgemeinere Differentialgleichungen steht. Dabei war es naheliegend, die dafür wesentlichen Konvergenzüberlegungen wiederum mit der bereits oben erwähnten Methode anzugehen, bei der mit gewissen, der jeweiligen Differentialgleichung angepaßten Skalen von Banachräumen gearbeitet wird.

Den dabei erzielten Ergebnissen sind die letzten zwei Abschnitte dieses Berichtes gewidmet, wobei zuerst ein allgemeinerer Rahmen geschaffen wird, der es sodann gestattet, sowohl für Differentialgleichungen mit konstanten Koeffizienten, in denen aber sogar gemischte Ableitungen nach der Zeit und der Ortsvariablen auftreten dürfen, als auch für gewisse Differentialgleichungen mit variablen Koeffizienten dem Widderschen Resultat entsprechende Fortsetzungsresultate zu erhalten.

2. *Zur zweidimensionalen Wärmeleitungsgleichung*

Sei

$$c_j(n\vartheta) = \begin{cases} \cos(n\vartheta) & \text{für } j=1, \\ \sin(n\vartheta) & \text{für } j=2, \end{cases} \qquad (\vartheta \in \mathbb{R},\ n \in \mathbb{N}_0).$$

Von Colton und Wimp [1] wurde das folgende System von Lösungen (in Polarkoordinaten) der zweidimensionalen Wärmeleitungsgleichung betrachtet:

$$v^j_{m,n}(t,r,\vartheta) = \frac{m!n!}{(m+n)!} t^m r^n c_j(n\vartheta) L^n_m(-r^2/4t), \quad m,n \in \mathbb{N}_0,\ j=1,2,$$

wobei die L^n_m Laguerre-Polynome sind.

Wie bereits in der Einleitung erwähnt, bewiesen sie für die zweidimensionale Wärmeleitungsgleichung ein Analogon zu (1), d.h. ein Ergebnis zur Darstellbarkeit analytischer Lösungen in der Form

$$u(t,r,\vartheta) = \sum_{m,n} (a_{m,n} v^1_{m,n}(t,r,\vartheta) + b_{m,n} v^2_{m,n}(t,r,\vartheta)). \tag{2}$$

Entscheidend für ein Fortsetzungsresultat ist nun die Frage, ob die in (2) auftretenden Reihen in einem Bereich, der größer ist als der ursprüngliche Definitionsbereich von u, konvergent sein können. Es seien hier die wesentlichen Schritte der in [6] verwendeten Methode zur Behandlung dieser Konvergenzfrage skizziert.

Sind $\sigma>0$ und $\rho>0$ gegeben, so sei mit $Y_{\sigma,\rho}$ der Raum der reellen Familien $(a_{mn})_{m,n\in\mathbb{N}}$ mit $\sum |a_{mn}|\sigma^m\rho^n < \infty$ bezeichnet. Ist $j=1$ oder $j=2$, so kann $(a_{mn}) \in Y_{\sigma,\rho}$ eine Funktion $\varphi_j((a_{mn})) \in C^\infty((-\rho,\rho)\times\mathbb{R})$ zugeordnet werden durch

$$\varphi_j((a_{mn}))(r,\vartheta) = \sum_{m,n} a_{mn} \frac{n!}{(m+n)!} r^{2m+n} c_j(n\vartheta).$$

Da dies eine injektive Abbildung φ_j von $Y_{\sigma,\rho}$ nach $C^\infty((-\rho,\rho)\times\mathbb{R})$ definiert, erhält man einen Banachraum ${}_jX_{\sigma,\rho}$, wenn man ${}_jX_{\sigma,\rho} := \varphi_j(Y_{\sigma,\rho})$ setzt und die Norm

$$\|f\|_{\sigma,\rho} = \|\varphi_j((a_{m,n}))\|_{\sigma,\rho} := \sum_{m,n} |a_{m,n}|\sigma^m\rho^n \quad \text{für } f \in {}_jX_{\sigma,\rho}$$

verwendet. Ist $s<\sigma$, so gilt stets ${}_jX_{\sigma,\rho} \subset {}_jX_{s,\rho}$ und $\|f\|_{s,\rho} \le \|f\|_{\sigma,\rho}$ für $f \in {}_jX_{\sigma,\rho}$, so daß für festes j und ρ die Familie $({}_jX_{\sigma,\rho})_{\sigma>0}$ eine Skala von Banachräumen bildet.

Ist $\Delta_{r,\vartheta}$ der Laplace-Operator in Polarkoordinaten, so gilt für $\rho>0$, $\sigma>0$, $s\in(0,\sigma)$, $j\in\{1,2\}$, $f\in {}_jX_{\sigma,\rho}$ und $k\in\mathbb{N}$, daß $\Delta^k_{r,\vartheta} f\in {}_jX_{s,\rho}$ ist. Dabei ist

$$\|\Delta^k_{r,\vartheta} f\|_{s,\rho} \leq 4^k(k/e)^k(\sigma/s)(\sigma-s)^{-k}\|f\|_{\sigma,\rho}. \qquad (3)$$

(Für den Beweis dieser Aussage, so wie für den Beweis weiterer Ergebnisse in diesem Abschnitt sei auf [6] verwiesen). Dies erlaubt es, für $|t|<\frac{1}{4}(\sigma-s)$ einen beschränkten linearen Operator $T(t)$ von ${}_jX_{\sigma,\rho}$ nach ${}_jX_{s,\rho}$ zu definieren durch $T(t):=\exp(t\Delta_{r,\vartheta})$. (Die Qualität der Abschätzung (3) ist dabei natürlich entscheidend für das hierbei zulässige t-Intervall; ein zu kleines t-Intervall würde später zu einer unangenehmen Verschlechterung des zu erzielenden Fortsetzungsresultats führen).

Setzt man

$$e^j_{m,n}(r,\vartheta)=\frac{n!}{(m+n)!}\, r^{2m+n} c_j(n\vartheta) \text{ für } j=1,2,\ m,n\in\mathbb{N}_0,\ r,\vartheta\in\mathbb{R},$$

so gilt für $(a_{mn})\in Y_{\sigma,\rho}$ und $j=1,2$ im Raum ${}_jX_{\sigma,\rho}$

$$\varphi_j((a_{mn}))=\sum_{m,n} a_{mn} e^j_{m,n}.$$

Dies liefert sofort ein Resultat über die Summierbarkeit der Familie $(a_{mn}T(t)e^j_{mn})_{mn}$ im Raum ${}_jX_{s,\rho}$, wenn $|t|<\frac{1}{4}(\sigma-s)$ ist. Entscheidend ist für unsere Ziele aber, daß man daraus ein Resultat über die absolute und gleichmäßige Konvergenz der Reihe

$$\sum_{m,n} a_{mn}(T(t)e^j_{m,n})(r,\vartheta) \qquad (4)$$

erhalten kann:

<u>SATZ</u> 1: Sei $\rho>0$, $\sigma>0$, $j\in\{1,2\}$, $(a_{mn})\in Y_{\sigma,\rho}$. Dann ist die Reihe (4) in kompakten Teilmengen von $S^\rho_{\sigma/4}=\{(t,r,\vartheta)\in\mathbb{R}^3: |t|<\sigma/4,\ r\in(-\rho,\rho), \vartheta\in\mathbb{R}\}$ absolut und gleichmäßig konvergent.

Dies ist nun bereits ein Resultat zur Konvergenz von Reihen, wie sie in (2) auftreten, denn es gilt $v^j_{m,n}(t,r,\vartheta)=4^{-m}\,T(t)e^j_{m,n}(r,\vartheta)$ für $m,n\in\mathbb{N}_0$, $(t,r,\vartheta)\in\mathbb{R}^3$.

Dabei liefert natürlich Satz 1 direkt auch nur ein Resultat über Konvergenz in Zylindern $S^\rho_{\sigma/4}$, (was hinsichtlich der Art des Konvergenzbereichs dem Resultat von Colton und Wimp entspricht), entscheidend ist aber nun, daß eine gegebene Koeffizientenfamilie (a_{mn}) verschiedenen Räumen $Y_{\sigma,\rho}$ angehören kann. Dies liefert dann einen Konvergenzbereich, der als Vereinigung von Zylindern $S^\rho_{\sigma/4}$ mit verschiedenen ρ und σ entsteht. (In [6] wurde auch auf die Frage eingegangen, inwieweit die damit gewonnenen Konvergenzbereiche maximal sind). Daß damit tatsächlich eine Verallgemeinerung des Widderschen Resultats auf die zweidimensionale Situation gefunden wurde, sieht man, wenn man den Spezialfall von Lösungen betrachtet, die von ϑ unabhängig sind. In diesem Fall erhält man die Fortsetzbarkeit in eine Scheibe $\{t\in\mathbb{R}: |t|<\sigma\}\times\mathbb{R}^2$, was offenbar dem Resultat zur eindimensionalen Gleichung entspricht. Man beachte, daß von ϑ unabhängige Lösungen von $u_t=\Delta_{r,\vartheta}u$ der verallgemeinerten Wärmeleitungsgleichung $u_t=u_{rr}+(2\nu/r)u_r$ mit $\nu=1/2$ genügen, und daß insbesondere von Haimo, (siehe etwa [2]), gezeigt wurde, daß sich die Überlegungen von Rosenbloom und Widder auf diese verallgemeinerte Wärmeleitungsgleichung übertragen lassen.

3. Ein allgemeinerer Rahmen für Fortsetzungsresultate

Wurde in der bisherigen Diskussion von Lösungen der zweidimensionalen Wärmeleitungsgleichung ausgegangen, von denen aufgrund von anderen Überlegungen bereits bekannt war, daß eine Darstellung in der Form (2) möglich ist, so soll nun in Hinblick auf die Diskussion allgemeinerer Differentialgleichungen ein Rahmen geschaffen werden, der den Nachweis der Möglichkeit einer (2) entsprechenden Darstellung mit einschließt. Wie bereits in der Einleitung erwähnt, soll hierbei nur der Fall einer Raumvariablen behandelt werden, weshalb im weiteren auch nicht mit besonderen Koordinaten gearbeitet wird.

Es werden in diesem Abschnitt nicht Lösungen von partiellen Differentialgleichungen betrachtet, sondern in einer Umgebung von $(0,0)\in\mathbb{R}^2$, genauer für $|t|<\sigma$, $|x|<\rho$ definierte Funktionen, die dort durch $u(t,x)=\sum_{m,n} a_{mn}(t^m/m!)(x^n/n!)$ gegeben sind und von denen statt der Eigenschaft, daß sie einer gewissen Differentialgleichung genügen sollen, gefordert wird, daß für die Koeffizienten a_{mn} gewisse Bedingungen gelten. Um den Rahmen in Hinblick auf die Anwendung auf Lösungen partieller Differentialgleichungen genügend allgemein halten zu können, ist es erforderlich, dabei eine nicht zu kleine Zahl freier Parameter zu verwenden. Es sind dies natürliche Zahlen p, q und r, eine Zahl $\mu \in \{0,1,...,q-1\}$ und eine Zahl $\nu \in \{0,1,...,p-1\}$. Zusätzlich sei eine Familie $(c_{\lambda,n})_{\lambda,n\in\mathbb{N}_0}$ reeller Zahlen gegeben mit $c_{\mu,n}=1$ für alle n und $c_{\lambda,n}=0$, wenn λ nicht aus der Menge $\{\mu, q, q+1, q+2, ...\}$ ist. Von der wie oben notiert gegebenen Funktion u wird nun folgende Eigenschaft verlangt:

(R) Für die Koeffizienten a_{mn} gilt $a_{\lambda p+\nu,n} = c_{\lambda,n}\, a_{\mu p+\nu,n+(\lambda-\mu)r}$ für $n\in\mathbb{N}_0$, $\lambda\geq\mu$, und $a_{mn}=0$ für alle anderen m und n.

Aus der Eigenschaft (R) folgt sofort eine (2) bzw. (1) entsprechende Darstellung. Man kann leicht zeigen, daß

$$u(t,x) = \sum_{n=0}^{\infty} a_{\mu p+\nu,n}(n!)^{-1}\, v_{\mu,\nu,n}(t,x) \tag{5}$$

gilt, wobei die $v_{\mu,\nu,n}$ Polynome sind, die, wenn noch formal $c_{\lambda,n}=0$ für $n<0$ gesetzt ist, definiert sind durch

$$v_{\mu,\nu,n}(t,x) = n! \sum_{\lambda=0}^{\infty} c_{\lambda,n-(\lambda-\mu)r} \frac{t^{\lambda p+\nu}}{(\lambda p+\nu)!} (\partial_x^r)^{\lambda-\mu} \frac{x^n}{n!}. \tag{6}$$

(Man beachte, daß man die in der Einleitung erwähnten Wärmepolynome definieren kann durch $h_n(t,x) = n! \sum_{k=0}^{\infty} (t^k/k!)\partial_x^{2k}(x^n/n!)$, so daß die Analogie zu (1) offensichtlich ist).

Das nächste Ziel ist nun die Gewinnung von Konvergenzresultaten für Reihen, die (5) entsprechen, d.h. von Reihen $\sum a_k v_{\mu,\nu,k}$. Dies kann unter geeigneten zusätzlichen Voraussetzungen an die Familie $(c_{\lambda,n})$ nach der in Abschnitt 2 skizzierten Methode erfolgen. Es werden dazu Folgen $(a_k)_{k\in\mathbb{N}_0}$ betrachtet, für die mit einem vorgegebenen $\tau\in\mathbb{N}_0$ und $s>0$ gilt $\sum_k |a_k| \left(\frac{(\tau k)!}{(pk)!}\right)^{1/r} s^{pk/r} < \infty$. Ist $p-r<\tau$, so kann jeder solchen Folge durch $\varphi((a_k))(x) := \sum_k a_k x^k/k!$ für $x\in\mathbb{R}$ eine Funktion zugeordnet werden, und mit X_s sei der entsprechende Funktionenraum mit der natürlicherweise gegebenen Norm $\|\ \|_s$ bezeichnet. Im weiteren sei also immer $p-r<\tau$ angenommen. Auch werden immer p, r und τ als fest gegeben angesehen; X_s wird deshalb nicht damit indiziert.

<u>LEMMA</u> 1: Sei $m\in\mathbb{N}$ und $(\alpha_n)_{n\in\mathbb{N}_0}$ eine reelle Zahlenfolge, für die eine Abschätzung

$$|\alpha_n|^r \leq C \frac{(\tau(n+mr))!}{(\tau n)!} \quad \text{für } n\in\mathbb{N}_0 \tag{7}$$

gilt. Sei $s>0$ und $\sigma\in(0,s)$. Dann wird durch

$$A \sum_{k=0}^{\infty} a_k x^k/k! := \sum_{k=rm}^{\infty} a_k \alpha_{k-rm} (k!)^{-1} \partial_x^{rm} x^k$$

ein beschränkter linearer Operator A von X_s nach X_σ definiert und es gilt

$$\|A\| \leq (Cs/\sigma)^{1/r} (e^{-1}prm)^{pm} (s-\sigma)^{-pm}. \tag{8}$$

Der Beweis stützt sich wesentlich auf die Ungleichung

$$\frac{(pk)!}{(p(k-mr))!} \leq (s/\sigma)^{pk+1} (\sigma(s-\sigma)^{-1})^{pmr} (e^{-1}pmr)^{pmr},$$

die (in analoger Form) bereits in [4] als wichtige Grundlage für entsprechende Abschätzungen eingesetzt wurde.

Hat man nun eine Familie $(c_{\lambda,n})_{\lambda,n}$ wie bei der Eigenschaft (R) gegeben, so kann man für jedes feste λ, für das für die Folge $(c_{\lambda,n})_n$ eine Abschätzung wie in (7) gilt, nach Lemma 1 einen Operator A_λ bilden. Ist $\lambda=\mu$, so wird dabei A_λ die identische Abbildung sein. Hier ist nun der Fall wichtig, daß dabei m und die Konstante C, die von λ abhängen dürfen, in ganz bestimmter Weise von λ abhängen. Man sieht nämlich unter Benützung von (8) sehr rasch, daß die Gültigkeit einer Abschätzung

$$|c_{\lambda,n}|^r \leq C \frac{(\tau(n+(\lambda-\mu)r))!}{(\tau n)!} \delta^{\lambda pr} \quad \text{für } n\in\mathbb{N}_0,\ \lambda=q, q+1, ... \tag{9}$$

es gestattet, für $|t| < (r\delta)^{-1}(s-\sigma)$ einen Operator $T(t)\in B(X_s,X_\sigma)$ zu definieren durch

$$T(t) = \sum_{\lambda=0}^{\infty} \frac{t^{\lambda p+\nu}}{(\lambda p+\nu)!} A_\lambda.$$

Ein Vergleich mit (6) zeigt sofort die Bedeutung dieses Ergebnisses: Wendet man $T(t)$ auf das Polynom x^n an, so erhält man genau das Polynom $v_{\mu,\nu,n}$.

Analog zur in Abschnitt 2 skizzierten Vorgangsweise kann man weiter ein Resultat über die absolute Konvergenz von Reihen, wie sie in (5) auftreten, gewinnen: Gilt für $(c_{\lambda,n})_{\lambda,n}$ eine Abschätzung (9) und für die Folge $(a_k)_{k\in\mathbb{N}}$ $\|(a_k)\|_s<\infty$, so ist die Reihe $\sum a_k(k!)^{-1}v_{\mu,\nu,k}(t,x)$ für $(t,x)\in(-(r\delta)^{-1}s,(r\delta)^{-1}s)\times\mathbb{R}$ absolut konvergent.

Ist damit gezeigt, daß die Reihendarstellung (5) unter bestimmten Voraussetzungen an die Familie $(c_{\lambda,n})$ grundsätzlich als Ausgangspunkt für ein Fortsetzungsresultat geeignet ist, so benötigt man nun noch ein Ergebnis, das sicherstellt, daß, wenn (5) für $|t|<\sigma$, $|x|<\rho$ konvergent ist, der der Reihe (5) zugeordnete 'Konvergenzstreifen' die Breite 2σ haben muß. So ein Ergebnis ist erzielbar, wenn die Voraussetzungen an die Familie $(c_{\lambda,n})$ noch verschärft werden. Die Verschärfung dient dabei dazu, die Polynome $v_{\mu,\nu,n}$ nach unten abzuschätzen. Dies ermöglicht es dann, aus der Konvergenz der Reihe für $|t|<\sigma$, $|x|<\rho$ zu erschließen, daß die Koeffizientenfolge $(a_{\mu p+\nu,n})_n$ für die Konvergenz in einem passenden Streifen hinreichende Voraussetzungen erfüllen muß.

Ein Blick auf (6) zeigt, daß die Reihe abbricht, wenn $n<(\lambda-\mu)r$ wird. Sei nun λ_m der größte Wert von λ, für den noch $n\geq(\lambda-\mu)r$ ist. Sind dann $t_0>0$ und $x_0>0$ beliebig gewählt, so kann man $v_{\mu,\nu,n}(t_0,x_0)$ leicht nach unten abschätzen, wenn man noch weiß, daß $c_{\lambda,k}\geq 0$ für alle λ und k ist. Dann kann man nämlich $v_{\mu,\nu,n}(t_0,x_0)$ durch den zu $\lambda=\lambda_m$ gehörenden Summanden nach unten abschätzen. Es tritt dabei dann in der unteren Schranke der Faktor $c_{\lambda_m,n-(\lambda_m-\mu)r}$ auf und eine weitere Abschätzung erfordert daher eine Voraussetzung über eine untere Schranke für die $c_{\lambda,n}$. Mit dieser Vorgangsweise erhält man schließlich folgendes Resultat:

<u>LEMMA</u> 2: Es gebe ein $C>0$ und ein $\delta>0$, so daß

$$C\left(\frac{(\tau(n+(\lambda-\mu)r))!}{(\tau n)!}\right)^{1/r}\delta^{\lambda p}\leq c_{\lambda,n}\quad \text{für } n\in\mathbb{N}_0,\ \lambda=q,q+1,\ldots$$

gilt, sei $t_0>0$, $x_0>0$. Ist dann die Reihe $\sum a_k(k!)^{-1}v_{\mu,\nu,k}(t_0,x_0)$ konvergent, so gilt mit beliebigem $\varepsilon>0$

$$\sum|a_k|\left(\frac{(\tau k)!}{(pk)!}\right)^{1/r}(r\delta(t_0-\varepsilon))^{pk/r}<\infty.$$

Kombiniert man nun dies mit dem Resultat über Konvergenzstreifen, so erhält man folgenden Fortsetzungssatz:

<u>SATZ</u> 2: Es gebe Konstanten $K_1>0$, $K_2>0$, $\delta>0$ und ein $\tau\in\mathbb{N}_0$ mit $p-r<\tau$, so daß

$$K_1\,\delta^{\lambda p}\leq c_{\lambda,n}\left(\frac{(\tau n)!}{(\tau(n+(\lambda-\mu)r))!}\right)^{1/r}\leq K_2\,\delta^{\lambda p}\quad \text{für } n\in\mathbb{N}_0,\ \lambda=q,q+1,\ldots \tag{10}$$

gilt. Ist dann die Reihe $\sum a_k(k!)^{-1}v_{\mu,\nu,k}(t,x)$ für $|t|<\sigma$, $|x|<\rho$ konvergent, so ist sie bereits im Streifen $(-\sigma,\sigma)\times\mathbb{R}$ absolut konvergent.

4. Anwendungen auf lineare partielle Differentialgleichungen

Die Ergebnisse von Abschnitt 3 sollen zuerst auf eine Klasse linearer partieller Differentialgleichungen mit konstanten Koeffizienten angewandt werden. Die betrachteten Gleichungen sind dabei von der Gestalt

$$P(\partial_x^r,\partial_t^p)u=0, \tag{11}$$

wobei $p<r$ gelte und P ein Polynom $P(\xi,\eta)=\sum_{j=0}^{q}\alpha_j\xi^j\eta^{q-j}$ mit reellen Koeffizienten sei, für die $\alpha_0<0$ und $\alpha_q>0$ gilt. Es darf dabei sogar $\alpha_0=-1$ und $\alpha_q=1$ angenommen werden. Auch ist es keine Einschränkung der Allgemeinheit, anzunehmen, daß der größte gemeinsame Teiler der $j\in\{1,\ldots,q\}$, für die $\alpha_j\neq 0$ ist, gleich 1 ist. Denn ist g der größte gemeinsame Teiler von $j_1,j_2,\ldots,j_k,q$, so ist g auch Teiler von $q-j_1,q-j_2,\ldots,q-j_k$ und die Differentialoperatoren $\partial_x^{rj}\partial_t^{p(q-j)}$ lassen sich im Fall $j=j_1,\ldots,j_k,q$ mit $r^*:=r\cdot g$ und $p^*:=p\cdot g$ schreiben als $\partial_x^{rj}\partial_t^{p(q-j)}=\partial_x^{r^*j/g}\partial_t^{p^*(q-j)/g}$, so daß man eine Differentialgleichung $P^*(\partial_x^{r^*},\partial_t^{p^*})u=0$ erhält, bei der das Polynom die gewünschte Bedingung erfüllt.

Betrachtet werden für $|t|<\sigma, |x|<\rho$ gegebene Lösungen $u(t,x)=\sum a_{mn}(t^m/m!)(x^n/n!)$ von (11), die bei vorgegebenem $\mu\in\{0,1,\dots,q-1\}$ und $\nu\in\{0,1,\dots,p-1\}$ der Bedingung

$$\partial_t^j u(0,x)=0 \text{ für } j\in\{0,1,\dots, qp-1\} \text{ mit } j\neq\mu p+\nu$$

genügen. Man kann sich davon überzeugen, daß solche Lösungen die Eigenschaft (R) von Abschnitt 3 haben, wobei nun die Familie $(c_{\lambda,n})$ von n unabhängig ist, d.h. für die Koeffizienten gilt

$$a_{\lambda p+\nu,n}=c_\lambda a_{\mu p+\nu,n+(\lambda-\mu)r} \text{ für } n\in\mathbb{N}_0,\ \lambda=\mu,q,q+1,\dots \tag{12}$$

und $a_{m,n}=0$ für alle anderen m und n. Die c_λ sind dabei natürlich durch den Differentialoperator bestimmt, und zwar gilt (12) formal für alle λ, wenn die Folge $(c_\lambda)_{\lambda\in\mathbb{N}_0}$ Lösung der Differenzengleichung

$$c_{\lambda+q}=\sum_{j=1}^{q}\alpha_j c_{\lambda+q-j},\ \lambda=0,1,2,\dots \tag{13}$$

mit der 'Anfangsbedingung' $c_\lambda=\delta_{\lambda,\mu}$ für $\lambda=0,1,\dots,q-1$ ist. (Man beachte, daß hier bei (13) die Voraussetzung $\alpha_0=-1$ eingegangen ist).

Damit ist nun die Frage der Gültigkeit eines Fortsetzungsresultats für die betrachteten Lösungen von (11) reduziert auf die Frage der Gültigkeit einer Abschätzung (10) für die Lösungen der Differenzengleichung (13). Wenn man zurückverfolgt, wo die Gültigkeit von (10) eingegangen ist, so sieht man, daß es im Fall, daß die $c_{\lambda,n}$ von n unabhängig sind, ausreicht, zu wissen, daß eine Abschätzung (10) für 'große λ', d.h. etwa für $\lambda\geq\lambda_0$ gilt. Tatsächlich gilt nun:

<u>LEMMA</u> 3: Für das Polynom P gelte zusätzlich zu den Annahmen von oben $\alpha_k\geq 0$ für $k=1,2,\dots,q-1$, sei (c_λ) die Lösung von (13) mit $c_\lambda=\delta_{\lambda,\mu}$ für $\lambda=0,1,\dots,q-1$. Dann gibt es ein λ_0 und Konstanten $K_1>0, K_2>0, \varkappa>0$, so daß

$$K_1\varkappa^\lambda\leq c_\lambda\leq K_2\varkappa^\lambda \text{ für } \lambda\geq\lambda_0 \tag{14}$$

gilt.

(Man beachte, daß also (10) mit $\tau=0$ gilt, daß dies aber mit der bei der Einführung der Räume X_s eingegangenen Voraussetzung $p-r<\tau$ harmoniert, da wir ja beim Differentialoperator $P(\partial_x^r,\partial_t^p)$ $p<r$ gefordert haben).

Der Beweis von Lemma 3 sei kurz skizziert, damit ersichtlich wird, wo die getroffenen Annahmen an P eingehen. Dabei ist es zweckmäßig, (13) in der Form

$$c_\lambda=\sum_{j=1}^{q}\alpha_j c_{\lambda-j} \text{ für } \lambda=q,q+1,\dots$$

zu schreiben. Da $c_\mu=1$ und $\alpha_q=1$ ist, sieht man rasch, daß $c_\lambda>0$ sein wird für alle λ, die sich darstellen lassen als

$$\lambda=\mu+n_0q+n_1j_1+\dots+n_kj_k \text{ mit } n_0,n_1,\dots,n_k\in\mathbb{N}_0, \tag{15}$$

wobei wieder $j_1,\dots,j_k\in\{1,\dots,q-1\}$ die Indizes sein sollen, für die $\alpha_j\neq0$, also $\alpha_j>0$ ist. Da aber der größte gemeinsame Teiler von $j_1,\dots,j_k,q$ gleich 1 ist, gibt es $\gamma_0,\gamma_1,\dots,\gamma_k\in\mathbb{Z}$ mit $\gamma_0q+\gamma_1j_1+\dots+\gamma_kj_k=1$. Setzt man $\gamma:=\max(|\gamma_0|,|\gamma_1|,\dots,|\gamma_k|)$ und $\lambda_0:=\mu+\gamma(q-1)(q+j_1+\dots+j_k)$, so gibt es, wie leicht zu sehen ist, eine Darstellung (15) für alle $\lambda\geq\lambda_0$. Um nun die Gültigkeit von (14) nachzuweisen, überlegt man sich, daß die Funktion $g(\eta):=P(1,\eta)$ mindestens eine positive Nullstelle haben muß. Ist nun $\varkappa>0$ mit $g(\varkappa)=0$, so gibt es, da ja $c_\lambda>0$ ist für $\lambda\geq\lambda_0$, Konstanten $K_1>0$ und $K_2>0$, so daß (14) gilt für $\lambda=\lambda_0,\lambda_0+1,\dots,\lambda_0+q-1$. Da $\varkappa$ als so eine Nullstelle gewählt war, folgt (14) leicht für alle $\lambda\geq\lambda_0$ durch einen Induktionsschluß.

Die Ergebnisse von Abschnitt 3 zeigen damit, daß für die Differentialgleichung (11) im Fall $\alpha_j\geq0$ für $j=1,\dots,q-1$ Resultate gelten, die genau den in der Einleitung erwähnten Resultaten von Widder zur eindimensionalen Wärmeleitungsgleichung entsprechen.

Die zweite Klasse von Differentialgleichungen, die hier betrachtet werden soll, umfaßt, wie bereits in der Einleitung erwähnt wurde, Differentialgleichungen mit variablen Koeffizienten, und zwar Differentialgleichungen der Form

$$\partial_t^p u=\sum_{m=0}^{\tau}\alpha_m x^{\tau-m}\partial_x^{\beta-m}u, \tag{16}$$

wobei die α_m wieder reell seien und $\alpha_0=1$, $\alpha_\tau>0$ gelte. Dabei seien β,τ und p aus $\mathbb{N}$ und es gelte $\beta-\tau\geq1$ und $p<\beta$. Da die Zahl $\beta-\tau$ die Rolle von r aus Abschnitt 3 übernehmen wird, sei gleich die Abkürzung $r:=\beta-\tau$ eingeführt. Außerdem wird τ direkt der Zahl τ von Abschnitt 3 entsprechen. Die Forderung $p-r<\tau$ von Abschnitt 3 wird dann erfüllt sein, da sie ja offenbar mit diesem r identisch ist mit $p<\beta$.

Entsprechend zur Situation bei der Differentialgleichung (10) werden für $|t|<\sigma$, $|x|<\rho$ gegebene Lösungen $u(t,x)=\sum a_{mn}(t^m/m!)(x^n/n!)$ von (16) betrachtet, die bei gegebenem $\nu\in\{0,1,\ldots,p-1\}$ der Bedingung

$$\partial_t^j u(0,x)=0 \text{ für } j\in\{0,1,\ldots,p-1\} \text{ mit } j\neq\nu$$

genügen. Es taucht hier der Parameter μ nicht auf und tatsächlich kann bei der Anwendung der Überlegungen von Abschnitt 3 in diesem Fall $q=1$ und $\mu=0$ gesetzt werden. Dies sieht man sofort daran, daß solche Lösungen die Eigenschaft (R) von Abschnitt 3 in der Form

$$a_{\lambda p+\nu,n}=c_{\lambda,n}a_{\nu,n+\lambda r} \text{ für } n\in\mathbb{N}_0,\ \lambda=0,1,2,\ldots \tag{17}$$

haben, wobei wieder $a_{m,n}=0$ ist für alle anderen m und n. Es sind dabei die $c_{\lambda,n}$ tatsächlich von n abhängig, und zwar gilt

$$c_{\lambda,n}=\prod_{j=1}^{\lambda}P(n+(j-1)r) \text{ für } n\in\mathbb{N}_0,\ \lambda=1,2,\ldots, \tag{18}$$

wobei das Polynom P definiert ist durch

$$P(\xi)=\alpha_\tau+\sum_{m=0}^{\tau-1}\alpha_m\prod_{k=0}^{\tau-1-m}(\xi-k).$$

Verlangt man nun, daß $P(n)>0$ sein soll für alle $n\in\mathbb{N}_0$, so kann man für die so gegebene Familie $(c_{\lambda,n})$ wieder die Gültigkeit einer Abschätzung der Form (10) nachweisen. (Man beachte, daß unter der Voraussetzung, daß $\alpha_m\leq0$ ist für $m=1,2,\ldots,\tau-1$, wegen $\alpha_\tau>0$ die Bedingung $P(n)>0$ für $n\in\mathbb{N}_0$ immer erfüllt ist). Und zwar gilt

<u>LEMMA</u> 4: Sei $(c_{\lambda,n})$ durch (18) gegeben, wobei P ein Polynom vom Grad τ mit $P(n)>0$ für $n\in\mathbb{N}_0$ und höchstem Koeffizienten 1 sei. Dann gibt es zu $\varepsilon>0$ Konstanten $K_1>0$ und $K_2>0$, so daß

$$K_1\left(\tau^{-\tau}(1-\varepsilon)\right)^\lambda\leq c_{\lambda,n}\left(\frac{(\tau n)!}{(\tau(n+\lambda r))!}\right)^{1/r}\leq K_2\left(\tau^{-\tau}(1+\varepsilon)\right)^\lambda \text{ für } \lambda\in\mathbb{N},\ n\in\mathbb{N}_0 \text{ gilt.}$$

Die hier notierte Abschätzung stimmt nur annähernd mit der Abschätzung (10) überein, man kann sich aber an Hand der Schlußweisen von Abschnitt 3 überlegen, daß sie ausreicht, um ein Resultat wie in Satz 2 zu beweisen. Darauf und auf den Beweis von Lemma 4, der darauf aufbaut, daß $\frac{(\tau(n+\lambda))!}{(\tau n)!}$ ebenfalls als ein Polynom in n aufgefaßt werden kann, sei hier nicht näher eingegangen.

Auch für die Differentialgleichung (16) gilt damit ein Fortsetzungssatz wie für (11).

Man könnte bei (16) auch $\tau=0$ zulassen. In diesem Fall würde sich (17) auf die besonders einfache Rekursion $a_{\lambda p+\nu,n}=a_{\nu,n+\lambda r}$ für $n\in\mathbb{N}_0$, $\lambda=0,1,2,\ldots$ reduzieren. Diese Situation ist jedoch bereits bei der Differentialgleichung (11) mit erfaßt, und zwar man muß dort nur $r=\beta$, $q=1$ und das Polynom $P(\xi,\eta)=\xi-\eta$ wählen.

5. Literatur

[1] D. Colton and J. Wimp, Analytic solutions of the heat equation and some formulas for Laguerre and Hermite polynomials, Complex Variables **3** (1984), 397 - 412.

[2] D. T. Haimo, Expansions in terms of generalized heat polynomials and of their Appel transforms, J. Math. Mech. **15** (1966), 735 - 758.

[3] P. C. Rosenbloom and D. V. Widder, Expansions in terms of heat polynomials and associated functions, Trans. Amer. Math. Soc. **92** (1959), 220 - 266.

[4] W. Watzlawek, Zur Verallgemeinerung von Wärmepolynomen, Monatsh. Math. **100** (1985), 67 - 76.

[5] W. Watzlawek, Two examples of an alternative approach to systems analogous to the heat polynomials, Banach Center Publications, Vol. 19 (1987), 363 - 369.

[6] W. Watzlawek, Remarks on polynomial expansions of solutions of the heat equation in two space variables, Applicable Analysis **27** (1988), 19 - 29.

[7] D.V. Widder, Series expansions of solutions of the heat equation in n dimensions, Ann. Mat. Pura Appl. **55** (1961), 389 - 410.

[8] D.V. Widder, Analytic solutions of the heat equation, Duke Math. J. **29** (1962), 497 - 504.

W. Watzlawek
Fakultät für Mathematik
Universität Konstanz
Postfach 5560
D-7750 Konstanz 1

Approximationseigenschaften der Lösunngen elliptischer Differentialgleichungen und die Eindeutigkeitseigenschaft im Kleinen

von Günther Wildenhain, Rostock

1. Vorbemerkungen

Die Thematik des Vortrages hat einen losen , aber sehr natürlichen Zusammenhang zur komplexen Analysis. Dieser ist gegeben durch die sogenannte Eindeutigkeitseigenschaft im Kleinen, die zum Beispiel für die Lösungen homogener linearer elliptischer Differentialgleichungen mit analytischen Koeffizienten gilt und die aussagt, daß eine in einer offenen Teilmenge Ω' des Definitionsgebietes Ω verschwindende Lösung in Ω identisch verschwinden muß. Dies entspricht dem Prinzip der analytischen Fortsetzung für holomorphe Funktionen. Zum Abschluß des Vortrages soll eine auf U. Hamann zurückgehende analytische Charakterisierung derjenigen linearen elliptischen Operatoren mit glatten Koeffizienten angegeben werden, für welche die Eindeutigkeitseigenschaft im Kleinen gilt. Es handelt sich um eine Approximationseigenschaft, auf die wir im folgenden ausführlich eingehen wollen.

2. Approximation durch Lösungen elliptischer Gleichugen auf Teilmannigfaltigkeiten

Wir beginnen mit einer kurzen historischen Übersicht über die zu dieser Problematik bis zum Jahre 1981 bewiesenen Resultate. Ausgangspunkt der Entwicklung war eine Arbeit von H. Beckert [2], in der folgender Satz bewiesen wurde: Es sei $\Omega \subset \mathbb{R}^n$ ein einfach zusammenhängendes beschränktes Gebiet mit einem glatten Rand $\partial\Omega$ und $\Gamma \subset \bar{\Gamma} \subset \Omega$ eine glatte Fläche der Dimension n-1, die Ω nicht zerlegt, d.h. $\Omega \setminus \Gamma$ sei zusammenhängend. $V \subseteq \partial\Omega$ sei ein fixierter Teil des Randes mit relativ zu $\partial\Omega$ offenem Innern. V ist insbesondere beliebig klein vorgebbar. Ferner seien auf Γ Funktionen $g_0 \in W_2^1(\Gamma)$ (klassischer Soblev-Raum über Γ) und $g_1 \in L_2(\Gamma)$ gegeben. Unter diesen Annahmen existiert zu belibiegem $\varepsilon > 0$ eine in Ω harmonische Funktion u mit $u|_{\partial\Omega\setminus V}=0$ derart, daß

$$\|g_0-u|_\Gamma\|_{W_2^1(\Gamma)} + \|g_1-\frac{\partial u}{\partial\nu}|_\Gamma\|_{L_2(\Gamma)} < \varepsilon \qquad (1)$$

gilt.

Diese Aussage gilt auch für Lösungen des Dirichlet-Problems homogener elliptischer Differentialgleichungen 2. Ordnung, falls das Dirichlet-Problem mit homogenen Randwerten im Gebiet Ω nur die triviale Lösung besitzt und der Operator L^* die Eindeutigkeitseigenschaft im Kleinen erfüllt. Auch dies wurde im wesentlichen bereits in [2] gezeigt. A. Göpfert [4], [5] erweiterte das Beckertsche Resultat in folgenden Richtungen. Er zeigt für den Fall, daß $\Omega\setminus\Gamma$ nicht zusammenhängend ist, daß für elliptische Gleichungen 2. Ordnung die Approximierbarkeit

$\|g_0-u|_\Gamma\|_{C(\Gamma)} < \varepsilon$ gilt, auch dann, wenn das homogene Problem in Ω nicht-trivial lösbar ist. Unter der zusätzlichen Annahme $\int_\Gamma g_1(y)d6(y) = 0$ für $g_1 \in L_2(\Gamma)$ zeigt er

$\|\frac{\partial u}{\partial n}|_\Gamma - g_1\|_{L_2(Gg)} < \varepsilon$.

Die simultane Approximierbarkeit (1) kann nicht gelten, falls $\Omega\setminus\Gamma$ nicht zusammenhängend ist. A. Göpfert betrachtete ferner allgmeinere Randbedingungen sowie spezielle elliptische Systeme und parabolische Gleichungen 2. Ordnung.

G Anger [1] bewies für den Laplace-Operator und $\Omega\setminus\Gamma$ zusammenhängend die gleichmäßige Approximierbarkeit

$$\|g_0-u|_\Gamma\|_{C(\Gamma)} < \varepsilon \qquad (2) \qquad (g_0 \in C(\Gamma))$$

und G. Wanka erweiterte die Aussage (2) für glatte, Ω zerlegende Flächen Γ im wesentlichen für elliptische Operatoren 2. Ordnung, deren Adjungierte L^* die Eindeutigkeitseigenschaft im Kleinen erfüllt. (Die bei G. Wanka und bereits früher bei H. Beckert benutzte Bedingung ist schärfer. Die Eindeutigkeitseigenschaft im Kleinen wird explizit erstmals in den Arbeiten [17]-[19] verwendet.)

Bei dem hiermit charakterisierten Stand der Entwickung setzten die Untersuchungen des Autors ein, erstens mit dem Ziel einer Verallgemeinerung der Resultate auf elliptische Gleichungen höherer Ordnung und zweitens in der Absicht, ein tieferes Verständnis der untersuchten Approximationseigenschaft zu erreichen. Es gelang hierbei, in gewisser Hinsicht abschließende

Aussagen zu beweisen.

Bevor wir auf Gleichungen höherer Ordnung zu sprechen kommen, bleiben wir zunächst bei der Laplace-Gleichung und untersuchen die Approximation auf geschlossenen, nicht-glatten Flächen.

3. Der Fall $L=\Delta$ für nicht-glatte Γ

Wir greifen die Bezeichnugen von Absatz 2 auf und setzen $\mathbb{H}_V(\Omega) = \{u:\Delta u = 0 \text{ in } \Omega, u|_{\partial\Omega\setminus V} = 0\}$. $\mathbb{H}_V(\Gamma) = \mathbb{H}_V(\Omega)|_\Gamma$ sei der Raum der Einschränkungen auf Γ. Die Fläche Γ möge das Gebiet Ω in ein Innengebiet Ω_i (einfach zusammenhängend) und ein Außengebiet Ω_a zerlegen. Wir wollen sagen, daß Γ in y einer äußeren Kegelbedingung genügt, falls ein Kegel K_y mit der Spitze in y und $K_y\setminus\{y\}\subset\Omega_a$ existiert.

Satz 1([20]): $\Omega\subset\mathbb{R}^n$ sei ein beschränktes Gebiet mit regulärem Rand $\partial\Omega$ (d.h. $\partial\Omega$ enthalte nur reguläre Randpunkte, vgl. etwa [11]).

Die Menge Γ genüge in jedem ihrer Punkte einer äußeren Kegelbedingung. Dann liegt $\mathbb{H}_V(\Gamma)$ in $C(\Gamma)$ dicht: $\overline{\mathbb{H}_V(\Gamma)} = C(\Gamma)$

Beweis: Obwohl der Satz 1 im Anschluß zu einer Charakterisierung der Dichtheit verschärft wird, wollen wir dennoch eine Beweisskizze andeuten, da die einzelnen Beweisschritte im Gegensatz zum folgenden Satz 2 im Prinzip auf Gleichungen höherer Ordnung übertragbar sind. Wir fixieren in beliebiger Weise eine offene Menge $U\subset\bar{U}\subset\Omega_a$, setzen

$$\mathbb{M}_u(\Omega) = \{u:\Delta u = g\in C_0^\infty(U); u|_{\partial\Omega} = 0\}$$

und betrachten die Einschränkung $\mathbb{M}_U(\Gamma) := \mathbb{M}_U(\Omega)|_\Gamma$. Es genügt nun die Dichtheit $\overline{\mathbb{M}_U(\Gamma)} = C(\Gamma)$ nachzuweisen, denn nehmen wir an, dies sei bereits gezeigt, so erweitern wir das Gebiet Ω derart zu einem größeren Gebiet Ω_1, daß $\partial\Omega\setminus V \subset \partial\Omega_1$ und $U\subset \Omega_1\setminus\bar{\Omega}$ gilt. Wegen $\overline{\mathbb{M}_U(\Omega_1)}|\Gamma = C(\Gamma)$ und $\mathbb{M}_U(\Omega_1)|_\Omega\subset\mathbb{H}_V(\Omega)$ folgt dann $\overline{\mathbb{H}_V(\Gamma)} = C(\Gamma)$.

Wir betrachten nun ein beliebiges Maß μ mit $\operatorname{supp}\mu \subseteq \Gamma$ und

$$\mu(u) = \int_\Gamma u\,d\mu = 0 \text{ für alle } u\in \mathbb{M}_U(\Gamma) \qquad (3).$$

Es ist $\mu=0$ zu zeigen.

Wenn wir $u\in \mathbb{M}_U(\Omega)$ mit Hilfe der Greenschen Funktion $G(x,y)$ des Gebietes Ω darstellen, in (3) einsetzen und die Tatsache verwenden, daß $g\in C_0^\infty(U)$ beliebig wählbar ist, so erhalten wir

$$G\mu(y) := \int_\Gamma G(x,y)\,d\mu(x) \equiv 0 \text{ in } U.$$

Das Greensche Potential $G\mu$ ist außerhalb von Γ harmonisch und wegen der Eindeutigkeitseigenschaft in Kleinen folgt daraus zunächst $G\mu \equiv 0$ in Ω_a.
Unter Ausnutzung der Kegelbedingung folgert man weiter $G\mu = 0$ auf Γ quasi überall (q.ü.), d.h. mit Ausnahme einer Menge der Wiener-Kapazität Null (vgl.[11]).Um auch auf das Verschwinden in Ω_i zu schließen, gehen wir von der klassischen Lösungsformel (vgl.[11]) $w(z) = \int_\Gamma g(y)\, d\mu_z(y)$ $(z\in\Omega_i)$ für das Dirichlet-Problem zu den stetigen Randwerten g im Gebiet Ω_i mit Hilfe der auf Γ konzentrierten harmonischen Maße μ_z aus. Einsetzen von $g=G\mu=0$ q.ü. auf $\mathfrak{G}$ auf der rechten Seite dieser Formel liefert unter Verwendung bekannter Eigenschaften der harmonischen Maße sowie des Satzes von Fubini und des klassischen Balayage-Prinzips für Newtonsche Potentiale (vgl. [14]) schließlich $G\mu(z) = 0$ für alle $z \in \Omega_i$.Im letzen Schritt folgt dann leicht $\mu = 0$.
Um eine notwendige und hinreichende Bedingung für die in Satz 1 formulierte Dichtheit angeben zu können, müssen wir einen auf M.V.Keldyš zurückgehenden Stabilitätsbegriff erläutern.
Gegeben sei ein einfach zusammenhängendes Gebiet $\Omega \subset \mathbb{R}^n$ mit $\partial\Omega=\partial\bar{\Omega}$. $(\Omega^k)_{k=1,2,...}$ sei eine Folge glatt berandeter Gebiete mit $\bar{\Omega}\subset\Omega^{k+1}\subset\bar{\Omega}^{k+1}\subset\Omega^k$ und $\bar{\Omega} = \bigcap_k \Omega^k$. Ist $g\in C(\partial\Omega)$ gegeben, so fixieren wir eine stetige Fortsetzung $f \in C(\mathbb{R}^n), f|_{\partial\Omega}= g$
Die von $f|_{\partial\Omega^k}$ induzierten Dirichlet-Lösungen in Ω^k bezeichnen wir mit $v_{f,k}$, d.h. $\Delta v_{f,k}= 0$ in Ω^k, $v_{f,k}|_{\partial\Omega^k}=f$.
M.V.Keldyš [12] bewies 1941 folgende Aussage :

1. Die Folge $v_{f,k}$ konvergiert in $\bar{\Omega}$ punktweise gegen eine in Ω harmonische Funktion v_g .
2. Die Konvergenz ist auf abgeschlossenen Teilmengen von Ω gleichmäßig.
3. v_g ist sowohl von der approximierenden Gebietsfolge als auch von der speziellen Fortsetzung f unabhängig.

Man nennt v_g die äußere Lösung des Dirichlet-Problems in Bezug auf die Randwerte g und das Gebiet Ω.
Das Gebiet Ω nennen wir stabil bezüglich $g\in C(\partial\Omega)$, falls $v_g(x)=g(x)$ für alle $x\in\partial\Omega$ gilt.
Ω heißt von außen stabil, falls Ω bezüglich aller Funktionen $g\in C(\partial\Omega)$ stabil ist.Dies ist äquivalent dazu, daß der Rand nur

aus regulären Punkten besteht (vgl. [13]).

Wir kommen zu unserer Approximationseigenschaft zurück und betrachten $\Omega = \Omega_i$.

$\Gamma = \partial\Omega_i$ besitzt die Beckert-Eigenschaft bezüglich $g \in C(\Gamma)$, falls $g \in \overline{\mathfrak{N}_V(\Gamma)}$ gilt. Mit dieser Begriffsbildung läßt sich nun folgende Aussage beweisen.

Satz 2 (M. Hänler [10]): Γ besitzt genau dann die Beckert-Eigenschaft bezüglich $g \in C(\Gamma)$, falls Ω_i stabil bezüglich g ist.

Folgerung: $\overline{\mathfrak{N}_V(\Gamma)} = C(\Gamma)$ gilt genau dann, wenn Ω_i von außen stabil ist, d.h. falls $\partial\Omega_i$ nur aus regulären Punkten besteht.

Für elliptische Gleichungen höherer Ordnung konnte ein entsprechender Charakterisierungssatz bisher nicht bewiesen werden.

4. Der Fall elliptischer Gleichungen höherer Ordnung

4.1. Gleichmäßige Approximation

Um eine natürliche Verallgemeinerung des Satzes 1 auf Gleichungen höherer Ordnung angeben zu können, vereinbaren wir zunächst die Bezeichnungen und formulieren die zu stellenden Voraussetzungen .

(a) $\Omega \subset \mathbb{R}^n$ sei beschränkt, $\partial\Omega$ glatt, $U \subset \bar{U} \subset \Omega_a$ offen, $V \subseteq \partial\Omega$ sei relativ offen bezüglich $\partial\Omega$.

Wir benutzen die Multiindex-Schreibweise, d.h. $\alpha = (\alpha_1, \ldots, \alpha_n), \alpha_i \geq 0$ ganz, $|\alpha| = \alpha_1 + \ldots + \alpha_n$, $D^\alpha = \partial^{|\alpha|}/\partial x_1^{\alpha_1} \ldots \partial_n^{\alpha_n}$.

(b) Es sei $L = \sum_{|\alpha| \leq 2m} a_\alpha(x) D^\alpha$ ein eigentlich elliptischer Differentialoperator mit reellen Koeffizienten $a_\alpha \in C^\infty(\mathbb{R}^n)$. $B = (B_1, \ldots, B_m)$ sei ein normales System von Randwertoperatoren auf $\partial\Omega$ mit ebenfalls glatten, reellen Koeffizienten. Es gelte ord $B_j \leq 2m-1$ und der Operator L werde auf $\partial\Omega$ durch B überdeckt.

Hinsichtlich der präzisen Bedeutung der hier verwendeten Begriffe verweisen wir etwa auf [14]. In Analogie zu 3. verwenden wir die folgenden Bezeichnungen:

$\mathfrak{M}_U(\Omega) = \{u \in C^\infty(\bar{\Omega}) : \text{supp } Lu \subset U, Bu = 0\}$. $Bu=0$ bedeutet ausführlich $B_j u|_{\partial\Omega} = 0$ $(j=1, \ldots, m)$.

$\mathfrak{N}_V(\Omega) = \{u \in C^\infty(\bar{\Omega}) : Lu = 0 \text{ in } \Omega, Bu|_{\partial\Omega \setminus V} = 0\}$.

Wir betrachten wieder eine geschlossene Fläche $\Gamma\subset\Omega$ mit $\dim \Gamma = n-1$, so daß $\Omega=\Omega_i\cup\Omega_a\cup\Gamma$ wie in 3. zerlegt wird. Wir wählen $U\subset\bar{U}\subset\Omega_a$.

Für das Folgende benötigen wir den Vektorraum

$$W^l(\Gamma) = \{\tilde{g}=(g_\alpha)_{|\alpha|\leq l}: g_\alpha\in C(\Gamma), \exists\ \varphi\in C^l(\mathbb{R}^n), D^\alpha\varphi\backslash_\Gamma=g_\alpha, |\alpha|\leq l\}$$

(l≥0 ganz)

der auf Γ erklärten sogenannten Whitneyschen Taylorfelder der Ordnung l. Wir können dann

$$\mathfrak{M}_U(\Gamma):=\{(D^\alpha u|_\Gamma)_{|\alpha|\leq m-1}: u\in\mathfrak{M}_U(\Omega)\} \text{ und analog } \mathfrak{N}_V(\Gamma)$$

als Teilraum von $W^{m-1}(\Gamma)$ auffassen.

Man nennt Γ l-regulär, falls $W^l(\Gamma)$ bezüglich der Norm

$$\|\tilde{g}\|:=\sum_{|\alpha|\leq l}\|g_\alpha\|_{C(\Gamma)} \qquad (4)$$ vollständig ist.

Wichtig ist ferner das folgende

<u>Lemma (vgl. [14]):</u> Γ sei l-regulär und T ein bezüglich der Norm (4) stetiges lineares Funktional auf $W^l(\Gamma)$. Dann existieret ein System von Maßen μ_α ($|\alpha|\leq l$) mit supp $\mu_\alpha\subseteq\Gamma$ und

$$T(\tilde{g}) = \sum_{|\alpha|\leq l}\int g_\alpha(y)\, d\mu_\alpha(y)$$

Der Begriff des Whitneyschen Taylorfeldes ermöglicht es, das Dirichlet-Problem auch für Gleichungen höherer Ordnung in einer von der Randstruktur unabhängigen Weise zu formulieren.

<u>Dirichlet-Problem:</u> Gegeben sei ein elliptischer Operator entsprechend Voraussetzung (b), $\Omega\subset\mathbb{R}^n$ ein beliebiges beschränktes Gebiet und $\tilde{g}=(g_\alpha)_{|\alpha|\leq m-1}\in W^{m-1}(\partial\Omega)$. Gesucht ist eine Funktion $u\in C^{2m}(\Omega)\cap C^{m-1}(\bar{\Omega})$ mit $Lu = 0$ in Ω und $D^\alpha u|_{\partial\Omega}=g_\alpha$ ($|\alpha|\leq m-1$).

Unter gewissen Bedingungen an den Rand des Gebietes wurde bereits in [16] (vgl. auch [14]) die Existenz sogenannter verallgemeinerter harmonischer Maße μ_x^α ($x\in\Omega, |\alpha|\leq m-1$) mit supp $\mu_x^\alpha\subseteq\Gamma$ bewiesen, so daß die Lösung des Dirichlet-Problems in der Gestalt

$$u(x) = \int_\Gamma \sum_{|\alpha|\leq m-1} g_\alpha(y)\, d\mu_x^\alpha(y) \qquad (5)$$

darstellbar ist. Für $\Gamma=\partial\Omega_i$ präzisieren wir jetzt die folgenden Annahmen .

(c) Γ sei (m-1)-regulär und genüge quasi überall einer äußeren Kegelbedingung. Das Dirichlet-Problem der adjungierten

Gleichung sei für Ω_i eindeutig lösbar und es existiere eine Lösungsdarstellung der Gestalt (5), wobei die auftretenden Maße C-absolutstetig seien (vgl. [14]).

Schließlich fordern wir noch

(d) Für den Operator L existiere in Ω eine globale Fundamentallösung.

(e) Der adjungierte Operator $L^*u = \sum_{|\alpha|\leq 2m} (-1)^{|\alpha|} D^\alpha(a_\alpha(x)u)$ erfülle die Eindeutigkeitseigenschaft im Kleinen.

Damit kann die folgende natürliche Verallgemeinerung von Satz 1 formuliert werden.

Satz 3 ([17],[18],[9]): Unter den Voraussetzungen (a)-(e) gilt die Dichtheit $\overline{\mathfrak{M}_u(\Gamma)} = \overline{\mathfrak{M}_V(\Gamma)} = W^{m-1}(\Gamma)$.

Bemerkungen zum Beweis:

Wir nehmen der Einfachheit halber an, daß das Randwertproblem $Lu=0$ in Ω, $Bu=0$ auf $\partial\Omega$, nur trivial lösbar ist. Den Beweis für den allgemeinen Fall findet man in [18].

Analog zum Beweis von Satz 1 betrachten wir ein Funktional

$T \in (W^{m-1}(\Gamma))'$ mit $T(u)=0$ für $u \in \mathfrak{M}_U(\Gamma)$ und zeigen $T=0$. Unter Beachtung der Voraussetzungen (c) und (d) und der Lösungsdarstellung für das homogene Randwertproblem zur inhomogenen Gleichung mittels der Green-Funktion $G(x,y)$ liefert die Benutzung des obigen Lemmas analog wie in Abschnitt 3

$$G^*\mu(y) = \sum_{|\alpha|\leq m-1} \int_\Gamma D_x^\alpha G(x,y)d\mu_\alpha(x) \equiv 0 \text{ in } U.$$

Das verallgemeinerte Greensche Potential $G^*\mu$ genügt außerhalb Γ der Gleichung $L^*u=0$. Auf Grund der Voraussetzung (e) folgt daraus $G^*\mu \equiv 0$ in Ω_a. Berücksichtigen wir wieder die Kegelbedingung bezüglich Γ sowie (d), so können wir für $|\beta|\leq m-1$ weiter $D^\beta G^*\mu(y) = 0$ q.ü. auf Γ folgern.

Um schließlich $G^*\mu(z) \equiv 0$ in Ω_i zu zeigen, betrachten wir die gemäß (c) existierende Dirichlet-Lösung zu

$$L^*w = 0 \text{ in } \Omega_i,\ D^\beta w|_\Gamma = g_\beta \ (|\beta|\leq m-1),$$

welche die Darstellung

$$w(z) = \sum_{|\beta|\leq m-1} \int_\Gamma g_\beta(y)d\tau_z^\beta(y) \quad (z\in\Omega_i) \tag{6}$$

besitzt. Ersetzen wir auf der rechten Seite von (6) die Funktionen g_β durch $D^\beta G^*\mu$ und verwenden analoge Schlüsse wie im Beweis zu Satz 1, insbesondere die in [16] (vgl. auch [14]) bewiesenen verallgemeinerten Balayage-Beziehungen, so ergiebt letztendlich T=0.

4.2. Approximation in Sobolev-Räumen

Für das Folgende ersetzen wir die Voraussetzung (c) durch

(c') $\Gamma\subset\bar{\Gamma}\subset\Omega$ sei eine glatte fläche ($\Gamma\in C^{\infty}$) der Dimension n-1, so daß $\Omega\setminus\bar{\Gamma}$ zusammenhängend ist.

Die Voraussetzungen (a) und (b) behalten wir bei, wobei sinngemäß $U\subset\bar{U}\subset\Omega\setminus\bar{\Gamma}$ zu wählen ist.

In [19] war gezeigt worden, daß aus den Voraussetzungen (a),(b),(c') und (e) die Dichtheit $\overline{\mathfrak{M}_U(\Gamma)}=\overline{\mathfrak{N}_V(\Gamma)}=W_2^{2m-1}(\Gamma)$ folgt und mittels einer Verfeineung der Beweistechnik wurde dieses Resultat in [8] zu $\overline{\mathfrak{M}_U(\Gamma)}=\overline{\mathfrak{N}_V(\Gamma)}=W_p^{2m-1/p}(\Gamma)$ verschärft. K.Beyer gelang [3] es, mittels einer modifizierten Beweistechnik am Beispiel Dirichletscher Randbedingungen und der Laplace-Gleichung (für geschlossene Flächen Γ) nachzuweisen, daß die Beschränkung für den oberen Sobolev-Raum-Index lediglich in der Beweismethodik, nicht aber in der Natur der Problematik begründet ist.

Er zeigte

$$\overline{\mathfrak{M}_U(\Gamma)}=\overline{\mathfrak{N}_V(\Gamma)}=W_2^{s-1/2}(\Gamma)$$

für beliebige ganze Zahlen $s\geqslant 1$. Dieses Resultat wurde von U.Hamann [6] erheblich ausgebaut.

Wir wollen die wesentlichen Ergebnisse von U.Hamann beschreiben. Es bezeichne $D^k u|_\Gamma$ die k-te Normalableitung auf der Fläche Γ.

$$R_l u = \{u|_\Gamma, Du|_\Gamma, \ldots, D^l u|_\Gamma\}\ , \quad (l\geqslant 0 \text{ ganz})$$

sei der Vektor der ersten l Normalableitungen und

$R_l\mathfrak{M}_U(\Omega) = \{R_l u = (D^j u\setminus_\Gamma, j=0,1,\ldots,l: u\in\mathfrak{M}_U(\Omega)\}$. $R_l\mathfrak{N}_V(\Omega)$ werde entsprechend definiert.

Es sollen Funktionenräume $F_j(\Gamma)$ ($j=1,\ldots,2m$) über Γ betrachtet werden, über welche wir folgende Voraussetzungen machen.

(f) Es gelte $\overline{C\ (\Gamma)} = F_j(\Gamma)$ für alle j und es existiere eine ganze Zahl $s_0\geqslant 0$, so daß $C^{s_0}(\Gamma)$ für alle j stetig in $F_j(\Gamma)$ eingebettet ist.

Die üblichen Funktionenräume genügen diesen Bedingungen, zum Beispiel $C^k(\bar{\Gamma}), W_p^t(\Gamma)$ ($0\leqslant t<\infty, 1\leqslant p<\infty$).

U. Hamann [6] bewies

Satz 4: Unter den Voraussetzungen (a), (b), (c'), (e) und (f) gilt

$$\overline{R_{2m-1}\mathfrak{M}_U(\Omega)} = \overline{R_{2m-1}\mathfrak{N}_V(\Omega)} = \prod_{j=1}^{2m} F_j(\Gamma).$$

Es konnte ferner gezeigt werden, daß die entsprechende Dichtheit für R_l ($l \geq 2m$) nicht gilt, d.h. die Aussage von Satz 4 ist in diesem Sinne optimal.

Ist $\Omega \setminus \overline{\Gamma}$ nicht zusammenhängend, so gilt ein analoger Satz. Man hat nur den Index 2m-1 durch m-1 zu ersetzen. Auch in diesem Fall ist die Aussage optimal, d.h. R_{m-1} kann nicht durch R_l ($l \geq m$) ersetzt werden. Die Resultate stehen offensichtlich in Einklang mit den in Abschitt 2 dargestellten Aussagen.

5. Die Rolle der Voraussetzungen (e)

Die Voraussetzung (e) spielt in den Beweisen aller bisher formulierten Resulate eine zentrale Rolle. Der folgende Satz (vgl. U. Hamann [7]) zeigt, daß die Eindeutigkeitseigenschaft im Kleinen darüber hinaus sogar als Charakterisierung der hier untersuchten Approximationseigenschaft aufgefaßt werden kann.

Satz 5: Es sei $\Omega \subset \mathbb{R}^n$ ein beschränktes Gebiet mit einem glatten Rand $\partial\Omega$. $\Gamma \subset \overline{\Gamma} \subset \Omega$ sei eine glatte Fläche ($\Gamma \in C^\infty$) der Dimension n-1, so daß $\Omega \setminus \overline{\Gamma}$ zusammenhängend ist. Der Operator L der Ordnung 2m sei eigentlich elliptsch mit Koeffizienten $a_\alpha \in C^\infty$. Dann gilt:

$R_{2m-1}\{u : Lu=0$ in $\Omega\}$ liegt genau dann dicht in $\prod_{j=1}^{2m} L_1(\Gamma)$, wenn der adjungierte Operator L^* die Eindeutigkeitseigenschaft im Kleinen besitzt. In Übereinstimmung mit den obigen Bezeichnungen bedeutet

$$R_{2m-1}\{u : Lu=0 \text{ in } \Omega\}$$

den Raum aller Vektoren, die aus den ersten 2m-1 Normalableitungen über Γ von Lösungen der homogenen Gleichung Lu=0 in Ω gebildet werden. Eine Richtung des Beweises folgt unmittelbar aus Satz 4. Für die Umkehrung verwendet man die Greensche Formel.

Literatur

[1] Anger, G.: Eindeutigkeitssätze und Approximationssätze für Potentiale II. Math. Nachr. 50, 229-244 (1971).

[2] Beckert, H.: Eine bemerkenswerte Eigenschaft der Lösungen des Dirichletschen Problems bei linearen elliptischen Differentialgleichungen. Math. Ann. 139, 255-264 (1960).

[3] Beyer, K.: Approximation durch Lösungen elliptischer Randwertprobleme. Rostock. Math. Kolloq. 26, 27-34 (1984).

[4] Göpfert, A.: Über L_2-Approximationssätze - eine Eigenschaft der Lösungen elliptischer Differentialgleichungen. Math. Nachr. 31, 1-24 (1966).

[5] Göpfert, A.: Eine Anwendung des Unitätssatzes von Itô-Yamabe. Beiträge zur Analysis 1, 29-41 (1971).

[6] Hamann, U.: Approximation durch Lösungen allgemeiner elliptischer Randwertprobleme bei Gleichungen beliebiger Ordnung. Dissertation B, Wilhelm-Pieck-Universität Rostock 1986.

[7] Hamann, U.: Zum Zusammenhang zwischen der Eindeutigkeitseigenschaft des Cauchy-Problems im Kleinen und der Approximation durch Lösungen elliptischer Differentialgleichungen. Math. Nachr. (erscheint demnächst)

[8] Hamann, U.; Wildenhain, G.: Approximation by solutions of elliptic equations. Z. Anal. Anw. 5(1), 59-69 (1986).

[9] Hamann, U.; Wildenhain, G.: Approximation by solutions of elliptic boundary value problems in various function spaces. In: Function spaces and applications (Proc. Lund 1986), Lecture Notes in Math. Bd. 1302, 247-252, Springer-Verlag 1988.

[10] Händler, M.: Gebietsstabilität und Approximation durch Lösungen elliptischer Gleichungen, Erscheint in Math. Nachr.

[11] Helms, L. L.: Introduction to potential theory. New York, London, Sydney, Toronto 1969.

[12] Keldyš, M. V.: Über die Lösbarkeit und Stabilität des Dirichlet-Problems (russ.). Usp. Mat. Nauk 8, 171-292 (1941).

[13] Landkof, N. S.: Grundlagen der modernen Potentialtheorie (russ.). Moskau 1966.

[14] Schulze, B.-W.; Wildenhain, G.: Methoden der Potentialtheorie für elliptische Differentialgleichungen beliebiger Ordnung. Berlin: Akademie-Verlag 1977, Basel-Stuttgart: Birkhäuser-Verlag 1977.

[15] Wanka, G.: Gleichmäßige Approximation durch Lösungen von Randwertproblemen elliptischer Differentialgleichungen zweiter Ordnung. Beiträge zur Analysis 17, 19-29 (1981).

[16] Wildenhain, G.: Potentialtheorie linearer elliptischer Differentialgleichungen beliebiger Ordnung, Berlin 1968.

[17] Wildenhain, G.: Uniform approximation by solutions of general boundary value problems for elliptic equations of arbitrary order I. Z. Anal. Anw. 2(6), 511-521 (1983).

[18] Wildenhain, G.: Uniform approximation by solutions of general boundary value problems for elliptic equations of arbitray order II. Math. Nachr. 113, 225-235 (1983).

[19] Wildenhain, G.: Approximation in Sobolev-Räumen durch Lösungen allgemeiner elliptischer Randwertprobleme bei Gleichungen beliebiger Ordnung. Rosock. Math. Kolloq. 22, 43-56 (1983).

[20] Wildenhain, G.: Eine Bemerkung zur gleichmäßigen Approximation durch Lösungen elliptischer Gleicungen. Rostock. Math. Kolloq. 24, 63-70 (1983).

ON THE BEHAVIOR OF MEROMORPHIC FUNCTIONS IN THE PLANE, IF THE PREIMAGES OF TWO VALUES OR SUBSETS OF PREIMAGES ARE NEIGHBORED *)

JÖRG WINKLER

1. Introduction: In what follows we will consider only entire functions or functions meromorphic in the whole complex plane $\mathbb{C}$. For such functions f it is well known: If sequences of a- and b-points of f are neighbored in a certain sense this gives a certain growth of the spherical derivative of f and vice versa; if the spherical derivative of f has in a sequence of points $z_1, z_2, \ldots$ a certain growth than for all $a \in \hat{\mathbb{C}} = \mathbb{C} \cup \{\infty\}$ with at most two exceptions there are a-points of f neighbored to the points z_ν (see for example [2],[3]). All such known results are only qualitative results; they only give that there are a- and b-points neighbored. They don't give that if there are always m_ν a- and b-points of f neighbored in a certain sense that then for all $c \in \hat{\mathbb{C}}$ with at most two exeptions also m_ν c-points are neighbored to the a- and b-points. Such result is the contence of our first theorem:

Theorem 1: Suppose that f is meromorphic in the plane of order $\lambda < \rho$ where $0 < \rho < \infty$ and that the zeros a_μ and b_μ of f lie all in the discs

$$(1.1) \qquad C_\nu^1 = \left\{ z \;\middle|\; |z - a_\nu^*| < \exp\left(-|a_\nu^*|^{j\rho + (j-1) + (2j+2)\varepsilon}\right)\right\}$$

with centers $a_1^*, a_2^*, \ldots$ where $\varepsilon > 0$ and j is some integer with $j > 2$. Suppose that the sequence $a_1^*, a_2^*, \ldots$ satisfies

$$(1.2) \qquad |a_\nu^* - a_\kappa^*| \geq 2\exp\left(-|a_\nu^*|^{(j-1)\rho + \varepsilon/2}\right)$$

for all but finitely many $\nu \neq \kappa$. Suppose that the zeros a_μ and poles b_μ are listed according to their multiplicities and that all but finitely many discs C_ν^1 contain as many zeros a_μ as poles b_μ where the number of zeros (respectively poles) in the disc C_ν^1 is m_ν. Then for each finite, nonzero w and for all but finitely many ν f has at least m_ν w-points in the discs

$$C_\nu = \left\{ z \;\middle|\; |z - a_\nu^*| < \exp\left(-|a_\nu^*|^{(j-1)\rho + \varepsilon}\right)\right\}.$$

*) This work was supported by the Finish Academy of Science and the Nevanlinna-Institute/Helsinki.

Addition to theorem 1:
Theorem 1 can be used in [6] instead of theorem 1 of [6]. This gives some generalization of the results in [6].

In theorem 1 the neighborhood relation of the zeros and poles is chosen such that there are taken all values of f with no exception. To give this is the purpose of theorem 1. If one weakens the neighborhood relation in theorem 1 there can occur exceptional values. But beside of this a description of the global behavior of such function can be given with theorem 2. We point especially on the fact that all functions satisfying theorem 1 also satisfy theorem 2.

Theorem 2: Let f be in $\mathbb{C}$ meromorphic of order λ, where $\lambda < \rho < \infty$, $w_a \in \hat{\mathbb{C}}$, $w_b \in \mathbb{C}$, $w_a \neq w_b$ and let be $a_1, a_2, \ldots$ the sequence of all w_a-points and $b_1, b_2, \ldots$ the sequence of all w_b-points of f, where each a_ν respectively b_ν is listed according to its multiplicity and $|a_\nu| \leq |a_{\nu+1}|$ as well as $|b_\nu| \leq |b_{\nu+1}|$ for all ν. Further let be given a sequence $a_1^*, a_2^*, \ldots$ of complex numbers with $|a_\nu^*| \leq |a_{\nu+1}^*|$ for $\nu = 1,2,3,\ldots$. If then for all but finitely many $\nu < \mu$

$$(2.1) \qquad |a_\nu^* - a_\mu^*| \geq |a_\nu^*|^{-\rho} \quad \text{if} \quad a_\nu^* \neq a_\mu^*$$

and for each ν with some μ

$$(2.2) \qquad |a_\nu - a_\mu^*| \leq |a_\mu^*|^{-2\rho} \text{ as well as } |b_\nu - a_\mu^*| \leq |a_\mu^*|^{-2\rho},$$

then f has for any point $w^* \in \hat{\mathbb{C}}$ with at most one exception infinitely many w^*-points, where all but finitely many of these w^*-points are contained in the discs $(\nu=1,2,\ldots)$

$$C_\nu = \{z \mid |z - a_\nu^*| < |a_\nu^*|^{-\rho}\}$$

and all but finitely many of these discs contain as many (counted with multiplicity) w^*-points as they contain w_a- respectively w_b-points where we denote this number by m_ν. Furthermore it holds

$$\lim_{\substack{|z| \to \infty \\ z \notin \bigcup_{\nu=1}^{\infty} C_\nu}} S(f(z)) = \infty$$

with some linear transformation S(f) of f in general and

$$\lim_{\substack{|z|\to\infty \\ z \notin \bigcup_{z=1}^{\infty} C_\nu}} f(z) = \infty$$

if f is entire.

Finally we will consider the case when subsets of the preimage of one or two values are neighbored. The background of that problem derives from the fact, that each value that is taken at some point with some multiplicity bigger than one causes zeros of the derivative. From here derives the question whether the same is true if the value is not multiple but if there are some a-points neighbored in some sense. This question was already treated in [4] and [5]. In the following we will prove theorem 3 which gives a very interesting observation in connection with the second fundamental theorem of Nevanlinna: If for some value a of an entire function a-points are neighbored in a certain sense they cause zeros of the derivative just as a multiple a-point. But this holds not always in the case of meromorphic functions: If for example m zeros and n poles are neighbored alltogether, they cause in general more zeros of the derivative than m-1 zeros! This is the main result of theorem 3.

<u>Theorem 3:</u> Suppose that f is meromorphic in the plane of order $\lambda < \rho$ where $0 < \rho < \infty$ with the zeros $a_1, a_2, \ldots$ and the poles $b_1, b_2, \ldots$ where all zeros and poles are listed according to their multiplicities. Let further be given some sequence $a_1^*, a_2^*, \ldots$ with $|a_{\nu+1}^*| \geq |a_\nu^*|$ and

$$(3.1) \qquad |a_\mu^* - a_\kappa^*| > |a_\kappa^*|^{-\rho} \quad \text{for} \quad \kappa < \mu;\ \kappa, \mu = 1, 2, \ldots$$

such that with some $\varepsilon > 0$ and the notations

$$C_\mu = \left\{ z \;\middle|\; |z - a_\mu^*| < |a_\mu^*|^{-(4+\varepsilon)\rho} \right\}$$

and

$$C_\mu^* = \left\{ z \;\middle|\; |z - a_\mu^*| < |a_\mu^*|^{-(2+\varepsilon)\rho} \right\}$$

all zeros and poles of f are contained in $\bigcup_{\mu=1}^{\infty} C_\mu$ and that each of the discs C_μ contains at least one zero or pole of f. The number of zeros respectively poles in each disc C_μ let be equal to m_μ respectively n_μ. Then for all but finitely many μ each of the discs C_μ^* with $|m_\mu - n_\mu| \geq 1$ contains exactly $(m_\mu + \bar{n}_\mu - 1)$ zeros of the derivative f' of f, where $\bar{n}_\mu$ gives the different poles of f in C_μ.

In this introduction we finally state some lemma used in [6] and preceding papers as lemma 1.

Lemma 1: Let $f(z)$ be meromorphic in the plane of finite order ρ. Let $z_1, z_2, \ldots$ be a sequence of points tending to infinity such that for some positive ε and some integer $j \geq 2$ we have

$$\lim_{r \to \infty} \exp\left(-|z_\nu|^{j\rho+(j-1)+(2j-1)\varepsilon}\right) \frac{|f'(z_\nu)|}{1+|f(z_\nu)|^2} = \infty .$$

Then f takes all values from the extended plane in each infinite subsequence of the discs

$$C_\nu = \left\{z \;\middle|\; |z-z_\nu| < \exp\left(-|z_\nu|^{(j-1)\rho+(j-2)+(2(j-1)-1)\varepsilon}\right)\right\}.$$

2. Proof of theorem 1. We remark that in theorem 1 all discs C_ν are disjoint because of (1.2).

First of all we assume without loss of generality that $|a_\nu^*| \geq 2$ for all $\nu = 1,2,\ldots$. Further we mention that for almost all ν there are contained in the discs C_ν^1 as many zeros as poles of f. To prove theorem 1 we have therefore to show that for each $w \in \mathbb{C} \setminus \{0\}$ there are at most finitely many discs C_ν with less w-points of f than zeros respectively poles.

We denote the zeros respectively poles of f which are contained in the discs $C_\nu^1 \subset C_\nu$ by $d_{\nu,1}, d_{\nu,2}, \ldots, d_{\nu,m_\nu}$ respectively $e_{\nu,1}, e_{\nu,2}, \ldots, e_{\nu,m_\nu}$. Further we introduce the discs $(\nu = 1,2,\ldots)$

$$C_\nu^2 = \left\{z \;\middle|\; |z-a_\nu^*| < \exp\left(-|a_\nu^*|^{j\rho+(j-1)+(2j+1)\varepsilon}\right)\right\}$$

and

$$C_\nu^3 = \left\{z \;\middle|\; |z-a_\nu^*| < \exp\left(-|a_\nu^*|^{j\rho+(j-1)+2j\varepsilon}\right)\right\}.$$

With this notations it follows from (1.1) and $|a_\nu^*| \geq 2$ that with some constant c we have for

$$h(z) = p^*(z) \prod_{\nu=1}^{\infty} \left(\prod_{\kappa=1}^{m_\nu} \frac{z-d_{\nu,\kappa}}{z-e_{\nu,\kappa}} \right) \quad \text{with} \quad z \notin \bigcup_{\nu=1}^{\infty} C_\nu^2$$

the estimation

$$\begin{aligned}
|h(z)| &\leq |p^*(z)| \prod_{\nu=1}^{\infty} \left(\prod_{\kappa=1}^{m_\nu} \left| 1 + \frac{e_{\nu,\kappa}-d_{\nu,\kappa}}{z-e_{\nu,\kappa}} \right| \right) \\
&\leq |p^*(z)| \prod_{\nu=1}^{\infty} \left(\prod_{\kappa=1}^{m_\nu} \left(1 + \frac{2\exp(-|a_\nu^*|^{j\rho+(j-1)+(2j+2)\varepsilon})}{\exp(-|a_\nu^*|^{j\rho+(j-1)+(2j+1)\varepsilon})} \, \frac{1}{1-\exp(-|a_\nu|^{\varepsilon})} \right) \right) \\
&\leq |p^*(z)| \prod_{\nu=1}^{\infty} \left(\prod_{\kappa=1}^{m_\nu} \left(1 + c\, \frac{\exp(-|a_\nu^*|^{\varepsilon})}{1-\exp(-|a_\nu^*|^{\varepsilon})} \right) \right)
\end{aligned}$$

where $p^*(z)$ denotes a rational function whose numerator is the product over all zeros of f which are not contained in the discs C_ν^1 and whose denumerator is the product over all the corresponding poles of f. Because the order of f does not exceed ρ we have for each finite $q > \rho$

$$\sum_{\nu=1}^{\infty} m_\nu |a_\nu|^{-q} < \infty$$

and hence h(z) is meromorphic in the plane. Moreover it follows from the predceding two estimates that with some constant $\tilde{K}_1$ and $E = \bigcup_{\nu=1}^{\infty} C_\nu^2$

$$|h(z)/p^*(z)| \le \tilde{K}_1 \quad \text{for} \quad z \notin E$$

and

$$\lim_{\substack{z \to \infty \\ z \notin E}} h(z)/p^*(z) = 1 .$$

Because h is meromorphic in $\mathbb{C}$ it follows that with some polynomial p(z) of degree at most ρ we have

$$f(z) = h(z)\, e^{p(z)} .$$

Since the degree of p is at most ρ then for large z in the ring domain between the boundaries of C_ν^2 and C_ν^3 we have

$$(1.3) \qquad f(z) = (1+o(1))p^*(z)e^{p(z)} = (1+o(1))p^*(a_\nu^*)e^{p(a_\nu^*)} .$$

We now assume that the assertion of theorem 1 is not true and that in infinitely many discs C_{ν_λ} $(\lambda = 1,2,\ldots)$ are contained less than m_ν w_o-points for some $w_o \in \mathbb{C} \setminus \{0\}$. We will prove theorem 1 by a contradiction to this assumption.

At first we remark that because the order of f is at most ρ in all but finitely many of these discs C_{ν_λ} cannot be contained more than $|a_{\nu_\lambda}^*|^{2\rho}$ w_o-points of f. From here follows that there exists for all but finitely many ν_λ some real r_{ν_λ} with

$$(1.4) \quad \exp(-|a_{\nu_\lambda}^*|^{j\rho+(j-1)+(2j+1)\varepsilon}) \le r_{\nu_\lambda} \le \tfrac{1}{4}\exp(-|a_\nu^*|^{j\rho+(j-1)+2j\varepsilon})$$

such that in the ring domain

$$r_{\nu_\lambda} \le |z-a_{\nu_\lambda}^*| \le 4r_{\nu_\lambda}$$

there is contained no w_o-point of f: this follows because for sufficiently great λ and $j > 2$

$$2^{|a^*_{\nu_\lambda}|^{2\rho}} \exp\left(-|a^*_{\nu_\lambda}|^{j\rho+(j-1)+(2j+1)\varepsilon}\right) \le \frac{1}{4} \exp\left(-|a^*_{\nu_\lambda}|^{j\rho+(j-1)+2j\varepsilon}\right).$$

According to our assumption and the construction of these r_{ν_λ} there are in each C_{ν_λ} at most $m^*_{\nu_\lambda} < m_{\nu_\lambda}$ w_o-points $c_{\nu,1}, c_{\nu,2}, \ldots c_{\nu,m^*_{\nu_\lambda}}$, where for all these w_o-points of f holds

$$(1.5) \qquad c_{\nu_\lambda,\mu} \notin \left\{ z \,\middle|\, r_{\nu_\lambda} \le |z-a^*_{\nu_\lambda}| \le 4r_{\nu_\lambda} \right\}.$$

For any λ_o,

$$h^*(z) = \prod_{\lambda=1}^{\infty} \left(\prod_{\mu=1}^{m^*_{\nu_\lambda}} \frac{z-d_{\nu_\lambda,\mu}}{z-c_{\nu_\lambda,\mu}} \right)$$

and

$$h^*_{\lambda_o}(z) = \prod_{\substack{\lambda=1 \\ \lambda \ne \lambda_o}}^{\infty} \left(\prod_{\mu=1}^{m^*_{\nu_\lambda}} \frac{z-d_{\nu_\lambda,\mu}}{z-c_{\nu_\lambda,\mu}} \right)$$

it follows because of (1.2), $c_{\nu_\lambda,\kappa} \subset C_{\nu_\lambda}$ and $|a^*_{\nu_\lambda}| \ge 2$ for $z \in C_{\nu_{\lambda_o}}$ with some constant $\tilde{c}$ (independent from λ_o)

$$|h^*_{\lambda_o}(z)| \le \prod_{\substack{\lambda=1 \\ \lambda \ne \lambda_o}}^{\infty} \left(\prod_{\mu=1}^{m^*_{\nu_\lambda}} \left(1 + \frac{|c_{\nu_\lambda,\mu}-d_{\nu_\lambda,\mu}|}{|z-c_{\nu_\lambda,\mu}|} \right) \right)$$

$$\le \prod_{\substack{\lambda=1 \\ \lambda \ne \lambda_o}}^{\infty} \left(\prod_{\mu=1}^{m_{\nu_\lambda}} \left(1 + \frac{2\exp(-|a^*_{\nu_\lambda}|^{(j-1)\rho+\varepsilon})}{2\exp(-|a^*_{\nu_\lambda}|^{(j-1)\rho+\varepsilon/2})} \frac{1}{1-\exp(-|a_{\nu_\lambda}|^{\varepsilon})} \right) \right)$$

$$\le \prod_{\substack{\lambda=1 \\ \lambda \ne \lambda_o}}^{\infty} \left(\prod_{\mu=1}^{m^*_{\nu_\lambda}} \left(1 + \tilde{c} \frac{\exp(-|a^*_{\nu_\lambda}|^{\varepsilon/2})}{1-\exp(-|a^*_{\nu_\lambda}|^{\varepsilon})} \right) \right).$$

Again because the order of f does not exceed ρ we have for each finite $q > \rho$

$$\sum_{\nu=1}^{\infty} m^*_{\nu_\lambda} |a^*_{\nu_\lambda}|^{-q} < \infty$$

and hence $h^*(z)$ is meromorphic in the plane. Moreover it follows from the preceding two estimates

$$(1.6) \qquad \lim_{\lambda_o \to \infty} \sup_{z \in C_{\nu_{\lambda_o}}} h^*_{\lambda_o}(z_o) = 1 .$$

Now because of (1.4), (1.5) and $c_{\nu_\lambda,\kappa} \in C_{\nu_\lambda}$ holds

$$(1.7) \qquad \left| \prod_{\kappa=1}^{m^*_{\nu_{\lambda_o}}} \frac{z-d_{\nu_{\lambda_o},\mu}}{z-c_{\nu_{\lambda_o},\mu}} \right| \leq 3^{|a^*_{\nu_{\lambda_o}}|^{2\rho}} \quad \text{for} \quad |z-a^*_{\nu_{\lambda_o}}| = 2r_{\nu_{\lambda_o}} .$$

Here the exponential $|a^*_{\nu_{\lambda_o}}|^{2\rho}$ follows again because the order of f is at most ρ and therefore all but finitely many $m^*_{\nu_\lambda}$ must fullfill the condition $m^*_{\nu_\lambda} \leq |a^*_{\nu_\lambda}|^{2\rho}$.

From (1.6) and (1.7) follows with some constant $\tilde{K}_2$

$$(1.8) \qquad |h^*(z)| \leq \tilde{K}_2 \, 3^{|a^*_{\nu_\lambda}|^{2\rho}} \quad \text{for} \quad |z-a^*_{\nu_\lambda}| = 2r_{\nu_\lambda}, \ \lambda = 1,2,\dots .$$

Now holds by the assumption about $h^*(z)$

$$(1.9) \qquad g(z) = (f(z)-w_o)h^*(z) \neq 0 \quad \text{for} \quad z \in C_{\nu_\lambda} \quad (\lambda = 1,2,\dots).$$

From (1.3) and (1.8) follows for all but finitely many $\lambda = 1,2,\dots$

$$(1.10) \quad |g(z)| = |f(z)-w_o|\,|h^*(z)| \leq \tilde{K}_2 3^{|a^*_{\nu_\lambda}|^{2\rho}} \left(|w_o| + |1+o(1)|\,|p^*(a^*_{\nu_\lambda})|\, e^{p(a_{\nu_\lambda})}| \right)$$

$$\leq 2\tilde{K}_2 \, e^{2|a^*_{\nu_\lambda}|^{2\rho}} \quad \text{for} \quad |z-a^*_{\nu_\lambda}| = 2r_{\nu_\lambda} .$$

Finally for $m^*_{\nu_\lambda} < m_{\nu_\lambda}$ follows that there exists at least one pole of $g(z) = (f(z)-w_o)h^*(z)$ in each $C^1_{\nu_\lambda}$. On the straight line s_λ between some point z^o_λ with (1.10) and this pole there is some first point z^1_λ with $|g(z)| = 4\tilde{K}_2 e^{2|a^*_{\nu_\lambda}|^{2\rho}}$. Therefore follows by Weierstraß' mean value theorem (see for example [1]) that there is one point ζ_λ on s_λ such that

$$|g'(\zeta_\lambda)| \frac{1}{4} \exp\left(-|a^*_{\nu_\lambda}|^{j\rho+(j-1)+2j\varepsilon}\right) \geq |g'(\zeta_\lambda)|\,|z^1_\lambda - z^o_\lambda| \geq 2\tilde{K}_2 \, e^{2|a^*_{\nu_\lambda}|^{2\rho}}$$

and

$$|g(\zeta_\lambda)| \leq 4\tilde{K}_2 \, e^{2|a^*_{\nu_\lambda}|^{2\rho}} .$$

Hence it follows because of $j > 2$

$$\lim_{\lambda \to \infty} \frac{|g'(\zeta_\lambda)|}{1+|g(\zeta_\lambda)|^2} \exp\left(-|a^*_{\nu_\lambda}|^{j\rho+(j-1)+(2j-\frac{2}{3})\varepsilon}\right) = \infty$$

and

$$\lim_{\lambda\to\infty} \frac{|g'(\zeta_\lambda)|}{1+|g(\zeta_\lambda)|^2} \exp\left(-|\zeta_\lambda|^{j\rho+(j-1)+(2j-1)\varepsilon}\right) = \infty .$$

But this gives that g(z) fulfills the suppositions of lemma 1 and therefore lemma 1 gives that there must be a w_o point of g(z) in C_{ν_λ} and this contradicts (1.9). Therewith we have the desired contradicition and therewith theorem 1 is proved.

We remark that the addition to theorem 1 needs no prove: one has just to use theorem 1 instead of theorem 1 from [6] and to formulate the remaining theorems in [6] according to this substitution.

3. Proof of theorem 2: Again we remark at first that because of (2.1) all but finitely many discs are disjoint.

We now introduce the notation

$$E = \bigcup_{\nu=1}^{\infty} C_\nu .$$

We remark that we can suppose without any restriction $w_b \neq 0$ and furthermore that there exists an angle A_o centered at $z = 0$ of opening $\alpha = \frac{\pi}{2\rho}$ with

$$\limsup_{\substack{|z|\to\infty \\ z\notin E}} |f(z)(f(z)-w_b)| \neq 0 \quad \text{unless} \quad \limsup_{\substack{|z|\to\infty \\ z\notin E}} |f(z)-w_b| = 0.$$

Here we remark that if

$$\limsup_{\substack{|z|\to\infty \\ z\notin E}} |f(z)-w_o| = 0$$

the assertions of theorem 2 will follow immediately by considering $1/(f(z)-w_o)$ and applying Rouchés theorem. So we can suppose for the following proof

$$\limsup_{\substack{|z|\to\infty \\ z\notin E}} |f(z)(f(z)-w_o)| \neq 0. \tag{2.3}$$

Now the first assertions of theorem 2 will be proved if in the case $w_a \in \mathbb{C}$

$$g = \frac{f-w_b}{f-w_a}$$

and in the case $w_a = \infty$

$$g = f - w_b$$

has in all but finitely many discs C_ν for all w_c of the complex plane with at most one exception as many w_c points as zeros respectively poles.

With

$$h(z) = \prod_{\nu=1}^{\infty} \frac{z-b_\nu}{z-a_\nu} = \prod_{\nu=1}^{\infty} \left(1 + \frac{a_\nu - b_\nu}{z-b_\nu}\right)$$

and $z \notin E$ holds with some constant c_1 for that μ with $|a_\nu - a_\mu^*| < |a_\mu^*|^{-2\rho}$ and $|b_\nu - a_\mu^*| < |a_\mu^*|^{-2\rho}$

$$\frac{|a_\nu - b_\nu|}{|z-b_\nu|} \leq \frac{|a_\nu - b_\nu|}{|z-a_\mu^*| + |a_\nu - a_\mu^*|} \leq \frac{2|a_\mu^*|^{-2\rho}}{|a_\mu^*|^{-\rho} + |a_\mu^*|^{-2\rho}} \leq c_1 |a_\mu^*|^{-\rho}.$$

Because of (2.2) the sequence $m_\mu a_\mu^*$ has at most λ as exponent of convergence and therefore because of $\lambda < \rho$ and the last estimation $h(z)$ is meromorphic in $\mathbb{C}$. Furthermore holds

$$1 - c_1 |a_\mu^*|^{-\rho} \leq \left|1 + \frac{a_\nu - b_\nu}{z - f_\nu}\right| \leq 1 + c_1 |a_\mu^*|^{-\rho} \quad \text{for} \quad z \notin E$$

and therefore follows from the convergence of $\Sigma\, m_\mu |a_\mu^*|^{-\rho}$

(2.4) $$\lim_{\substack{|z| \to \infty \\ z \notin E}} h(z) = 1 .$$

With respect to (2.4) we state the fact that there exists an unbounded set R_1 of reals of infinite measure such that

(2.5) $$\left\{z \,\middle|\, |z| = r\right\} \in \mathbb{C} \setminus E \quad \text{for} \quad r \in R_1 .$$

This follows because the projection on the real axis of E concentric to the unit circle can cover only a subset of finite measure of the real axis because of $\Sigma\, m_\mu |a_\mu^*|^{-\rho} < \infty$.

The construction of $h(z)$ gives obviously with wome polynomial $p(z)$ of degree at most λ

(2.6) $$g(z) = h(z)\, e^{p(z)} = \frac{f(z) - w_b}{f(z) - w_a} \quad \text{if} \quad w_a \neq \infty$$

and

$$(2.7)\qquad g(z) = h(z)\, e^{p(z)} = f(z)-w_b \quad \text{if} \quad w_a = \infty .$$

From (2.6) follows

$$(2.8)\qquad (f(z)-w_a)(h(z)e^{p(z)}-1) = w_a-w_b ,$$

where w_a-w_b is some nonzero constant. If now the degree k of p(z) differs from zero it must hold $\rho > \lambda \geq 1$ and therefore must exist 2k angles $A_1, A_2, \ldots A_{2k}$ centered at z=0 with constant opening $\beta = \pi(\frac{1}{k} - \frac{1}{2\cdot 10^{\rho}})$

$$\lim_{\substack{|z|\to\infty \\ z\in A_\tau}} e^{p(z)} = \begin{cases} 0 & \text{for } \tau = 1,3,\ldots,2k-1 \\ \infty & \text{for } \tau = 2,4,\ldots,2k \end{cases} .$$

Hence (2.4) gives

$$(2.9)\qquad \lim_{\substack{|z|\to\infty \\ z\notin E,\, z\in A_\tau}} h(z)e^{p(z)}-1 = \begin{cases} -1 & \text{for } \tau = 1,3,\ldots,2k-1 \\ \infty & \text{for } \tau = 2,4,\ldots,2k \end{cases} .$$

From (2.8) follows therefore

$$(2.10)\qquad \lim_{\substack{|z|\to\infty \\ z\notin E,\, z\in A_\tau}} f(z) = \begin{cases} w_b & \text{for } \tau = 1,3,\ldots,2k-1 \\ 0 & \text{for } \tau = 2,4,\ldots,2k \end{cases} .$$

Because the opening of all angles A_τ is $\beta = \pi\left(\frac{1}{k} - \frac{1}{2\cdot 10^{\rho}}\right)$ and $\tau = 1,2,\ldots,2k$ it follows

$$2k\beta = 2\pi - \frac{2k}{2\cdot 10^{\rho}} \geq 2\pi - \frac{k}{10^{\rho}} \geq 2\pi - \frac{1}{10^{\rho}} .$$

Because of $\rho \geq k \geq 1$ and $w_b \neq 0$ now (2.10) contradicts (2.3) and hence in the case (2.6) the degree of p(z) must be zero and $e^{p(z)} = \gamma$ where γ is some constant.

In the case (2.7) it follows again (2.9) and therefore

$$(2.11)\qquad \lim_{\substack{|z|\to\infty \\ z\notin E,\, z\in A_\tau}} f(z) = \begin{cases} 0 & \text{for } \tau = 1,3,\ldots,2k-1 \\ \infty & \text{for } \tau = 2,4,\ldots,2k \end{cases} .$$

Now again the arguments about the openings of the angles A_τ which we used after (2.10) will give a contradiction between (2.11) and (2.3) so that also in the case (2.7) the degree of p(z) must be zero and $e^{p(z)} = \gamma$ where γ is some constant.

Consequently it holds

$$g(z) = \gamma h(z).$$

Now Rouchés theorem in combination with (2.4) gives that for each value $w_c \neq \gamma$ $g(z)$ must have in all but finitely many discs C_ν as many w_c-points as zeros. But from Rouchés theorem follows also that $g(z)$ can have at most finitely many w_c-points $(w_c \neq \gamma)$ which are not contained in $E = \bigcup_{\nu=1}^{\infty} C_\nu$. So the same holds for $f(z)$ and each point

$$w^* \neq \frac{w_b - \gamma w_a}{1-\gamma} \quad \text{if} \quad \gamma \neq 1$$

and for $f(z)$ and each point

$$w^* \neq \infty \quad \text{if} \quad \gamma = 1.$$

So especially holds $\gamma = 1$ if f is entire. Now follows because of $g(z) = \gamma h(z)$ also

$$\lim_{\substack{|z| \to \infty \\ z \notin E}} \frac{1}{f - w_b - \gamma} = \infty \quad \text{if} \quad w_a = \infty,$$

$$\lim_{\substack{|z| \to \infty \\ z \notin E}} \frac{f(z) - w_a}{f(z)(1-\gamma) - \gamma w_a - w_b} = \infty \quad \text{if} \quad w_a \in \mathbb{C} \quad \text{and} \quad \gamma \neq 1$$

and

$$\lim_{\substack{|z| \to \infty \\ z \notin E}} f(z) = \infty \quad \text{if } f \text{ is entire or } \gamma = 1.$$

But therewith the last assertion of theorem 2 and therewith theorem 2 is proved.

4. Proof of theorem 3: At first we remark that in theorem 3 all the discs C_μ^* are disjoint because of (3.1).

For each $\mu = 1,2,\ldots$ we denote the m_ν zeros respectively n_ν poles of f contained in C_μ by $a_{\mu,1}, a_{\mu,2}, \ldots, a_{\mu,m_\mu}$ respectively $b_{\mu,1}, b_{\mu,2}, \ldots, b_{\mu,n_\mu}$. Furthermore we choose in each disc C_μ with $m_\mu \neq n_\mu$ one point $c^{(\mu)}$ with multiplicity $|m_\mu - n_\mu|$: If in the disc C_μ holds $m_\mu > n_\mu$ we denote this point according to its multiplicity by $c_{\mu,n_\mu+1}, c_{\mu,n_\mu+2}, \ldots c_{\mu,m_\mu}$; if in the disc C_μ holds $n_\mu > m_\mu$ we denote $c^{(\mu)}$ according to its multiplicity by $d_{\mu,m_\mu+1}, d_{\mu,m_\mu+2}, \ldots, d_{\mu,n_\mu}$. We now define (with the convention that each empty product is equal to 1)

$$p_{1,\mu} = \mathrm{Min}\{m_m, n_\mu\}, p_{2,\mu} = p_{1,\mu}+m_\mu-n_\mu, p_{3,\mu} = p_{1,\mu}+n_\mu-m_\mu$$

and

$$h(z) = \prod_{\mu=1}^{\infty}\left(\left(\prod_{\kappa=1}^{p_{1,\mu}} \frac{z-b_{\mu,\kappa}}{z-a_{\mu,\kappa}}\right)\left(\prod_{\kappa=p_{1,\mu}+1}^{p_{2,\mu}} \frac{z-c_{\mu,\kappa}}{z-a_{\mu,\kappa}}\right)\prod_{\kappa=p_{1,\mu}+1}^{p_{3,\mu}} \frac{z-b_{\mu,\kappa}}{z-d_{\mu,\kappa}}\right)$$

$$= \prod_{\mu=1}^{\infty}\left(\left(\prod_{\kappa=1}^{p_{1,\mu}}\left(1+\frac{a_{\mu,\kappa}-b_{\mu,\kappa}}{z-a_{\mu,\kappa}}\right)\right)\left(\prod_{\kappa=p_{1,\mu}+1}^{p_{2,\mu}}\left(1+\frac{a_{\mu,\kappa}-c_{\mu,\kappa}}{z-a_{\mu,\kappa}}\right)\right)\prod_{\kappa=p_{1,\mu}+1}^{p_{3,\mu}}\left(1+\frac{d_{\mu,\kappa}-b_{\mu,\kappa}}{z-d_{\mu,\kappa}}\right)\right).$$

For each factor that occurs in the product defining h and $z \notin \bigcup_{\mu=1}^{\infty} C_\mu^*$ holds

$$\mathrm{Max}\left\{\frac{|a_{\mu,\kappa_1}-b_{\mu,\kappa_1}|}{|z-d_{\mu,\kappa_1}|}, \frac{|a_{\mu,\kappa_2}-c_{\mu,\kappa_2}|}{|z-a_{\mu,\kappa_2}|}, \frac{|d_{\mu,\kappa_3}-b_{\mu,\kappa_3}|}{|z-d_{\mu,\kappa_3}|}\right\} \le \frac{|a_\mu^*|^{-(4+\varepsilon)\rho}}{|a_\mu^*|^{-(2+\varepsilon)\rho}} \le |a_\mu^*|^{-\rho}.$$

Now holds

$$(3.2) \qquad \sum_{\mu=1}^{\infty} (m_\mu+n_\mu)\,|a_\mu^*|^{-\rho} < \infty$$

for there are in each disc C_μ just $m_\mu+n_\mu$ zeros and poles and the order of f is less than ρ. (3.2) together with the preceding estimation gives that the product defining h(z) converges, so that h(z) is meromorphic in $\mathbb{C}$.

Next we will prove

$$(3.3) \qquad \mathrm{Sup}\left\{\left|\frac{h'(z)}{h(z)}\right| \;\middle|\; z\in\mathbb{C} \setminus \bigcup_{\mu=1}^{\infty} C_\mu^*\right\} = k_o < \infty .$$

To get this it suffers to estimate all factors occuring in the definition of h(z) separately: Doing this follows for each $z \notin \bigcup_{\mu=1}^{\infty} C_\mu^*$ for any two points $z_1, z_2 \in C_\mu$

$$\left|\left(\frac{z-z_1}{z-z_2}\right)' \Big/ \left(\frac{z-z_1}{z-z_2}\right)\right| = \left|\frac{1}{z-z_1} - \frac{1}{z-z_2}\right| = \frac{|z_1-z_2|}{|z-z_1||z-z_2|} \le$$

$$\le \frac{|a_\mu^*|^{-(4+\varepsilon)\rho}}{(|a_\mu^*|^{-\rho})^2} = |a_\mu^*|^{-(2+\varepsilon)\rho}.$$

From that estimation together with (3.2) follows (3.3).

Next we look on g(z) = f(z)h(z). Obviously g(z) is meromorphic in $\mathbb{C}$. Our aim is to prove now

$$(3.4)\qquad \liminf_{\substack{z\to\infty \\ z\in \bigcup_{\lambda=1}^{\infty} \partial C^*_{\mu_\lambda}}} \left|\frac{g'(z)}{g(z)}\right| = \infty$$

where $\partial C^*_{\mu_\nu} = \left\{z \,\middle|\, |z-a^*_{\mu,\lambda}| = |a^*_{\mu_\lambda}|^{-\rho}\right\}$ are the boundaries of that subsequence of discs $C^*_{\mu_\lambda}$ of the discs C^*_μ in which holds $|m_{\mu_\nu}-n_{\mu_\nu}| \geq 1$. We remark that this are just these discs $C^*_{\mu_\lambda}$ of the discs C^*_μ in which g(z) has either at least one zero more than poles or at least one pole more than zeros.

Obviously g has order λ at most because f has order λ as theorem 3 supposes and h has order λ at most by its construction. Hence g(z) can be represented with some integer $q > \lambda$, some integer s and some polynomial p(z) of degree at most q as

$$g(z) = z^s e^{p(z)} \prod_{\mu=1}^{\infty}\left(\left(\prod_{\kappa=p_{1,\mu+1}}^{p_{2,\mu}} E(\frac{z}{c_{\mu,\kappa}},q)\right)\prod_{\kappa=p_{1,\mu+1}}^{p_{3,\mu}} E(\frac{z}{d_{\mu,\kappa}},q)\right)$$

$$= z^s e^{p(z)} \prod_{\mu=1}^{\infty}\left(E(\frac{z}{c^{(\mu)}},q)\right)^{m_\mu-n_\mu}$$

with

$$E(\frac{z}{x},q) = (1-\frac{z}{x})\, e^{\frac{z}{x}+\frac{1}{2}(\frac{z}{x})^2+\dots+\frac{1}{q}(\frac{z}{x})^q}$$

(Remember that all the $c_{\mu,\kappa}$ respectively $d_{\mu,\kappa}$ are equal to $c^{(\mu)}$ and that $c^{(\mu)}$ only exists if $m_\mu \neq n_\mu$!).

From here follows

$$\frac{g'(z)}{g(z)} = \frac{s}{z} + p'(z) + z^q \sum_{\mu=1}^{\infty} (c^{(\mu)})^{-q}\,\frac{m_\mu-n_\mu}{z-c^{(\mu)}} \;.$$

For each z we define now the set of integers $i_z = \left\{\nu \,\middle|\, |z-c^{(\nu)}| < 1\right\}$. With this notation holds for each fixed integer μ^* which is one of the chosen μ_λ and for each $z \notin \bigcup_{\substack{\mu=1\\ \mu\neq\mu^*}}^{\infty} C^*_\mu$

$$\left|\frac{g'(z)}{g(z)}\right| \geq |z|^q|c^{(\mu^*)}|^{-q}\frac{|m_{\mu^*}-n_{\mu^*}|}{|z-c^{(\mu^*)}|} - \left|\frac{s}{z}+p'(z)\right| - |z|^q \sum_{\substack{\mu=1\\ \mu\neq\mu^*}}^{\infty} |c^{(\mu)}|^{-q}\frac{|m_\mu-n_\mu|}{|z-c^{(\mu)}|}$$

$$\geq |z|^q|c^{(\mu^*)}|^{-q}\frac{|m_{\mu^*}-n_{\mu^*}|}{|z-c^{(\mu^*)}|} - \left|\frac{s}{z}+p'(z)\right| - |z|^q \sum_{\substack{\mu=1\\ \mu\notin i_z}}^{\infty} \frac{|m_\mu-n_\mu|}{|c^{(\mu)}|^q} -$$

$$|z|^q \sum_{\mu\in i_z} |c^{(\mu)}|^{-q}\frac{|m_\mu-n_\mu|}{|z-c^{(\mu)}|}$$

$$\geq |z|^q |c^{(\mu^*)}|^{-q}\left(\frac{1}{|z-c^{(\mu^*)}|} - \sum_{\mu\in i_z} \frac{|m_\mu - n_\mu|}{|z-c^{(\mu)}|}\right) - |\frac{s}{z} + p'(z)| - |z|^q \sum_{\mu=1}^{\infty} \frac{|m_\mu - n_\mu|}{|c^{(\mu)}|^q} .$$

Because of $q > \lambda$ and $g(z)$ has order λ the sum

$$\sum_{\mu=1}^{\infty} \frac{|m_\mu - n_\mu|}{|c^{(\mu)}|^q}$$

converges. Therefore and because $p(z)$ has at most degree q holds with some constant K_o

$$(3.5) \qquad |\frac{s}{z} + p'(z)| + |z|^q \sum_{\mu=1}^{\infty} \frac{|m_\mu - n_\mu|}{|c^{(\mu)}|^q} \leq K_o |z|^q.$$

We now observe that $\sum_{\mu\in i_z} |m_\mu - n_\mu| \leq |z|^\rho$ must hold for sufficiently big $|z|$ because the order of f is less than ρ. If we now choose some fixed μ^* among the μ_λ (which were chosen such that $g(z)$ has in each disc C_{μ_λ} at least one zero or one pole and not the same number of zeros and poles) from the last observation and (3.1) follows for $z \in \partial C_{\mu^*}$ with some constant K_1

$$\frac{1}{|z-c^{(\mu^*)}|} - \sum_{\mu\in i_z} \frac{|m_\mu - n_\mu|}{|z-c^{(\mu)}|} \geq |a^*_{\mu^*}|^{(2+\varepsilon)\rho} - K_1 \frac{|a^*_{\mu^*}|^\rho}{|a^*_{\mu^*}|^{-\rho}} \geq |a^*_{\mu^*}|^{2\rho}(|a^*_{\mu^*}|^{\varepsilon\rho} - K_1).$$

For $z \in \partial C_{\mu^*}$ follows from (3.5) with some constant K_2

$$|\frac{s}{z} + p'(z)| + |z|^q \sum_{\mu=1}^{\infty} \frac{|m_\mu - n_\mu|}{|c^{(\mu)}|^q} \leq K_2 |a^*_{\mu_o}|^q$$

so that from both last estimation follows (3.4).

Now (3.4) and (3.3) allow to apply Rouchés theorem to the functions

$$\frac{g'(z)}{g(z)} \quad \text{and} \quad \frac{h'(z)}{h(z)} = \frac{f'(z)}{f(z)} - \frac{g'(z)}{g(z)}$$

on ∂C_{μ_λ} $(=\partial C_{\mu^*})$ for all but finitely many λ, that is for all $\lambda \geq \lambda^*$ with some λ^*. The function $\frac{g'(z)}{g(z)}$ has obviously no zero in the discs C_{μ_λ} - this follows from the proof of (3.4). Hence the difference of the number of zeros minus the number of poles of $\frac{f'(z)}{f(z)}$ in each of

the discs C_{μ_λ} with $\lambda \geq \lambda^*$ must be -1 and hence f' has in all discs C_{μ_λ} for $\lambda \geq 0$ just $(m_\mu + \bar{n}_\mu - 1)$ zeros. But this proves theorem 3.

References

[1] Bieberbach, L.: Lehrbuch der Funktionentheorie I. Leipzig und Berlin. Teubner 1921.

[2] Gavriloff, V.I.: The behavior of a holomorphic function near an essential singularity. Soviet Math.Dokl. 6, 693 - 696 (1965).

[3] Lehto, O.: The spherical derivative of meromorphic functions in the neighbourhood of an essential singularity. Comment.Math.Helv. 33, 196 - 205 (1959).

[4] Winkler, J.: Zum Verzweigungsindex der a-Stellen ganzer und meromorpher Funktionen. Math.Z. 113, 323 - 362 (1970).

[5] Winkler, J.: Über den Verzweigungsindex bei ganzen Funktionen. Manuscripta Math. 4, 135 - 148 (1971).

[6] Winkler, J.: On the existence of meromorphic functions with prescribed set of zeros, ones and poles and on functions sharing values. Journal London Math.Soc. (to appear).

Band 1

Inverse and Improperly Posed Problems in Differential Equations

Proceedings of the Conference on Mathematical and Numerical Methods, held in Halle/Saale (GDR) from May 29 to June 2, 1979

Edited by Gottfried Anger
296 Seiten, 1979 (vergriffen)

Band 2

Fundamentals of Computation Theory FCT '79

Proceedings of the Conference on Algebraic, Arithmetic and Categorial Methods in Computation Theory, held in Berlin/Wendisch-Rietz (GDR) September 17–21, 1979

Edited by Lothar Budach
576 Seiten, 1979

Band 3

Decidability and Generalized Quantifiers

By Andreas Baudisch, Detlef Seese, Hans-Peter Tuschik, and Martin Weese
XII, 235 Seiten, 1980

Band 4

Zur Elastizitäts- und Thermoelastizitätstheorie

Potentialtheoretische Methoden in Anwendung auf verschiedene Modelle

Von Lothar Jentsch und Johannes Maul
157 Seiten, 1980

Band 5

Systems Analysis and Simulation 1980

Proceedings of the International Symposium held at Berlin (GDR) September 1–5, 1980

Edited by Achim Sydow
496 Seiten, 1980 (vergriffen)

Band 6

Nichtlineare diskrete Optimierung

von Eberhard Girlich und Michail M. Kowaljow
218 Seiten, 1981

Band 7

Completeness Problems in the Structural Theory of Automata

By Jürgen Dassow
148 Seiten, 1981

Band 8

Darstellung von Lösungen linearer elliptischer Differentialgleichungen

Von Günther Wildenhain
92 Seiten, 1981

Band 9

Introduction to the Spectral Theory of Operators in Spaces with an Indefinite Metric

By I. S. Iohvidov, M. G. Krein, and H. Langer
120 Seiten, 1982 (vergriffen)

Band 10

Nonlinear Time-discrete Systems

A General Approach by Nonlinear Superposition

By Michael Gössel
115 Seiten, 1982 (vergriffen)

Band 11

Preprimal Algebras

By Klaus Denecke
162 Seiten, 1982

Band 12

Ergodic Theory and Related Topics

Proceedings of the Conference held in Vitte/Hiddensee (GDR) October 19–23, 1981

Edited by Horst Michel
232 Seiten, 1982

Band 13

Singularly Perturbed Differential Equations

By H. Goering, A. Felgenhauer, G. Lube, H.-G. Roos, and L. Tobiska
176 Seiten, 1983

Band 14

Leben wir in einer Volterra-Welt?

Ein ökologischer Zugang zur angewandten Systemanalyse

Von Manfred Peschel und Werner Mende
233 Seiten, 1983

Band 15

Markov Decision Problems with Countable State Spaces

Optimality Criteria – Algorithms – Clustering

By Hans Michael Dietz and Volker Nollau
174 Seiten, 1983

Band 16

Stochastische Verfahren zur Suche nach dem Minimum einer Funktion

Von Ryszard Zieliński und Peter Neumann
133 Seiten, 1983

Band 17

Invertibility and Asymptotics of Toeplitz Matrices

By Albrecht Böttcher and Bernd Silbermann
200 Seiten, 1983

Band 18

Structural Induction on Partial Algebras

Introduction to Theory and Application of Partial Algebras – Part II

By Horst Reichel
205 pages, 1984

Band 19

Algebraic Methods for Toeplitz-like Matrices and Operators

By Georg Heinig and Karla Rost
212 pages, 1984

Band 20

Frege Conference 1984

Proceedings of the International Conference held at Schwerin (GDR), September 10–14, 1984
Edited by Gerd Wechsung
408 pages, 1984

Band 21

Numerical Analysis of Selected Semilinear Differential Equations

Edited by Christian Großmann, Thomas Riedrich, and Hartmut Schönheinz
203 pages, 1984

Band 22

Singular Ordinary Differential Operators and Pseudodifferential Equations

By Johannes Elschner
200 pages, 1985

Band 23

Lotka-Volterra-Approach to Cooperation and Competition in Dynamic Systems

Proceedings of the 5th Meeting of UNESCO's Working Group on Systems Theory held on the Wartburg, Eisenach (GDR) at March 5–9, 1984
Edited by Werner Ebeling and Manfred Peschel
271 pages, 1985

Band 24

Convergence Structures 1984

Proceedings of the Conference on Convergence held in Bechyně (Czechoslovakia), September 24–28, 1984
Edited by Josef Novák, Werner Gähler, Horst Herrlich, and Jan Mikusiński
254 pages, 1985

Band 25

Parcella '84

Proceedings of the II. International Workshop on Parallel Processing by Cellular Automata and Arrays held in Berlin (GDR), September 25–27, 1984
Edited by Wolfgang Händler, Tamás Legendi, and Gottfried Wolf
239 pages, 1985 (vergriffen)

Band 26

Multiobjective and Stochastic Optimization Based on Parametric Optimization

By Jürgen Guddat, Francisco Guerra Vasquez, Klaus Tammer, and Klaus Wendler
175 pages, 1985

Band 27/28

Systems Analysis and Simulation 1985
I: Theory and Foundations
II: Applications

Proceedings of the International Symposium held in Berlin (GDR), August 26–31, 1985
Edited by Achim Sydow, Manfred Thoma, and Robert Vichnevetsky
per volume 495 pages, 1985

Band 29

Parcella '86

Proceedings of the III. International Workshop on Parallel Processing by Cellular Automata and Arrays held in Berlin (GDR), September 9–11, 1986
Edited by Tamás Legendi, Dennis Parkinson, Roland Vollmar, and Gottfried Wolf
279 pages, 1986

Band 30

Fuzzy Sets Applications, Methodological Approaches, and Results

Proceedings of the International Workshop on Fuzzy Sets Applications cosponsored by IIASA and convened in cooperation with IAEA held on the Wartburg, Eisenach (GDR), at March 3–8, 1985
Edited by Steffen Bocklisch, Sergei Orlovski, Manfred Peschel, and Yasushi Nishiwaki
233 pages, 1986

Band 31

Mathematical Methods of Specification and Synthesis of Software Systems '85

Proceedings of the International Spring School, held in Wendisch-Rietz (GDR), April 22–26, 1985
Edited by Wolfgang Bibel and Klaus P. Jantke
245 pages, 1986 (vergriffen)

Band 32

A Model Theoretic Oriented Approach to Partial Algebras

Introduction to Theory and Application of Partial Algebras – Part I
By Peter Burmeister
319 pages, 1986

Band 33

Finite Difference Method on Irregular Networks

A Generalized Approach to Elliptic Problems of Second Order
By Bernd Heinrich
206 pages, 1986

Band 34

Modern Algorithms for Large Sparse Eigenvalue Problems

By Arnd Meyer
125 pages, 1987

Band 35

Parametric Optimization and Related Topics

Edited by Jürgen Guddat, Hubertus Th. Jongen, Bernd Kummer, and František Nožička
407 pages, 1987

Band 36

Discretization in Differential Equations and Enclosures

Edited by Ernst Adams, Rainer Ansorge, Christian Großmann, and Hans-Görg Roos
250 pages, 1987

Band 37

Factorization of Measurable Matrix Functions

By Georgi Semenovich Litvinchuk and Ilya Matveyevich Spitkovskiĭ

372 pages, 1987

Band 38

Parallel Algorithms and Architectures

Proceedings of the International Workshop on Parallel Algorithms and Architectures held in Suhl (GDR), May 25–30, 1987

Edited by Andreas Albrecht, Hermann Jung, and Kurt Mehlhorn

205 pages, 1987

Band 39

Parametric Integer Optimization

By Bernd Bank and Reinhard Mandel

138 pages, 1988

Band 40

Computer Analysis of Images and Patterns 1987

Proceedings of the II. International Conference CAIP '87 on Automatic Image Processing, held in Wismar (GDR), September 2–4, 1987

Edited by Leonid P. Jaroslavskiĭ, Azriel Rosenfeld, and Wolfgang Wilhelmi

282 pages, 1987

Band 41

Multivariable Control

A Graph-theoretic Approach

By Kurt J. Reinschke

274 pages, 1988

Band 42

Equilibrium Distributions of Branching Processes

By Alfred Liemant, Klaus Matthes, and Anton Wakolbinger

240 pages, 1988

Band 43

Andreotti-Grauert Theory by Integral Formulas

By Gennadi Markovich Henkin and Jürgen Leiterer

270 pages, 1988

Band 44

Continual Means and Boundary Value Problems in Function Spaces

By Efim Mikhailovich Polishchuk

164 pages, 1988

Band 45

Advances in Mathematical Optimization

Invited papers dedicated to Prof. Dr. Dr. h. c. F. Nožička on occasion of his 70th birthday

Edited by Jürgen Guddat et al.

332 pages, 1988

Band 46/47

Systems Analysis and Simulation 1988

Proceedings of the International Symposium held in Berlin (GDR),

September 12–16, 1988

I: Theory and Foundations
II: Applications

Edited by Achim Sydow, Spyros G. Tzafestas, and Robert Vichnevetsky

426/425 pages, 1988

Band 48

Parcella '88

Proceedings of the IV. International Workshop on Parallel Processing by Cellular Automata and Arrays, held in Berlin (GDR),

October 17–21, 1988

Edited by Gottfried Wolf, Tamás Legendi, and Udo Schendel

379 pages, 1988

Band 49

Algebraic and Logic Programming

Proceedings of an International Workshop held in Gaussig (GDR), November 14–18, 1988

Edited by Jan Grabowski, Pierre Lescanne, and Wolfgang Wechler

278 pages, 1988

Band 50

Asymptotics for Elliptic Mixed Boundary Problems

Pseudo-Differential and Mellin Operators in Spaces with Conormal Singularity

By Stephan Rempel and Bert-Wolfgang Schulze

418 pages, 1989

Band 51

Geobild '89

Proceedings of the 4th Workshop on Geometrical Problems of Image Processing held in Georgenthal (GDR), March 13–17, 1989

Edited by Albrecht Hübler, Werner Nagel, Brian David Ripley, and Günter Werner

198 pages, 1989

Band 52

Splines in Numerical Analysis

Contributions to the International Seminar ISAM '89

held in Weissig (GDR), April 24–28, 1989

Edited by Jochen W. Schmidt and Helmut Späth

197 pages, 1989

Band 53

Complex Methods on Partial Differential Equations

Aspects in Complex Analysis

Edited by Claudio I. Withalm

258 pages, 1989

From June 12 through 17, 1988, the International Symposium „Complex Analysis" took place in Graz, Austria, the emphasis of which lay on complex methods dealing with partial differential equations. Above all the volume in hand contains contributions to this branch of Complex Analysis which are dominated by representation formulae and qualitative properties of the corresponding solutions with special regard to up-to-date developments. It was the declared aim of this symposium – besides straight surveying reflections – to expose in particular the most recent trends, aspects and problems of the latest activities of research and to ventilate „open problems". The contributions of the present volume reflect these goals.

In der Zeit vom 12. bis zum 17. Juni 1988 tagte in Graz, Österreich, das Internationale Symposium „Komplexe Analysis", welches in seiner Schwerpunktsetzung den komplexen Methoden bei der Behandlung partieller Differentialgleichungen gewidmet war. Im vorliegenden Band werden Beiträge, die im Rahmen dieser Konferenz gestaltet und diskutiert wurden, präsentiert, wobei Darstellbarkeit und qualitative Eigenschaften der Lösungen unter besonderer Berücksichtigung neuester Entwicklungen die Thematik beherrschten. Anliegen dieses Symposiums war es, neben Übersichten insbesondere jüngste Forschungsaktivitäten darzulegen und offene Fragen eingehend zu besprechen. Das spiegelt sich auch in den hier vorliegenden Beiträgen wider.

ISBN 3-05-500680-1
ISSN 0138-3019

Bei Fragen zur Produktsicherheit wenden Sie sich bitte an:
If you have any questions regarding product safety,
please contact:

Walter de Gruyter GmbH
Genthiner Straße 13
10785 Berlin
productsafety@degruyterbrill.com